Helmut Pinter

Cichliden

Buntbarsche im Aquarium

30 Farbfotos
23 Zeichnungen

Verlag Eugen Ulmer Stuttgart

Sämtliche Fotos vom Autor.
Zeichnungen nach Entwürfen von Renate Pinter
von Hans-Rainer Jänichen.

Fachliche Beratung: Dr. Jürgen Lange, Berlin

CIP-Kurztitelaufnahme der Deutschen Bibliothek

Pinter, Helmut:
Cichliden : Buntbarsche im Aquarium / Helmut
Pinter. – Stuttgart : Ulmer, 1981.
ISBN 3-8001-7058-2

Gerokstr. 19, Stuttgart
Printed in Germany
Einbandgestaltung: A. Krugmann, Stuttgart, mit einem
Foto *(Uaru amphiacanthoides)* von Helmut Pinter
Satz und Druck: Sulzberg-Druck GmbH, Sulzberg im Allgäu

Vorwort

Für viele Menschen unserer modernen Industriegesellschaft sind Naturbeobachtungen als Freizeitbeschäftigung zu einem echten Bedürfnis geworden. Gleichzeitig aber setzt die Ausweitung heutiger Industriezentren der Beobachtung freier Natur oft enge Grenzen. Die Aquaristik erlaubt es jedoch, dieser Freizeitbeschäftigung, unabhängig von Zeit und Raum, auch innerhalb der eigenen vier Wände nachzugehen. Schon lange bevor Aquarienfreunde versuchten, mit dem Aquarium ein Stück Natur ins Heim zu holen, bedienten sich Wissenschaftler des Aquariums als Hilfsmittel, um der Natur einige ihrer Geheimnisse abzulauschen. So sagt man von dem Naturforscher und Aquaristikpionier Emil Adolf Rossmassler (1806–1867), daß er bereits Ökologe gewesen sei, lange bevor Ökologie eine Wissenschaft wurde. Und genauso haben zahlreiche Aquarienfreunde praktische Verhaltensstudien – nicht zuletzt gerade bei Buntbarschen – gemacht und auch beschrieben, ehe die Ethologie von Wissenschaftlern wie Niko Tinbergen und Konrad Lorenz ihre Ausformung als moderne Wissenschaft erhielt. Bei ihren grundlegenden Untersuchungen bedienten sich diese Wissenschaftler auch oft der Buntbarsche als Forschungsobjekte.

Um aber Buntbarsche zu halten und zu beobachten, braucht man keineswegs Wissenschaftler zu sein. Die Lebensäußerungen und Verhaltensweisen dieser Fische sind so interessant, daß sie selbst den Laien zu fesseln vermögen. Ihr Verhalten bei der Paarbildung und Revierverteidigung sowie ihre hochentwickelte Brutpflege, an der sich häufig beide Geschlechter beteiligen, ist unter den Fischen einmalig, zumindest soweit es sich im Aquarium beobachten läßt. Da je nach Art die Größe dieser Fische zwischen wenigen Zentimetern und einigen Dezimetern schwanken kann, findet man auch für jede Aquariengröße die geeigneten Buntbarsche. Moderne Hilfsmittel, nicht zuletzt auf dem Gebiet der Wasserfilterung, erlauben es heute, diese mitunter buddelnden Fischen in ständig klarem Wasser zu zeigen. Die erweiterten Kenntnisse über die Lebensgewohnheiten dieser Fische bewahren den Aquarienfreund bei der Zusammenstellung von Gruppen und bei der Vergesellschaftung verschiedener Arten vor Mißgriffen. Auch die Fütterung ist gegenüber früher erheblich einfacher geworden, und der Fachhandel bietet heute ein breites Sortiment von Futtermitteln an. Tiefgefrorenes Futter steht unabhängig von der Jahrszeit zur Verfügung und ist nahrungsphysiologisch dem lebenden Futter gleichwertig. Buntbarschhaltung ist daher heutzutage keineswegs nur eine Beschäftigung für ausgesprochene Spezialisten, sondern ein Zweig der Aquaristik, der jedem interessierten Aquarienfreund offensteht.

Die meisten Buntbarsche sind auffallend schöne, oft sogar prachtvoll gefärbte Fische, und ein mit ihnen besetztes Aquarium ist besonders dekorativ. Im allgemeinen sind sie unempfindliche und anspruchslose Pfleglinge und ihre Haltung daher einfach. Es gibt allerdings auch Buntbarsche, die große Ansprüche an die Haltungsbedingungen und an ihre Pfleger stellen. Hier gilt es also für den Aquarienfreund richtig zu wählen, damit er die seinen Wünschen und Möglichkeiten entsprechenden Arten findet. Und selbst für den Aquarienfreund mit „Forscherdrang" gibt es bei diesen Fischen immer noch Unbekanntes zu entdecken. Nicht nur, daß ständig Arten eingeführt werden, die bisher noch nicht im Aquarium gehalten oder vermehrt wurden, und ab und zu sogar neue Arten entdeckt werden, auch bei vielen schon länger bekannten Arten ist über ihr Verhalten noch wenig bekannt. Kurzum, die große Familie der Buntbarsche hat dem Aquarianer in jeder Hinsicht viel zu bieten.

Wenn das vorliegende Buch dem Aquarienfreund bei der Auswahl der für ihn geeigneten Buntbarsch-Arten helfen und ihn bei der Haltung dieser Fische zuverlässig beraten kann, dann hat es seine Aufgabe erfüllt.

Stockholm, im Oktober 1980

Helmut Pinter

Inhaltsverzeichnis

Einleitung

Während der letzten Jahrzehnte erfreuen sich die Buntbarsche als Aquarienfische einer steigenden Beliebtheit. Nicht immer ist dies so gewesen. In früheren Jahren wurden sie fast ausschließlich von Spezialisten gehalten. Zwar schätzten Aquarianer auch damals schon die Buntbarsche wegen ihrer Farbenfreudigkeit und ihres hochinteressanten Brutpflegeverhaltens, gleichzeitig aber standen diese Fische im Ruf „Wühler, Pflanzenvertilger und Raufbolde" zu sein. Die fortschreitende Technik auf dem aquaristischen Sektor hat die Haltungsbedingungen auch für größere Buntbarschformen vereinfacht, so daß sie heute für jeden Aquarianer unproblematisch sind. Die Grundzüge ihres Revierverhaltens, aus dem ihre angebliche Rauflust herrührt, sind inzwischen so gut bekannt, daß Fehler bei ihrer Vergesellschaftung leicht vermieden werden können.

Schon vor der Jahrhundertwende zogen Buntbarsche in unsere Aquarien ein. Als erste Art kam der Chanchito (*Cichlasoma facetum*) 1894 aus Südamerika zu uns. Durch ihn wurde das hochentwickelte Brutpflegeverhalten, an dem sich beide Eltern beteiligen, zum ersten Mal einem größeren Kreis bekannt.

Dem Chanchito folgten bis zum Ausbruch des ersten Weltkrieges etwa 50 weitere Arten, hauptsächlich aus Südamerika. Aber auch aus Afrika und Asien kamen die ersten Buntbarsche nach Europa, so 1902 aus Ägypten der Kleine Maulbrüter (*Pseudocrenilabrus multicolor*); er galt lange Zeit als „der" Maulbrüter schlechthin.

Sogar so transportempfindliche Arten wie der Segelflosser wurden schon 1911 vom Amazonas eingeführt. In den dreißiger Jahren fanden weitere Buntbarscharten den Weg in unsere Aquarien, so die Zwergcichliden der Gattungen *Apistogramma* und *Nannacara*, die imposanten Pfauenaugenbuntbarsche und die Diskusfische. Seit zu Beginn der 50er Jahre Fische auf dem Luftwege transportiert wurden, stieg die Zahl der importierten Arten weiter an. Eine besondere Bereicherung brachten Importe aus Ostafrika, wo die artenreiche Buntbarschfauna des Tanganyika- und Malawisees dem Aquarianer viele Überraschungen bescherte.

Die genaue Zahl der Buntbarscharten ist auch heute noch nicht bekannt. Immer wieder werden neue Arten beschrieben, und bei einigen Formen sind sich die Wissenschaftler in der Abgrenzung der einzelnen Arten noch nicht einig. Je nach Quelle schwankt die Zahl der Buntbarscharten zwischen 650 und 900. Für den Aquarianer sind jedoch in erster Linie die rund 150 bisher lebend importierten Arten, und von ihnen wiederum die etwa 90 im Handel erhältlichen Arten von Interesse. Das Angebot im Handel ist jedoch gewissen Schwankungen unterworfen, manche Arten verschwinden nach kurzer Zeit wieder vom Markt. Heute werden überwiegend Tiere angeboten, die bei uns oder in den Zuchtbetrieben Asiens, z. B. in Singapur, gezüchtet wurden oder die direkt aus ihren Heimatgewässern, insbesondere aus Ostafrika, stammen.

Auch aus Südamerika erfolgt laufend ein bedeutender Import wildgefangener Buntbarsche, zum überwiegenden Teil Diskusfische, Keilfleckbuntbarsche und seltenere Segelflosserarten. Besonders interessant unter den südamerikanischen Importfischen sind die Buntbarsche, die vereinzelt oder in kleiner Anzahl als sogenannte „Beifänge" zwischen Salmlern oder Welsen importiert werden. Unter diesen Fischen befinden sich nicht selten ausgesprochene Raritäten, und in einigen Fällen ist es gelungen mit Ausgangsmaterial aus derartigen Beifängen ganze Zuchtstämme im Aquarium heranzuziehen.

Bei den Artbeschreibungen wurde versucht, die bisher lebend importierten Arten zu erfassen. Insoweit es sich um altbekannte Arten handelt, das heißt um Arten, die bis einschließlich 1939 nach Europa kamen, sind die diesbezüglichen Angaben so gut wie vollständig. Angaben über spätere Importe, etwa von 1950 an, sind unsicherer. Dank des einfachen und sicheren Flugtransportes nahm die Anzahl der importierten Fische schnell zu, so daß kaum noch ein vollständiger Überblick möglich war. Hinzu kam noch, daß immer mehr Nachzuchtfische importiert wurden, insbesondere aus südostasiatischen Züchtereien. Es ist somit durchaus möglich, daß außer den beschriebenen Arten noch vereinzelt andere Buntbarscharten importiert worden sind, die aber schnell wieder aus den Liebhaberaquarien verschwanden. Bevor wir jedoch auf die einzelnen Buntbarscharten eingehen, wollen wir uns mit ihrer Verwandtschaft, ihrer Verbreitung und ihrem Verhalten etwas näher beschäftigen.

Entwicklungsgeschichte

Buntbarsche, wie wir sie aus der Natur und unseren Aquarien kennen, haben eine lange stammesgeschichtliche Entwicklung hinter sich. Fische sind erdgeschichtlich sehr alt und ihre Entwicklung erstreckt sich über Millionen von Jahren zurück in das Erdaltertum. Als Vorläufer der Fische betrachtet man die Pfeilwürmer (Chaetognatha) und Stachelhäuter (Echinodermata), da zwischen diesen Tierformen und den Fischen sowohl anatomische als auch embryologische Ähnlichkeiten vorkommen. Primitive Fischformen wurden bereits in den Ablagerungen des Devons, Karbons und Perms gefunden. Die ersten Nachweise echter Knochenfische (Teleostei) stammen aus den Schichten des Trias und sind rund 180 Millionen Jahre alt. Seit der Kreideperiode, vor ungefähr 100 Millionen Jahren, lassen sich mit Sicherheit barschartige Fische (Perciformes) nachweisen, zu denen ja auch unsere Buntbarsche gehören. Im Tertiär steigt ihre Artenzahl steil an. Die meisten Arten leben auch heute noch im Meer, manche von ihnen wurden jedoch im Süßwasser heimisch, darunter auch unsere Buntbarsche.

Als ziemlich sicher kann man annehmen, daß die Barschartigen im Laufe ihrer Entwicklung ihr Lebensmilieu zwischen Meer- und Süßwasser wechselten, und Unterschiede zwischen Seewasser- und Süßwasserfischen weniger systematisch-anatomischer Art als physiologisch bedingt sind. Manche Arten sind physiologisch recht anpassungsfähig und können sich verhältnismäßig schnell von einem Aufenthalt im Süßwasser auf einen Aufenthalt im Meer umstellen. So kommt von den Buntbarschen *Etroplus suratensis* im Seewasser vor, ist aber manchmal auch im Süßwasser anzutreffen.

Auch die nächsten Verwandten unserer Buntbarsche leben sowohl im Süßwasser als auch im Meer. Von den Süßwasserfischen stehen ihnen wohl die Nanderbarsche (Nandidae), zu denen bekannte Aquarienfische wie der Blaubarsch (*Badis badis*), der Blattfisch (*Monocirrhus polyacanthus*) und der Vielstachler (*Polycentrus schomburgki*) gehören, am nächsten. Während die Verwandtschaft zu anderen im Süßwasser lebenden Barschen wie den Glasbarschen, Sonnenbarschen und unserem einheimischen Flußbarsch weitläufiger ist.

Die allernächsten Verwandten findet man unter den Korallenbarschen (Pomacentridae), von denen die Gattungen *Amphiprion*, *Abudefduf*, *Chromis*, *Dascyllus* und *Pomacentrus* dem Seewasseraquarianer als Aquarienfische gut bekannt sind. Genau wie die meisten Buntbarsche leben auch sie monogam, das heißt paarweise und in Einehe. Ihre Brutpflege gleicht weitgehend derjenigen der Substratbrüter unter den Buntbarschen. Nahe verwandt sind auch die im Brackwasser und im Meer lebenden Argusfische (Scatophagidae) und die Gauklerfische (Chaetodontidae), die zahlreiche Ähnlichkeiten bei der Paarbildung und im Revierverhalten mit den Buntbarschen zeigen. Die jedoch nur zum weiteren Verwandschaftskreis der Buntbarsche zählenden Brandungsbarsche (Embiotocidae) sind aus

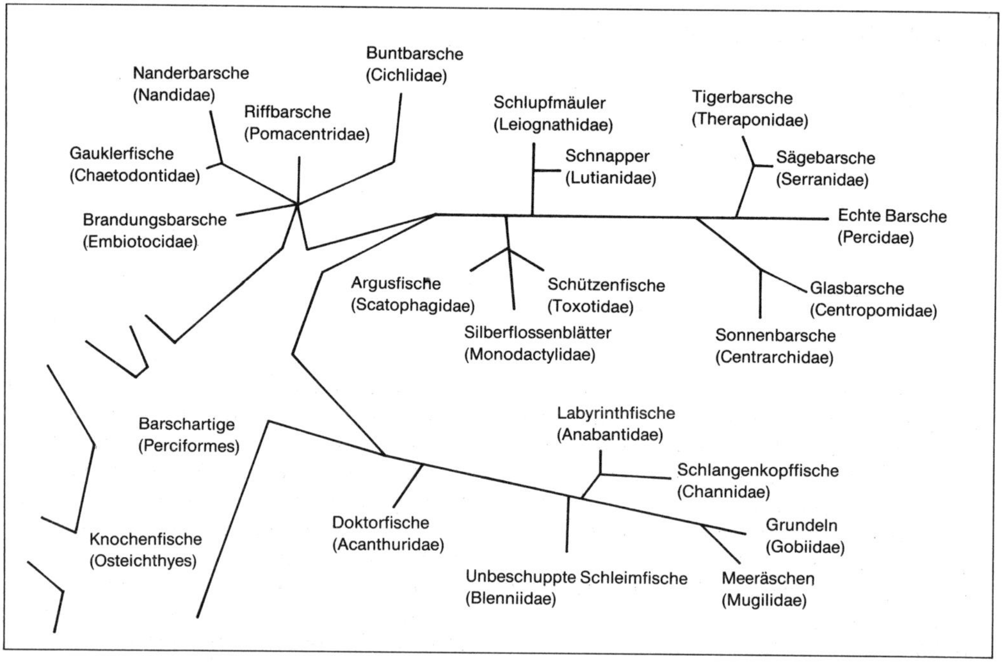

Abb. 1: Die Buntbarsche und ihre näheren Verwandten

biologischer Sicht eine besonders interessante Fischgruppe. Sie bringen nicht nur bei innerer Befruchtung lebende Junge zur Welt, bei Barschen eine einmalige Befruchtungsart, sondern sind außerdem äußerst anpassungsfähig an unterschiedliche Wasserverhältnisse. Eine Art schließlich, der Tule-Seebarsch (*Hysterocarpus traski*) lebt in reinem Süßwasser. Überhaupt befinden sich die Barschartigen wie alle Knochenfische noch in einem fortwährenden Entwicklungsprozeß, bei dem es immer wieder zur Bildung neuer Arten kommen kann, die neue Lebensräume erobern. Sehr schön läßt sich ein solcher über lange Zeiträume ablaufender Prozeß gerade unter den Buntbarschen bei den Arten des Malawisees beobachten, bei denen man immer wieder über die Vielfalt der Formen und Farbvarianten staunen kann.

Verbreitung

Die Verbreitung der Buntbarsche ist im wesentlichen auf die tropische und subtropische Klimazone beschränkt. Nur wenige Arten kommen in den Randgebieten zwischen subtropischer und gemäßigter Klimazone vor. Mittel- und Südamerika sowie Afrika sind die beiden wesentlichen Verbreitungsgebiete. In Asien lebt nur eine Buntbarschgattung (*Etroplus*) im westlichen Indien und auf Sri Lanka (Ceylon). Auf Malagasy (Madagaskar) leben fünf endemische Buntbarschgattungen. Der Begriff „endemisch" bedeutet, daß diese Gattungen nur dort vorkommen; eine Gattung bzw. eine Art kann also endemisch auf einer Insel, in einem bestimmten See oder in einem bestimmten Wasserlauf vorhanden sein. In ihrem Aussehen gleichen manche der auf Malagasy vorkommenden Buntbarsche den indischen *Etroplus*-Arten und stellen somit den Übergang zwischen afrikanischen und asiatischen Arten dar. Neben diesen ursprünglich auf Malagasy einheimischen Arten findet man auch noch Vertreter der Gattung *Tilapia*, die dort jedoch ursprünglich nicht heimisch waren. Als geschätzte Speisefische sind nämlich verschiedene *Tilapia*-Arten außerhalb ihrer eigentlichen Verbreitungsgebiete in alle möglichen tropischen und subtropischen Gewässer ausgesetzt worden und müssen daher heute als tropische bzw. subtropische Kosmopoliten betrachtet werden. Abgesehen vom äußersten Südwesten sind fast alle Gewässer Afrikas von Buntbarschen bewohnt. Nach Nordosten sind Buntbarsche über die Grenzen Afrikas hinaus nach Norden vorgedrungen. Vertreter der Gattung *Tilapia* findet man heute in den Gewässern Israels, Syriens und Kleinasiens.

Die Buntbarsche Afrikas bewohnen zwei verschiedenartige Gewässertypen, sowohl die ausgedehnten Fluß-Systeme, wie Kongo, Nil, Sambesi, Niger usw., als auch die Seen. In den großen Seen Ostafrikas findet man die größte Artkonzentration an Buntbarschen überhaupt. So leben beispielsweise im Malawisee fast 200 verschiedene Arten, deren Vorkommen, von ganz wenigen Ausnahmen abgesehen, endemisch ist. Auch in den anderen großen Seen Ostafrikas, wie Tanganyikasee, Victoriasee, Edwardsee usw. kommen zahlreiche Buntbarscharten vor. Von den in Fluß-Systemen heimischen Arten sind besonders solche aus Westafrika als Aquarienfische bekannt geworden. Viele dieser Buntbarsche kommen außer im Süßwasser auch im Brackwasser vor und einzelne von ihnen trifft man sogar im Seewasser an. An der afrikanischen Westküste bedingen große Gezeitenunterschiede bei steigender Flut eine starke Aufmischung des Süßwassers mit Seewasser in allen ausmündenden Gewässern. Die dort lebenden Fische müssen sich diesen besonderen Wasserverhältnissen anpassen. Bei afrikanischen Buntbarschen kann man oft, unabhängig von ihrer systematischen Zugehörigkeit, die flußlebenden von den seelebenden Arten an ihrer Körperform unterscheiden.

In Amerika kommen Buntbarsche im Norden vom südlichsten Teil der USA (Texas) bis zum

Stromgebiet des Rio de La Plata im Süden vor. Die größte Artenkonzentration dieser Fische findet man in den Stromgebieten des Amazonas und des Orinocos. Größere Seen, vergleichbar mit den Seen Ostafrikas, fehlen in Südamerika. Die Fluß-Systeme sind jedoch von gewaltigem Ausmaß und umfassen Biotope unterschiedlichster Art, die eine äußerst differenzierte Buntbarschfauna hervorgebracht haben. Hier findet man Gewässertypen unterschiedlichster Art mit oft extremen Wasserverhältnissen: Von fast mineralfreiem Wasser in den Oberläufen der Quellflüsse, über durch Humussäuren stark angesäuerte Wasserläufe, bis zu mit Meerwasser aufgemischtem Brackwasser im Küstenbereich. In all diesen Gewässern leben Buntbarsche. Endemische Arten kommen auf den Inseln der Karibik vor. Das auf Südwestindien und Sri Lanka begrenzte Vorkommen asiatischer Buntbarsche stellt höchstwahrscheinlich einen Rest urtümlicher Buntbarschformen dar, die in ähnlicher Form lediglich noch auf Madagaskar vorkommen. Sie sind weit mehr als ihre amerikanischen und afrikanischen Verwandten in Brack- und Seewasser zu finden. Nur eine Art wird häufiger im Süßwasser gefunden, kommt aber auch im Brackwasser vor. Eine andere Art lebt an den Küstenabschnitten sogar vorwiegend im Meere und geht nur zur Fortpflanzung in Brack- und Süßwasser. Lediglich ihre Jungfische trifft man öfter im Süßwasser an.

Körperbau und Organe

Form, Färbung und andere Eigenschaften einer Fischart sind das Resultat eines ständig fortlaufenden Auswahlprozesses, dessen tragendes Prinzip es ist, für die Art insgesamt ungeeignete Eigenschaften laufend auszumerzen. Wie effektiv diese Auswahl ist, läßt sich an den zahlreichen Mutationsformen erkennen, die bei vielen Arten im Aquarium entstehen, wo dieses Auswahlprinzip außer Kraft gesetzt ist. Solche Mutationsformen entstehen nämlich keineswegs nur im Aquarium, auch in der Natur kommen ähnliche Mutationen laufend vor, unterliegen aber dort bald den harten Umweltbedingungen.
Die Eigenschaften einer Art werden von den verschiedenen Faktoren ihrer Umwelt geformt. Unter diesen Faktoren spielen die Nahrung und die Feinde die überragenden Rollen. Weitere prägende Faktoren sind bei den Fischen die Strömungs- und Wasserverhältnisse, sowie die Vegetation und Beschaffenheit des Untergrunds ihrer Heimatgewässer. Ganz so eindeutig wie mitunter dargestellt, ist die Ausformung einer Art durch ihr Lebensmilieu jedoch nicht. Neben Eigenschaften, die die Existenz einer Art begünstigen, können nämlich auch solche Eigenschaften vererbt werden und sich im Erscheinungsbild einer Art ausdrükken, die der Art zwar keinen Nutzen bringen, ihr aber andererseits auch nicht schaden. Gewisse Eigenheiten bei Buntbarschen versteht man nur, wenn man dies berücksichtigt; neben den Faktoren Nahrung, Feind und Umwelt können also auch nicht zweckgebundene Eigenschaften das Bild einer Art mitbestimmen. Derartige, augenscheinlich nicht zweckgebundene Eigenschaften, z. B. in der Färbung, kommen im Tierreich häufiger vor. Die Farben der Buntbarsche des Malawisees sind hierfür eines der besten Beispiele, auf das wir noch zurückkommen.

Körperbau

Angesichts ihrer großen Verbreitung kommen Buntbarsche in den unterschiedlichsten Gewässertypen vor. Ihre Körperform ist, als hochgradige Anpassung an ihr Lebensmilieu, genau so vielgestaltig wie ihre Heimatgewässer. Langgestreckte Arten mit stromlinienförmigem Körperbau kommen zwar vor, sind aber nicht sonderlich häufig. Die Schlußfolgerung, die man daraus ziehen kann, daß nur wenige Arten in schnell fließenden Gewässern vorkommen, ist daher richtig. Daß Anpassung an schnellfließende Gewässer nicht unbedingt zu einem stromlinienförmigen Körperbau führt, zeigen einige Buntbarsche, die das Stromschnellengebiet des Kongos bewohnen. Diese Arten, darunter der als Aquarienfisch gut bekannte Löwenkopfcichlide (*Steatocranus*) haben sich zu hochspezialisierten Grundfischen entwickelt; ihre Schwimmblase ist stark zurückgebildet und die Fähigkeit frei im Wasser zu schwimmen, haben sie weitgehend verloren. Bei den allermeisten Buntbarschen deutet ihr Körperbau jedoch darauf hin, daß sie in langsam fließenden bzw. stehenden Gewässern zu Hause sind. Der Körper ist in der Regel hochrückig und die Seiten sind mehr oder weniger abgeflacht. Bei vielen afrikanischen Arten ist allerdings der Körperquerschnitt stromlebender Arten eindeutig runder als bei seelebenden Arten. Der Kopf, wie auch die Augen, sind bei allen Arten verhältnismäßig groß. Die Stirn älterer Tiere, besonders bei den Männchen, ist mitunter buckelartig vorgewölbt, bei anderen eingebuchtet. Das Maul ist groß und oft tiefgespalten, die Lippen können wulstig, aber auch den unterschiedlichen Formen des Nahrungserwerbs angepaßt sein. Die Bezahnung ist bei jeder Gattung recht unterschiedlich. Kieferzähne mit 1–3 Spitzen sind immer vorhanden, doch können diese in einer oder in mehreren Reihen stehen. Fast alle Arten haben Schlundzähne. Bei der systematischen Einteilung sind die Zähne ein wichtiges Unterscheidungsmerkmal. Rücken und Afterflosse haben im vorderen Teil harte, im hinteren Teil weiche Flossenstrahlen. In der Form sind sich Rücken- und Afterflosse ähnlich, doch ist die Rückenflosse in der Regel länger. Nach hinten können diese Flossen spitz ausgezogen sein, besonders beim Männchen. Die Bauchflossen sind bei manchen Arten ebenfalls ausgezogen und bei einzelnen Arten (Segelflossern) extrem verlängert. Die Schuppen bestehen hauptsächlich aus Kamm- und Rundschuppen. Die Seitenlinie ist meist zweiteilig, d.h. in der Mitte unterbrochen.

Haut und Farben

Die Haut der Knochenfische besteht aus zwei Schichten, der Oberhaut (Epidermis) und der Unterhaut (Cutis). In der Oberhaut befinden sich zahlreiche Schleimzellen, deren Absonderungen ein Schleimlager als oberste Schicht der Haut bilden. Für die Verteidigung des Organismus gegen Parasiten- und Pilzinfektionen hat diese Schleimschicht große Bedeutung; Schäden an ihr begünstigen Infektionen. Die Schuppen gehören zum Hautskelett und bilden sich in der Unterhaut, wo sie in Schuppentaschen sitzen. Die Schuppen bestehen aus Knochenlamellen, die von einer dünnen dentinähnlichen Schutzschicht überzogen sind.

Die Grundfärbung der Fische beruht auf den großen farbstofftragenden Zellen der Unterhaut (Chromatophoren). In diese Zellen sind körnige braune und schwarze Farbstoffe (Melanine) sowie flüssige, rote und gelbe Farbstoffe (Lipochrome) eingelagert. Grüne und blaue Farbstoffe fehlen. Die Grün- bzw. Blaufärbung kommt durch ein Zusammenspiel der eingelagerten Farbstoffe mit Glanzkristallen und den durchscheinenden gelblichen Fettlagern der Unterhaut zustande.

Ganz anderer Natur sind die Reflexfarben, die den Fischen ihre metallglänzenden Farbtöne verleihen. Diese Farbtöne entstehen durch Lichtreflexe an den in der Unterhaut eingelagerten Guaninkristallen, die bei Lichteinfall aufleuchten; nur im auffallenden Licht erscheinen sie also bunt.

Durch Ausdehnen oder Zusammenziehen der in den Chromatophoren eingelagerten Farbstoffe sind die meisten Fische in der Lage, die Intensität der Färbung zu variieren. Bei vielen Buntbarschen wird so die Färbung während der Paarungszeit besonders intensiv. Farbänderungen sind häufig an ganz bestimmte Verhaltensphasen gekoppelt. Bei der Paarung und bei der Brutpflege spielen Farb-und Zeichenmuster als Signale zwischen den Geschlechtspartnern und zwischen Elterntieren und Jungfischen oft eine wichtige Rolle.

Skelett und Muskeln

Bei allen Knochenfischen ist das Skelett mehr oder weniger verknöchert. Knochenteile des Skelettes bilden Festpunkte für die Muskulatur und stützen diese in ihrer Gesamtheit. Die festen Teile des Skelettes bestehen aus dem Schädel, der Wirbelsäule, aus Schulter- und Beckengürtel und den Rippen. Die miteinander verwachsenen Schädelknochen schützen das Gehirn und die vom Gehirn ausgehenden

Sinnesfunktionen. Weitere Teile des Skelettes sind Kieferknochen, Kiemenbögen und Kiemendeckel. Wie bei fast allen anderen barschartigen Fischen ist auch das Skelett der Buntbarsche kräftig ausgeformt.
Die mit dem Skelett verbundenen Muskeln (Skelettmuskeln) dienen in erster Linie der schnellen Fortbewegung. Zwei Muskelstränge an jeder Körperseite sind hierfür von besonderer Bedeutung. Hinten stehen diese Muskelstränge mit der Basis der Schwanzflosse in Verbindung; sie bewirken die Vorwärtsbewegung des Körpers. Auch die Bewegungen der anderen paarigen und unpaarigen Flossen erfolgen durch zahlreiche Muskeln, von denen jeder einzelne eine bestimmte Bewegung ausführt oder ihr entgegenwirkt (Synergisten und Antagonisten). Durch das Zusammenwirken dieser Muskelfunktionen kommen die Schwimmbewegungen zustande.

Verdauungskanal

Die Verbindung vom Mund zum Magen ist bei Buntbarschen kurz und gerade. Der Magensack ist gut ausgebildet. Der Darm ist verhältnismäßig kurz, doch je nach Nahrungsweise etwas unterschiedlich in der Länge.

Schwimmblase

Die Schwimmblase liegt in der Bauchhöhle zwischen Wirbelsäule und Darmkanal. Sie wird von einer Erweiterung des Schlundes gebildet und ihre Funktionen bei Buntbarschen sind ausschließlich hydrostatischer Art. Durch Änderungen des Volumens der Schwimmblase können Fische ihr spezifisches Gewicht ändern und sich so im Wasser schwebend halten.

Kiemen

Beidseits des Schlundes führen eine Anzahl Öffnungen, bei Buntbarschen in der Regel fünf, in die Kiemenhöhle, in der sich die Kiemenbögen mit den darauf sitzenden Kiemen befinden. Die Kiemen bestehen aus einer Anzahl stark gefalteter Gewebeausbuchtungen, die von luftdurchlässigen Zellen umlagert und mit einem feinverteilten Kapillarsystem durchsetzt sind. Jeder Kiemenbogen ist durch einen Kiemenbogenknochen verstärkt, und längs dieses Knochens läuft eine Ader, die mit der Pulsader in Verbindung steht und die Kiemen mit Blut versorgt. Neben ihrer eigentlichen Aufgabe, das durchströmende Blut mit Sauerstoff zu versorgen, spielen die Kiemen außerdem beim Stoffwechsel eine Rolle. Manche Stoffwechselprodukte können über die Kiemen in Form von Ammoniak ausgeschieden werden.

Blutkreislauf

Fische haben im Gegensatz zu den mit Lungen atmenden Tieren, die einen doppelten Blutkreislauf haben, einen einfachen Blutkreislauf. Das Blut wird vom einkammrigen Herz durch die Kiemen und den Körper gepumpt und fließt von dort wieder zum Herz zurück.

Sinnesorgane

Die Sinnesorgane sind bei Fischen besser entwickelt als man im allgemeinen annimmt. Da gerade Sinneswahrnehmungen im Paarungs- und Brutpflegeverhalten der Buntbarsche eine große Rolle spielen, seien ihre wichtigsten Funktionen hier kurz aufgezeichnet.

Gesichtssinn. In seinen Grundzügen ist der Aufbau des Fischauges mit dem Aufbau des Auges höherer Wirbeltiere identisch. Typisch für das Fischauge ist die in ihrer Form unveränderliche, annähernd kugelförmige Augenlinse. Fische können die Form der Linse nicht verändern und damit auch nicht auf eine bestimmte Entfernung einstellen, sondern müssen mit Hilfe eines besonderen Muskels den

Abstand zwischen Linse und Netzhaut verändern. Versuche haben gezeigt, daß Buntbarsche ein gutes Farbunterscheidungsvermögen haben, und daß ihre Sehschärfe, zumindest bei kurzer Entfernung, erstaunlich gut ist.

Geruchssinn. Im Gegensatz zu den meisten anderen Fischen haben Buntbarsche beiderseits nur je eine Nasenöffnung. Diese Öffnung ist sowohl Ein- wie Ausgang zur Nasengrube. Im Inneren der Nasengrube befindet sich eine mit zahlreichen Geruchzellen besetzte faltige Haut. Der Geruchsinn der Buntbarsche ist nicht sonderlich gut entwickelt.

Hautsinn. Der überaus feine Hautsinn, dessen Funktionen bisher noch nicht in allen Einzelheiten geklärt sind, befähigt Fische, selbst äußerst geringfügige Temperaturunterschiede (0,03° C) wahrzunehmen. Auch sehr schwache Wasserströmungen werden vom Hautsinn registriert.

Gehör und Gleichgewichtssinn. Bei Fischen ist das Innerohr Sitz von Gehör und Gleichgewichtsorgan. Das Gleichgewichtsorgan besteht aus den Bogengängen, die tubenartig erweitert in einen Hohlraum (Utriculus) ausmünden. Bei Knochenfischen befindet sich in diesem beiderseitig des Kopfes gelegenen Hohlraum je ein Gehörstein (Ohrstein = Otolith). Diese Gehörsteine liegen auf einem Lager feinster Gefühlszellen, die jede Veränderung der Lage des Otolithen erfassen. Zusammen mit der Netzhaut des Auges, die das Licht erfaßt, sichern die Gehörsteine die normale Schwimmlage des Fisches. Vom Innenohr ausgehend besteht eine verknöcherte Verbindung zur Schwimmblase. Die gefüllte Schwimmblase ersetzt mit ihren Schwingungen das im Fischohr fehlende Trommelfell. Versuche haben gezeigt, daß die Gehörfunktionen des Fischohres trotz fehlendem äußeren Ohr und fehlendem Trommelfell erstaunlich gut sind. Buntbarsche (*Pelvicachromis*) sind in der Lage, mit ihrem Ohr Laute im Schwingungsbereich von 10–16000 Schwingungen/sec. zu erfassen. Vergleichsweise registriert das menschliche Ohr Schwingungen im Bereich von 16–20 000 Schwingungen/sec. Lauteindrücke spielen für das Verhalten der Buntbarsche eine weitaus wichtigere Rolle als bisher angenommen wurde. Buntbarsche können nämlich nicht nur Laute hören, sondern sie bringen auch selbst Laute hervor. Da diese Laute vom menschlichen Ohr nicht erfaßt werden, blieben sie lange unbeachtet, sie können jedoch mit verhältnismäßig einfachen akustischen Instrumenten aufgefangen werden.

Seitenlinienorgan. Mit dem Seitenliniensystem verfügen Fische über ein weiteres, nur bei ihnen vorhandenes Sinnesorgan. Dieses System besteht aus einer Reihe von Hautkanälen, die mit Gruppen von speziellen Sinneszellen ausgerüstet sind. Diese Kanäle stehen durch Öffnungen in Verbindung mit der Hautoberfläche. Der Hauptkanal des Seitenliniensystems verläuft etwa entlang der Mitte jeder Körperseite, und von diesem Kanal gehen Öffnungen durch die Schuppen nach außen. Bei den Buntbarschen ist diese Seitenlinie zweiteilig. Die Seitenlinienkanäle auf beiden Seiten stehen miteinander durch einen Querkanal in der Nackenregion in Verbindung. Druckwogen und Wasserströmungen, auch solche, die äußerst schwach sind, werden von den Sinneszellen (Neuromastern), die vorgeschobene Teile von Gehirnnerven sind, aufgenommen und weitergeleitet.

Verhalten

Alle Buntbarsche sind sozial lebende Fische mit hochentwickelter Brutpflege. Die Brutpflege erstreckt sich fast immer über einen längeren Zeitraum und setzt oft die Beherrschung eines bestimmten Bereiches (Revier – Territorium) durch das Elternpaar oder das brutpflegende Weibchen voraus. Zwei verschiedene Brutpflegeformen kommen vor: Substratbrüter und Maulbrüter. In beiden Formen kommen art- bzw. gattungsbedingte Unterschiede vor, und bei einigen Arten (*Geophagus*) sind beide Brutpflegeformen miteinander kombiniert.

Substratbrüter legen ihre Eier auf einer festen Unterlage (Substrat) ab. Ein solches Substrat kann ein Stein, eine Wurzel, die Innenwand einer Höhle, oder auch ein Blatt sein. Bei den Substratbrütern kommen bedeutende Unterschiede zwischen den Arten vor, die ihre Eier offen, z.B. frei auf der Oberseite eines Steines oder Blattes absetzen und den Arten, die sich „versteckt" in Grotten und ähnlichen Höhlungen fortpflanzen. Schon rein äußerlich unterscheiden sich die „Offenbrüter" von den „Höhlenbrütern". Während bei den Offenbrütern sich die Geschlechter nur geringfügig unterscheiden, ist bei allen Höhlenbrütern ein mehr oder weniger ausgeprägter Sexualdimorphismus vorhanden. Die Weibchen sind oft erheblich kleiner als die Männchen, und häufig bestehen bedeutende farbliche Abweichungen zwischen den Geschlechtern. Die Eianzahl ist bei Höhlenbrütern geringer, und bei der Brutpflege ist das Weibchen deutlich der aktivere Teil. Bei manchen Höhlenbrütern ist das Weibchen alleiniger Brutpfleger und es kommt zu Mutterfamilienbildung. Bei den Offenbrütern dagegen kann man bei manchen Arten in der Praxis häufig nicht feststellen, welches Tier das Weibchen und welches das Männchen ist (z.B. bei *Aequidens*-Arten). Beide Elterntiere beteiligen sich intensiv an der Brutpflege, und die Zahl der Eier je Gelege ist erheblich größer als bei den Höhlenbrütern. Auch in bezug auf die Paarbildung sind Unterschiede vorhanden. Bei den Höhlenbrütern erfolgt die Paarbildung in der Regel lediglich über eine Brutperiode, während die Paare der Offenbrüter über längere Zeitperioden hinweg fest zusammenhalten. Bei den Offenbrütern ist die Brutpflege in ihren einzelnen Phasen gefestigt und erfolgt wie nach einem vorprogrammierten Schema. Bei den Brutpflegeaufgaben wie Revierverteidigung, Eibetreuung, Jungfischbewachung, Grubengraben usw. ist oft eine Rollenverteilung zwischen Männchen und Weibchen festzustellen. Als typische Vertreter der Offenbrüter seien hier lediglich die Arten der Gattungen *Aeqidens*, *Cichlasoma*, *Pterophyllum* und *Hemichromis* genannt.

Die Höhlenbrüter unterscheiden sich im Brutpflegeverhalten stark von den Offenbrütern. Festere Paarbildung, ähnlich wie bei den Offenbrütern, kennt man bei den *Pelvicachromis*-Arten. Bei diesen Arten kann man auch beobachten, daß sich die Eltern bei der Betreuung der Eier ablösen, wie wir es von den

Offenbrütern kennen. Bei den meisten Höhlenbrütern jedoch übernimmt das Weibchen die Pflege der Eier alleine, und bei manchen Arten, z. B. bei *Lamprologus*, wird es während der Brutpflege von Männchen aktiv daran gehindert, die Höhle zu verlassen. Es kommt auch vor, daß das Weibchen alleiniger Brutpfleger ist. *Nannacara*-Weibchen vertreiben sofort nach der Laichabgabe das Männchen aus ihrem Revier und versorgen Eier und Jungfische allein. Äußerst differenziert ist die Brutpflege und das Revierverhalten bei den Arten der Gattung *Apistogramma*, wo neben alleiniger Brutpflege durch das Weibchen sowohl monogame Paarbildungen wie auch die Bildung sogenannter Haremsfamilien vorkommen, die ein Männchen und mehrere Weibchen umfassen. Allem Anschein nach sind die *Apistogramma*-Arten in der Lage, ihre Brutpflege unterschiedlichen Verhältnissen weitgehend anpassen zu können. Ob sich auch das Brutpflegeverhalten dieser Fische dem entsprechenden Milieu flexibel angleichen kann, ist jedoch bisher erst ungenügend untersucht worden. Nur in Aquarien mit sehr großer Bodenfläche können die verschiedenen Brutpflegegewohnheiten dieser Fische hinreichend genau beobachtet werden.

Die Brutpflegegewohnheiten der Maulbrüter unterscheiden sich in vieler Hinsicht von denen der Substratbrüter. Bei den Maulbrütern besetzt in der Regel das Männchen ein bestimm-

Abb. 2: Die Laichabgabe erfolgt bei Maulbrütern in der Regel in vom Männchen gebuddelten Gruben. Sehr oft stimulieren sogenannte Eiflecken in der Afterflosse des Männchens (oben links) das Weibchen mit Spermien vermischtes Wasser aufzunehmen. Die abgegebenen Eier werden vom Weibchen mit dem Maul aufgenommen und kommen im Kehlsack zur Entwicklung (oben rechts).

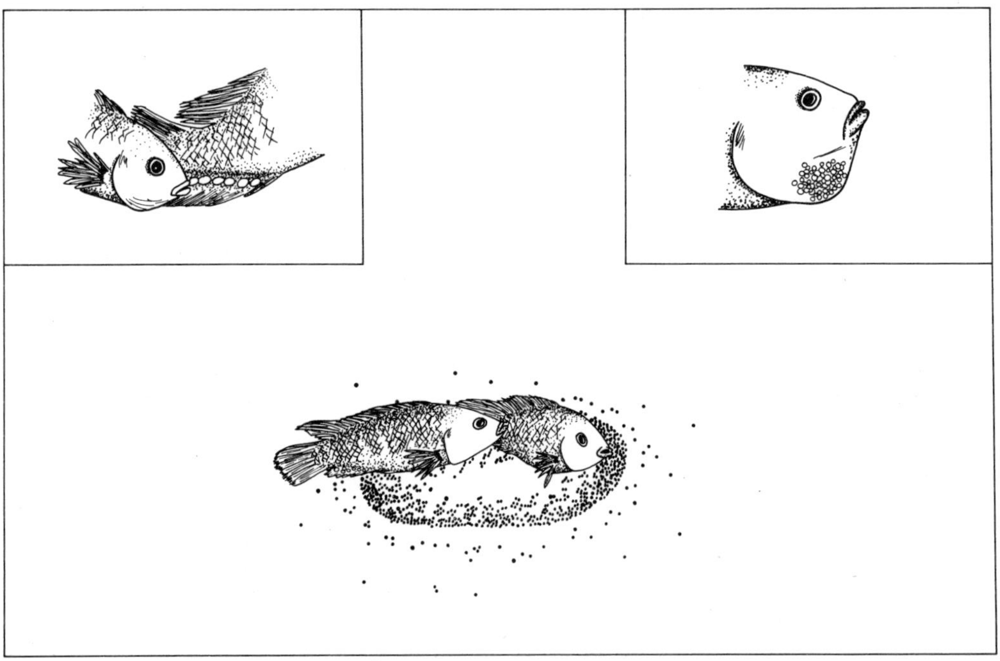

tes Revier und verteidigt dieses gegen Männchen der eigenen Art; Weibchen der eigenen Art sind nur laichreif willkommen. Anderen Fischen gegenüber verhält es sich gleichgültig. Feste Paarbildung kommt also in der Regel nicht vor. Bei den meisten Arten kann ein Männchen sogar mit mehreren Weibchen kurz hintereinander ablaichen. Festere Paarbildung kennt man nur bei Arten, bei denen auch die Männchen „bedingte Maulbrüter" sein können, wie bei manchen *Sarotherodon*- und Geophagus-Arten.

Die Abgabe der Eier erfolgt bei den meisten Arten in einer vom Männchen gegrabenen Laichgrube. Die abgelegten Eier nimmt das Weibchen vom Boden der Laichgrube ins Maul. Die Befruchtung kann entweder bereits in der Laichgrube oder nach Aufnahme der Eier im Maul erfolgen. Im unmittelbaren Bereich der Laichgrube kommt es während des Laichgeschäftes zu einer sehr hohen Konzentration an Spermien, so daß in der befruchtungsfähigen Phase des Eies eine Befruchtung möglich ist, unabhängig davon, wo sich das Ei befindet. Die Weibchen saugen mit dem Atemwasser förmlich Spermienwolken ein. Auch die bei diesen Arten vorhandenen „Eiattrappen" auf der Afterflosse des Männchens dienen der Befruchtung. Da diese weißen oder farbigen Flecken dem Weibchen Eier vortäuschen, wird es dazu angereizt, nach diesen „Eiern" zu schnappen. Bei dieser Gelegenheit nimmt es mit dem Wasser große Spermienmengen auf. Nach abgeschlossener Laichabgabe sucht sich das Weibchen einen geschützten Platz nahe der Wasseroberfläche. Meist versteckt es sich in der Oberflächenvegetation im sauerstoffreichen Oberflächenwasser. Bis die schwimmfertigen Jungfische das Maul verlassen, nimmt das Weibchen keine Nahrung zu sich. Die Schlupfzeit beträgt bei den meisten Arten zwischen 9 und 14 Tagen. Die ausgeschwommenen Jungfische kehren noch längere Zeit während der Nacht und bei Gefahr in das mütterliche Maul zurück.

Diese Art des Brutpflegeverhaltens ist bei den Maulbrütern der Regelfall, zu dem es jedoch noch eine Anzahl Ausnahmen gibt. So laichen nicht alle Maulbrüter in Gruben. Manche Arten aus dem Malawi- und Tanganyikasee laichen vorzugsweise auf platten Steinen. Sie legen nur wenige sehr große Eier, deren Entwicklungszeit 3–6 Wochen betragen kann. Weibchen dieser Arten nehmen häufig Nahrung zu sich, während sie Eier im Maule tragen. Die Jungfische sind oft bereits vollkommen selbständig, wenn sie das Maul der Mutter verlassen und kehren dorthin auch nicht mehr zurück.

Die Funktion der Eiflecken in der Afterflosse wird bei einigen Arten durch andere Zeichen ersetzt sein. So z. B. bei den *Sarotherodon*-Arten durch die auffällig gefärbte Genitalpapille des Männchens. Bei weiteren Arten wiederum können beide Geschlechter Maulbrüter sein, so z. B. bei *Chromidotilapia guentheri* und bei manchen *Sarotherodon*-Arten. Sogar eine Kombination der Brutpflegeform von Substratbrütern und Maulbrütern kommt bei einigen *Geophagus*- und *Aequidens*-Arten vor. Es würde hier jedoch zu weit führen, all die zahlreichen Ausnahmen, die bei der Maulbrutpflege der Buntbarsche bisher bekannt geworden sind, aufzuzählen. Sofern solche abweichenden Brutpflegegewohnheiten für die Zucht von Bedeutung sind, werden sie bei der Artbeschreibung erwähnt.

Die typischen Merkmale des Fortpflanzungsverhaltens der Cichliden wurden hier mit Absicht dem Aggressions- und dem Revierverhalten vorausgestellt, da beide Verhaltensweisen lediglich im Zusammenhang mit dem Fortpflanzungsverhalten verständlich sind.

Bei der Fortpflanzung beansprucht ein Paar – oder je nach Fortpflanzungsweise ein Weibchen oder ein Männchen – ein bestimmtes Revier (Territorium). Inwieweit andere Fische in diesem Revier geduldet werden, kann von Art zu Art verschieden sein. Artgenossen, die nicht Geschlechtspartner sind, werden aber in jedem Falle vertrieben. Anfänglich hat ein solches Revier noch kein bestimmtes Zentrum, später bildet die Ablaichstelle, bei Maulbrütern die Laichgrube, den Mittelpunkt. Wie

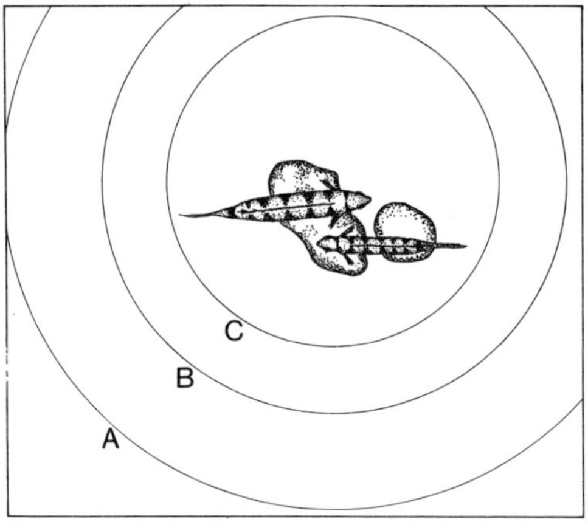

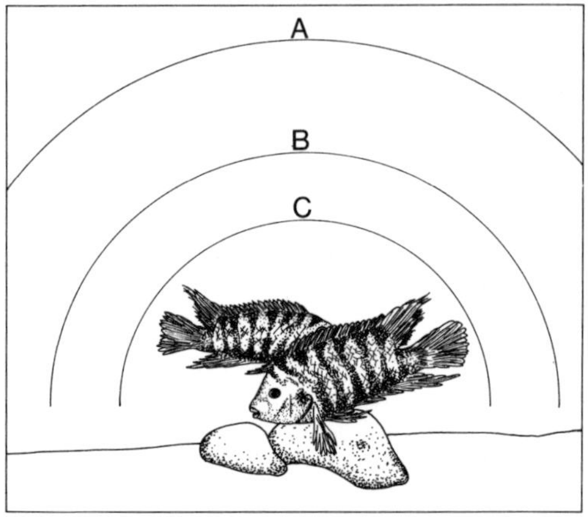

Abb. 3 und 4: Der Bereich eines revierhaltenden bzw. brutpflegenden Buntbarschpaares wird sowohl in vertikaler wie auch horizontaler Richtung von drei konzentrischen Grenzlinien – hier als A, B und C bezeichnet – umgeben. Artgenossen werden, wenn notwendig mit Gewalt, am Überschreiten der Grenzlinie A gehindert, andere Buntbarsche dürfen sich dem Revierzentrum bis zur Grenzlinie B nähern, während kleinere Friedfische nur vertrieben werden, wenn sie den inneren Zirkel der Grenzlinie C überschreiten.

nahe ein anderer Fisch sich diesem Mittelpunkt nähern darf, ohne angegriffen zu werden, hängt davon ab, welcher Art der betreffende Fisch angehört. Streng genommen hat jedes Revier mehrere konzentrische Grenzen, sowohl in horizontaler wie vertikaler Richtung, wie es die Skizze zeigt. Artgenossen und nahe verwandte Arten werden bereits an der äußeren Grenze angegriffen. Andere Buntbarsche können sich dem Zentrum etwa bis zur mittleren Grenze nähern, bevor sie angegriffen werden. Kleinere Friedfische werden erst angegriffen, wenn sie den Eiern oder Jungfischen zu nahe kommen. Hier lassen sich Feindfaktoren unterschiedlichen Grades am Revierverhalten erkennen. Dabei sind Angehörige der eigenen Art offenbar als Feindfaktor Nummer eins einzustufen.

Die Inbesitznahme eines Revieres durch ein bestimmtes Paar, bzw. durch ein bestimmtes Weibchen oder Männchen, wird durch eine besonders intensive Färbung angezeigt. Lassen Buntbarsche durch ihre Prachtfärbung den Revieranspruch erkennen, so wissen die Artgenossen, wie sie sich zu verhalten haben. Bei allen Substratbrütern gilt die Regel, daß Artgenossen die äußeren Reviergrenzen nicht überschreiten dürfen. Versuchen sie es dennoch, so werden sie angegriffen. Ist das Weibchen alleiniger Brutpfleger, wie z. B. bei *Nannacara*-Arten, gilt dieses Verhalten zunächst nur gegenüber Weibchen der eigenen Art; Männchen dürfen die Reviergrenzen überschreiten. Wenn die Laichabgabe jedoch erfolgt ist, werden auch die Männchen häufig vertrieben.

Ausgesprochene Prachtfärbung als Zeichen von Revierbesitz zeigen viele Maulbrütermännchen, insbesondere bei den *Haplochromis*- und *Sarotherodon*-Arten. Männchen, die sich nicht in Prachtfärbung befinden, gleichen bei diesen Arten in der Färbung den Weibchen. Männchen der eigenen Art werden nur angegriffen, wenn sie Prachtfärbung zeigen. Ist ein Männchen jedoch gezwungen, sein eigenes Revier zu verlassen, so legt es meist die Prachtfärbung ab und kann so unbehelligt die Reviere der Nachbarn passieren. Besonders die Männchen der *Sarotherodon*-Arten können ihre Prachtfärbung schlagartig ablegen, wenn sie ihr Revier verlassen, und genau so schnell wieder annehmen, wenn sie ihr eigenes Revier erreichen. Im Aquarienversuch läßt sich dieses Verhaltensmuster gut studieren. Bringt man z.B. vier Männchen von *Sarotherodon mossambicus*, die sich in guter Verfassung befinden, in einem langschmalen Aquarium von mindestens 1,5m Länge unter, so haben sie schon wenige Stunden später das Aquarium in vier Reviere geteilt und jedes Männchen hat seine Laichgrube gegraben. Füttert man nun ausschließlich an einer Kurzseite, so sind drei der Männchen gezwungen, andere Reviere zu passieren, um an das Futter zu kommen. Dabei kann man leicht feststellen, daß das Durchschwimmen fremder Reviere dank des schnellen Farbwechsels reibungslos vor sich geht. Sowie sich alle Männchen im eigenen Gebiet befinden, bewachen sie eifersüchtig und in Prachtfärbung die Grenzen dieses Revieres. Kämpfe an den Reviergrenzen sind meist eher Grenzmarkierung, Ritual- und Imponiergehabe, als wirklicher Kampf. Ernsthafte Schäden fügen sich die Fische bei diesen Scheinkämpfen nur selten zu. Intensive Färbung und „visuelle Vergrößerung“ des eigenen Körpervolumens durch Spreizen der Flossen und Kiemendeckel, macht dem Nachbarn deutlich, so groß und so stark bin ich, das hier ist mein Revier, bis hierhin und nicht weiter. Besonders bei den

Abb. 5: Vier *Tilapia*-Männchen (hier *Sarotherodon mossambicus*) haben ein langgestrecktes Aquarium untereinander in vier Reviere abgegrenzt und schwarze Prachtfärbung angenommen. Um ungestört fremde Reviere passieren zu können, nimmt eines der Männchen die blasse Färbung eines Weibchens an, um zu fressen.

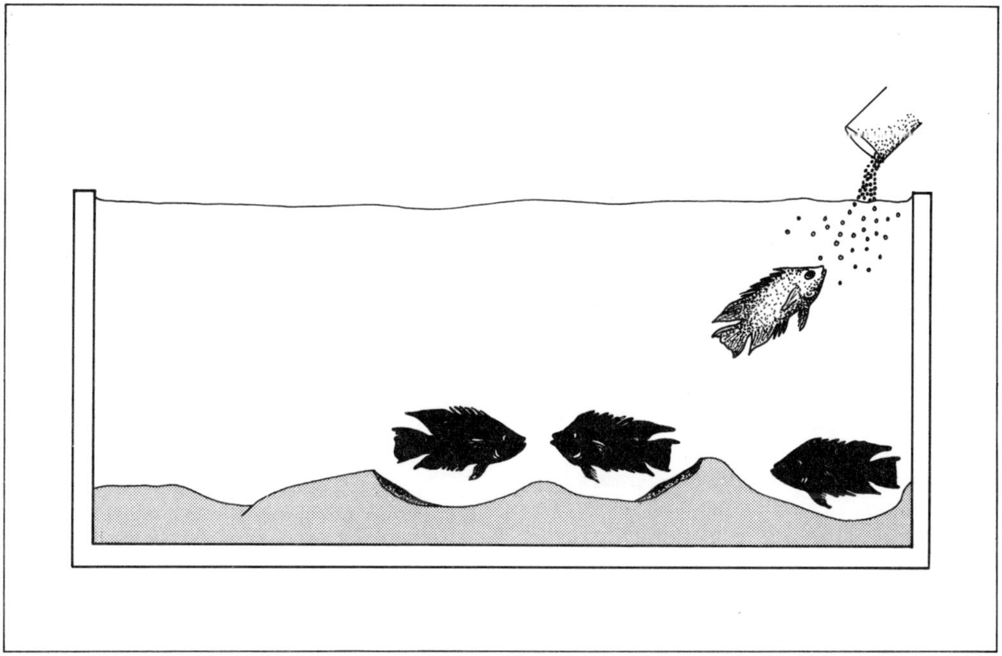

monogam lebenden Substratbrütern sehen diese Scheinkämpfe sehr drollig aus, da die Paare jeweils Seite an Seite „fechten".

Für den Pfleger drängt sich hier die Frage auf, wieviel Raum ein Buntbarschpaar als Revier benötigt. Untersucht man diese Frage genauer, so zeigt sich, daß die meisten Substratbrüter sich schon mit sehr kleinen Revieren zufrieden geben. Die Größe der Reviere hängt in der Praxis oft vom insgesamt zur Verfügung stehenden Raum ab. Unbegrenzt jedoch passen sich Buntbarsche bei der Revierbildung nicht den jeweils gegebenen Raumverhältnissen an. Je nach Art gibt es eine untere Grenze, die nicht unterschritten werden darf. Wird die Besatzdichte größer, so unterbleibt die Revierbildung. Der Raumanspruch ist bei Höhlenbrütern fast immer erheblich geringer als bei Offenbrütern. In der Natur kann z. B. ein einziger im Wasser liegender halbvermoderter Baumstamm mit vielen Höhlungen Platz für -zig Reviere einer *Pelvicachromis*-Art abgeben. Bei manchen Offenbrütern reicht dagegen bei Aquarienhaltung auch das größte Zimmeraquarium nicht für mehr als ein einziges Revier aus.

Durch die überwiegend symbolischen Streitigkeiten an den Reviergrenzen wird ein gewisses Gleichgewicht zwischen den Revieranrainern beibehalten. Bei einem wirklichen Kampf könnte die Bezahnung der meisten Buntbarsche durchaus effektiv sein. Die Folgen für den unterlegenen Partner würden gefährlich sein, wenn es der Sinn des Kampfes wäre, den Gegner auszuschalten. In der Natur, und auch unter geräumigen Aquarienverhältnissen, endet jedoch ein Kampf selten einmal tödlich. Bei ihren Auseinandersetzungen halten sich nämlich die Fische an bestimmte Regeln und diese Spielregeln werden nie außer acht gelassen. Gerade die Kämpfe der größeren Arten veranschaulichen gut den rituellen Charakter. Das Kampfritual kann mit dem mittelalterlicher Turnierspiele verglichen werden. Begegnen sich zwei Männchen oder auch zwei Paare an der unsichtbaren Reviergrenze, so gehen die Fische in Drohstellung. Sie zeigen „Kriegsbemalung" durch intensivste Färbung und spreizen die unpaarigen Flossen und die Kiemendeckel. Die Drohstellung wird fast immer, Kopf gegen Kopf gerichtet, eingeleitet. Im weiteren Verlauf kommen dann die sich imponierenden Gegner seitlich zueinander zu stehen. Oft kann schon diese Drohgebärde den Streit entscheiden, wenn nämlich einer der Gegner wesentlich kleiner ist als der andere. In diesem Fall räumt der schwächere den Kampfplatz, ohne den Streit fortzusetzen. Er legt seine Flossen an und verliert seine Prachtfärbung, wendet darauf dem Gegner den Rücken zu und schwimmt davon. Durch das Zurücknehmen der Drohsignale wird die Aggression des überlegenen Gegners gebremst und der Kampf damit abgebrochen. Der Überlegene nimmt also den „Friedensvorschlag" an und verfolgt den Gegner lediglich symbolisch ein kurzes Stück und läßt ihn dann in Frieden. Bei solchen Auseinandersetzungen ist allerdings nicht nur die Größe der Kontrahenten allein ausschlaggebend. Der Besitz eines Revieres gibt fast immer ein gewisses psychologisches Übergewicht gegenüber revierlosen Fischen. Noch markanter zeigt sich dies bei Fischen, die bereits abgelaicht haben oder Jungfische führen. Brutpflegende Elternfische greifen Artgenossen so ungestüm und bestimmt an, daß sie fast immer den Gegner in die Flucht schlagen, auch wenn dieser erheblich größer ist als sie selbst.

Kämpfe, die durch die Droh- und Imponierphase nicht entschieden werden, gehen in an-

Abb. 6: A) Eine Auseinandersetzung wird bei Buntbarschen mit der Drohstellung eingeleitet. Dabei stehen die Gegner Kopf gegen Kopf gerichtet gegenüber und spreitzen unpaarige Flossen und Kiemendeckel.
B) Führt die Drohgebärde nicht zu dem Resultat, daß der unterlegene Fisch den Rückzug antritt, nehmen die Gegner Seitenposition ein, um Schwanzschläge gegen den Kopf des Gegners auszuteilen.
C) Führen diese Imponier- und Kraftproben nicht zu einer Entscheidung, gehen die Gegner zum Maulzerrkampf über.

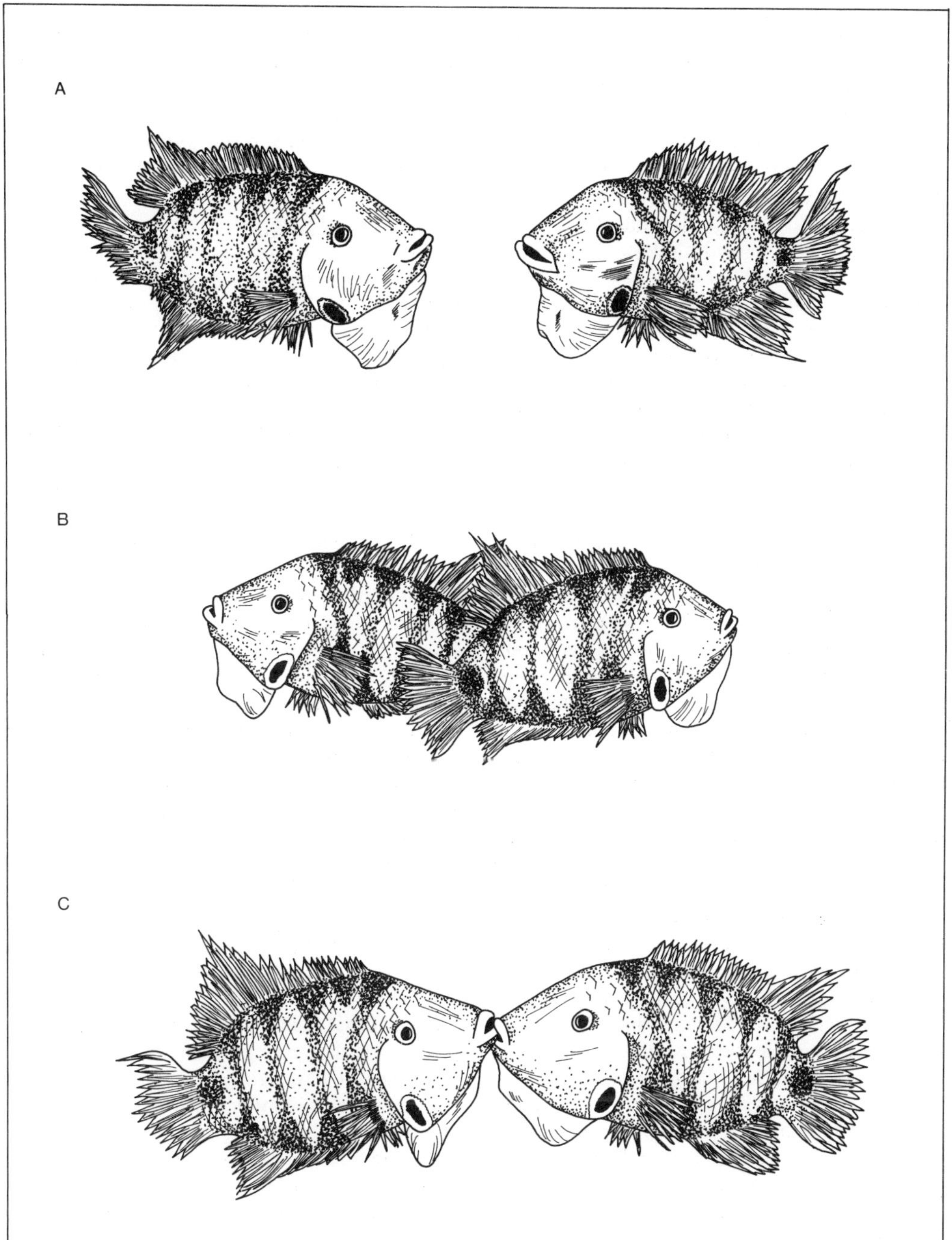
A
B
C

dere Kampfphasen über. Dabei beginnen die Fische zunächst, Schwanzschläge gegen den Kopf des Gegners auszuteilen. Diese Schwanzschläge treffen nicht direkt, sondern lösen lediglich Wasserwogen aus, die den Kopf des Gegners schlagartig treffen. Auch in dieser Phase kann der schwächere Teil den Kampf abbrechen, ohne daß ihn der überlegene Gegner verfolgt. Bringt auch diese Kraftprobe keine Entscheidung, so gehen die Gegner vom Flossenschlagen zum Maulzerrkampf über. Dabei ergreifen sich die Gegner mit festem Biß gegenseitig am Maul und versuchen dann mit aller Kraft und allen möglichen Tricks, den Gegner nach rückwärts zu drücken. Dazu dienen Flossenschläge und außerdem auch Drehungen der Körperachse nach rechts und links. Nicht selten kommen die Fische während dieses Zerrkampfes senkrecht im Wasser zu stehen. Bei einer Auseinandersetzung, die in einen Zerrkampf übergegangen ist, handelt es sich fast immer um einen Kampf fast gleichwertiger Gegner; Kämpfe ungleich starker Gegner werden bereits in früheren Kampfphasen entschieden. Das bedeutet, daß ein solcher Maulzerrkampf lange dauern kann. Eine Kampfdauer von mehreren Stunden, lediglich unterbrochen durch kurze Pausen, die die Kämpfer buchstäblich benötigen, um Atem zu schöpfen, ist nicht selten. Nur in wenigen Ausnahmefällen und bei wenigen Arten kommt es bisweilen vor, daß auch in dieser Kampfphase noch keine Entscheidung fällt, und die Fische dazu übergehen, direkte Kopfstöße gegen die Seiten des Gegners zu richten, wodurch schwere Verletzungen entstehen können.

Die hier geschilderten Kampfphasen kommen bei allen Arten vor, doch sind diese Phasen im Einzelnen oft mehr oder weniger ritualisiert, was z. B. ausgeprägt bei Segelflossern der Fall ist. Bei gewissen Arten können Einzelheiten des Kampfschemas fehlen oder abweichen. So kommt es bei *Geophagus*- und *Microgeophagus*-Arten kaum zu einem Maulzerrkampf, dieser wird durch direkte Stöße mit der Maulpartie ersetzt.

Die Kenntnis dieser Eigenheiten des Revier- und Aggressionsverhaltens der Buntbarsche dürfte genügen, um den Aquarienfreund vor Mißgriffen bei der Zusammenstellung seiner Aquarienbewohner zu bewahren. Weitere Einzelheiten, die speziell mit dem Fortpflanzungsverhalten zusammenhängen, sind im Abschnitt über die Vermehrung erwähnt.

Eine weitere Eigenheit ist das Schlafverhalten der Buntbarsche. Die Unkenntnis dieser Eigenart kann im Zimmeraquarium bei einigen großen Cichlidenarten zu Verlusten führen. Ganz allgemein gilt über das Schlafverhalten bei Tieren: kleine und auf andere Weise besonders gefährdete Tiere haben einen leichten Schlaf, so daß sie schnell, mit allen Sinnen sofort voll wach sind; größere und wehrhaftere Tiere können sich einen tieferen Schlaf leisten, beim Erwachen benötigen ihre Sinne eine gewisse Zeit, bis sie voll funktionieren. Diese Regel gilt auch für Fische. Kleinere Friedfische schlafen meist frei im Wasser und sind jederzeit fluchtbereit. Größere Fische, besonders Raubfische, schlafen liegend auf dem Grunde. Im Schlaf stützen sie sich mit den paarigen Bauchflossen und der Schwanzflosse auf. Auch alle größeren Buntbarsche schlafen so, entweder auf dem Boden oder auf breiten Blättern und ähnlichem. Schlafen sie am Boden, geben sie eindeutig sandigen Bodenpartien den Vorzug. Manche von ihnen, z. B. Pfauenaugenbuntbarsche, legen sich im Schlaf auf die Seite. Bei kleineren Arten kommt es vor, daß sie freischwebend im Wasser schlafen, wie man dies bei *Pelvicachromis*-Arten beobachten kann. Werden sie durch plötzliches Einschalten des Lichtes erschreckt, lassen sie sich zu Boden sinken.

Unzweifelhaft haben die größeren Cichlidenarten eine längere Erwachensperiode, während der die Sinnesorgane nur unzureichend funktionieren. Daraus ergibt sich durch die elektrische Beleuchtung eine Gefahr: Schaltet man nämlich bei völliger Dunkelheit unvermittelt die Aquarienbeleuchtung ein, kann es vorkommen, daß die Fische wie toll durch das Aquarium rasen. Bei Segelflossern und Dis-

kusfischen kann ein solcher, durch plötzliches Erwachen ausgelöster Schock sogar zum Tode führen. Auch unerwartet durch das Fenster einfallendes kräftiges Licht z.B. von einem Autoscheinwerfer löst denselben Effekt aus.
Es empfiehlt sich daher, zwischen Aquarienbeleuchtung und Stromanschluß eine Vorrichtung zum langsamen Aufleuchten und Erlöschen des Lichtes einzubauen. Ist eine solche Vorrichtung nicht vorhanden, so sollte man immer zunächst die Raumbeleuchtung einschalten und erst einige Minuten später die Aquarienbeleuchtung.
Bleibt die Aquarienbeleuchtung unnormal lange eingeschaltet, kann es vorkommen, daß die Fische auch bei eingeschalteter Beleuchtung den gewohnten Schlafplatz aufsuchen und ihre typische Schlafstellung einnehmen.

Buntbarschhaltung

Aquariengröße und -form

Für die Haltung größerer Buntbarsche kann ein Aquarium nie zu groß sein. Will man an den größten Arten wie beispielsweise Pfauenaugenbuntbarschen, großen Tilapien usw. wirklich Freude haben, so sollte man sie nicht in Aquarien pflegen, die weniger als 300 l Inhalt fassen. Die Aufstellung solch großer Aquarien ist jedoch nicht allen Aquarienfreunden möglich. Auf die Haltung von Buntbarschen braucht deshalb aber der Aquarienfreund, der nur kleinere Aquarien aufstellen kann, nicht verzichten, denn zahlreiche kleinere Arten kann man schon in Behältern mit einem Volumen ab 40 l halten. Für viele der mittelgroßen Arten sind bei paarweiser Haltung Aquarien zwischen 60–100 l Inhalt ausreichend. Hält man aber diese Fische, wie z. B. *Aquidens*-Arten, paarweise, so muß man auch damit rechnen, daß sie sich vermehren. Und sobald die Jungfische ein gewisses Alter erreichen, sollten sie vom Elternpaar getrennt werden; dann muß ein zweites Aquarium zur Verfügung stehen.

Die übliche Aquarienform mit einem Verhältnis Länge : Breite : Höhe von etwa 2 : 1 : 1 ist gut geeignet. Von extremen Ausnahmen abgesehen, spielt jedoch die Form des Aquariums keine größere Rolle. Bei sehr großen Behältern läßt sich allerdings in den mehr langschmalen Aquarien leichter eine für das Auge gefällige Gesamteinrichtung einbauen als bei den eher kubischen Formen.

Eine etwas andere Aquarienform ist bei der Haltung von Diskusfischen, Flaggenbuntbarschen und Segelflossern angebracht. Diese Arten bevorzugen eindeutig einen höheren Wasserstand, und bei Segelflossern ist der Wasserstand sogar entscheidend für das Längenwachstum der Flossen; in zu niedrigen Aquarien erreichen diese Fische nicht ihre maximale Flossenspannweite. Für die hier genannten Arten sollte die Wassertiefe 50 cm nicht unterschreiten, kann aber ohne weiteres größer sein. Bei höheren Aquarien ist zu beachten, daß die Oberfläche im Verhältnis zur Wassermenge nicht zu klein wird, was Nachteile für Sauerstoffaufnahme und Gasaustausch bedeuten würde. Allzu schmale Aquarien mit hohem Wasserstand sollte man nicht verwenden.

Im Zusammenhang mit der Aufstellung größerer Aquarien sei darauf hingewiesen, daß die Aufstellung großer Behälter solide Unterlagen für die Aufstellung erfordert. Man vergegenwärtige sich, daß beispielsweise ein Aquarium mit den Maßen 100 × 60 × 60 cm bereits ein Volumen von 360 l hat und eingerichtet mit Sand und Steinen mindestens 500 kg wiegt. Man sollte daher vor der Aufstellung größerer Aquarien das Totalgewicht des eingerichteten Behälters berechnen und danach dementsprechend die Unterlage wählen. Bei Aufstellung sehr großer Behälter kann es angebracht sein, einen Fachmann zu Rate zu ziehen.

Legt man Wert darauf, das Verhalten der Buntbarsche genau beobachten zu können, sind mitunter besondere Aquarienformen angebracht. So setzt, um nur ein Beispiel zu nennen, das Studium des Sozialverhaltens der kleineren bodenlebenden Arten Aquarien mit möglichst großer Bodenfläche voraus. In jedem Falle sollte man sich vor der Neuanschaffung eines Aquariums klar darüber sein, für welche Fische der Behälter in erster Linie gedacht ist. Da ein Aquarium wohl nur selten jedoch ausschließlich der Beobachtung der Fische dient, müssen auch ästhetische Gesichtspunkte berücksichtigt werden.

Aquarientechnik und Wasserchemie

Diese beiden Begriffe sind in der Praxis eng miteinander verflochten. Die technische Ausrüstung eines Aquariums hat die Aufgabe, lebenswichtige biologische Prozesse zu sichern, und ein wichtiger Teil dieser Prozesse, die sich laufend im Aquarienwasser abspielen, sind chemischer Natur.

Bei der technischen Ausrüstung von Buntbarschaquarien ist auf einige Besonderheiten zu achten. Von den meisten Süßwasseraquarien unterscheiden sich Buntbarschaquarien dadurch, daß in ihnen laufend verhältnismäßig große Mengen Abfallstoffe anfallen. Zwar enthalten Buntbarschbehälter in der Regel weniger Bewohner als andere Süßwasseraquarien, dafür aber wesentlich größere Fische mit einer entsprechenden Fäkalienproduktion. Hinzu kommt, daß Buntbarsche starke Fresser sind, und viele der aufgenommenen Futterstoffe nur unvollständig verdauen. Daher enthalten ihre Ausscheidungen nicht nur verhältnismäßig große Mengen Urin, sondern auch viele, nur teilweise verwertete Eiweißstoffe. Diese Stoffe beeinflussen die chemische Zusammensetzung des Aquarienwassers nachteilig. Mit Hilfe einer genau angepaßten Technik müssen diese Stoffe entweder aus dem Wasser entfernt, oder so verändert werden, daß sie den Fischen nicht gefährlich werden. Gegenüber anderen Süßwasseraquarien kommt bei Buntbarschaquarien noch hinzu, daß Aquarienpflanzen, die sonst wichtige Helfer beim Abbau von Abfallprodukten sind, nur begrenzt zur Verfügung stehen. Zwar kann man fast jedes Buntbarschaquarium bepflanzen, muß sich aber bei der Pflanzenauswahl auf Arten mit gröberer Struktur beschränken, die beim Abbau von Abfallprodukten wenig effektiv sind. Zunächst sollte man jedes Buntbarschaquarium mit einer gut funktionierenden und kräftigen Durchlüftung ausstatten. In größeren Aquarien (über 200 l) bringt man zwei oder mehrere Ausströmersteine an. Eine gute Sauerstoffversorgung ist aus zwei Gründen angebracht: Erstens lieben alle Buntbarsche sauerstoffreiches Wasser, und zweitens könnten große Mengen eiweißreicher Abfallprodukte eine plötzliche Massenvermehrung sauerstoffverzehrender Einzeller auslösen. Durchlüftung allein ist jedoch nur bei Haltung der kleinsten Arten, also solchen, die in ganz normal bepflanzten Aquarien gehalten werden können, ausreichend; bei der Haltung größerer Arten ist Filterung angebracht.

Dazu kann man zwei verschiedene Filtermethoden anwenden:

1.) Filterung über langsam laufende großflächige Filter

2.) Filterung über schnell-laufende Filter mit geschlossener Filterkammer und elektrisch betriebener Kreiselpumpe.

Zunächst wirkt jede Wasserfilterung auf mechanische Weise; die freischwebenden Partikel werden laufend aus dem Wasser entfernt. Filter mit schnellem Wasserdurchfluß sind hier besonders effektiv, und selbst bei großen und stark grabenden Arten können sie ohne Schwierigkeiten das Wasser vollständig klar halten. Optisch klares Wasser ist jedoch noch kein Maßstab für die Wasserqualität.

Die zweite und weitaus wichtigere Aufgabe der Wasserfilterung besteht darin, organische Verunreinigungen durch Mineralisation abzubauen. Unter Mineralisation versteht man, daß die chemisch komplizierten organischen Verbindungen in einfachere und ungefährlichere anorganische Verbindungen umgewandelt werden. Bei dieser Umwandlung ergibt sich folgende Kette: Eiweiß-Stoffe–Polypepti-

de–Aminosäuren–Ammoniak bzw. Ammonium (abhängig von pH-Wert des Wassers)–Nitrit–Nitrat. Der eigentliche Filtervorgang beruht sowohl auf der Ablagerung feinst verteilter Eiweiß-Stoffe (Eiweißkolloide) auf der Filtersubstanz (Filterwatte, Filterkies usw.), als auch auf der Einwirkung von Bakterien. Ganz grob vereinfacht geht die Tätigkeit dieser Bakterien so vor sich, daß Bakterien eines bestimmten Typs die teilweise abgebauten Eiweiß-Stoffe als Nahrung aufnehmen. Anderen Bakterien dienen die Stoffwechselprodukte des ersten Bakterientyps als Nahrung und so fort. Es handelt sich also um Reihen von Bakterientypen, die in ihrer Wirkungsweise wie Kettenglieder miteinander verbunden sind.
Beide Vorgänge, d. h. sowohl die Eiweißkolloidierung wie auch die bakteriellen Prozesse, sind daher nicht unmittelbar nach dem Einbau des Filters voll wirksam; alle Filter benötigen eine gewisse Einlaufzeit. Erst nach einiger Zeit stellt sich heraus, wie gut die bakteriellen Vorgänge in einem Filter funktionieren. Meist ist der bakterielle Effekt in Filtern mit offener Filterkammer und langsamem Wasserdurchlauf besser. Filter mit Pumpenantrieb und geschlossener Filterkammer haben dagegen oft einen besseren Wirkungsgrad in bezug auf die Eiweißkolloidierung. Im Endeffekt können aber auch beide Methoden zum gleichen Ergebnis führen.
Welchen Filtertyp man anwendet, hängt zu einem guten Teil davon ab, wie man das Filter unterbringen kann. Offene und langsam laufende Filter müssen entweder direkt neben, oder im Aquarium selbst untergebracht werden. Der Wasserzulauf vom Aquarium zur Filterkammer funktioniert nach einfachem Heberprinzip, der Rückfluß vom Filter zum Aquarium erfolgt durch eine Heberpumpe, die von der Aquariendurchlüftung angetrieben wird. Anzumerken ist hier jedoch, daß die im Handel erhältlichen Filter dieses Typs für größere Buntbarschaquarien zu klein sind. Bei einem Filter mit zufriedenstellender, ausreichender Wirkung sollte die Filterkammer mindestens 10 % des Aquarienvolumens fassen. Eine entsprechende Filterkammer kann man sich aus Glasscheiben mit Hilfe von Silikonkautschuk selber zusammenkleben, oder beim Fachhandel bestellen. Bodenfilter mit hauptsächlich bakterieller Wirkungsweise, die in anderen Süßwasseraquarien oft gut funktionieren, sind für größere Buntbarschaquarien meist nicht geeignet. Nur bei Arten, die nicht im Bodengrund wühlen (z. B. Segelflosser), können sie zur Anwendung kommen.
Bei geschlossenen und motorgetriebenen Filtern wird das Wasser mit Hilfe einer Kreiselpumpe dem Filter zugeführt bzw. ins Aquarium zurückgepumpt. Solche Filter brauchen nicht neben dem Aquarium zu stehen, man kann den Wasser-Zu- und Abfluß durch längere Schlauchleitungen führen und den Filterbehälter beliebig unterbringen.
Als Filtersubstanz verwendet man Perlonwatte und groben Sand, die in Schichten übereinander liegen. Für eine normale Wasserfiltrierung ist die Verwendung von Aktivkohle und anderes technisches (und oft sehr teures) Filtermaterial unnötig. Aktivkohle ist sehr effektiv, wenn es gilt, Farbstoffe, z. B. nach einer medikamentellen Behandlung, aus dem Wasser zu entfernen.
Außerdem ist bei der Wasserfilterung noch zu beachten, daß die in der Filtersubstanz wirksamen Bakterien viel Sauerstoff verbrauchen. Besonders bei schnellaufenden Filtern mit großem Wasserumsatz sollte man den Wasserrücklauf immer über einen Sprühkopf leiten, der das Wasser feinverteilt auf die Oberfläche des Aquariums spritzt. Stellt man in einem geschlossenen Filter den Motor ab, oder fällt dieser wegen eines Stromabbruches aus, so kommt es im Filterbehälter schnell zur Bildung giftiger Substanzen. Wird der Filter dann nach einiger Zeit wieder in Betrieb gesetzt, geraten diese giftigen Stoffe ins Wasser, oft mit verhängnisvollen Folgen für die Fische. Bevor man einen abgestellten Filter wieder in Betrieb nimmt, sollte man ihn gründlich reinigen.
Der Aquarienfreund sollte sich jedoch bei einer gut funktionierenden Filterung keinen Il-

lusionen hingeben. Auch die beste Filterung eines Buntbarschaquariums, besonders wenn sich größere Fische in ihm befinden, kann chemische Veränderungen nicht gänzlich verhindern, wenngleich sie sie auch verzögert. Die beste Gegenmaßnahme, um die Wirkung dieser chemischen Veränderungen abzufangen, ist ein teilweiser Wasserwechsel in regelmäßigen Zeitabständen. Als gute Faustregel gilt, etwa alle vier Wochen ein Drittel des Gesamtinhaltes mit einem Schlauch abzuziehen. Bei dieser Gelegenheit entfernt man gleichzeitig eventuell am Boden liegenden Mulm. Danach wird das Aquarium mit temperiertem Frischwasser wieder aufgefüllt. Ein solcher Wasserwechsel ist äußerst wohltuend für Fische und Pflanzen, und hat bei Jungfischen einen eindeutig positiven Einfluß auf ihr Wachstum. Die allermeisten Buntbarsche lassen sich ohne Schwierigkeiten in Wasser von unterschiedlicher chemischer Beschaffenheit halten und vermehren. In der Regel kann man also das Aquarium mit dem vorhandenen Leitungswasser füllen. Da es aber von dieser Regel Ausnahmen gibt, und die chemischen Werte des Leitungswassers örtlich stark schwanken, kommt der Aquarienfreund nicht umhin, sich ein wenig mit der Wasserchemie vertraut zu machen. Dabei wollen wir uns auf das für Buntbarsche unumgängliche beschränken.

In jedem natürlichen Süßwasser sind mineralische Stoffe (Salze) unterschiedlicher chemischer Zusammensetzung gelöst. In der Natur befindet sich Wasser in einem ständigen Kreislauf (Verdunstung – Niederschläge – Boden- und Gesteinsdurchsickerung – Wiederaustritt an die Bodenoberfläche in Form von Quellen usw.). Auf diesem Weg reichert sich das Wasser mit Stoffen an, die aus den durchlaufenen und durchsickerten Boden- und Gesteinsschichten stammen. Wie groß diese Mengen sind, hängt von der geologischen Beschaffenheit dieser Schichten ab. So geben kalkarme Böden, in der Natur oft verbunden mit darunter liegenden Formationen von Urgestein, nur kleine Mengen wasserlöslicher Stoffe ab. Bei kalkreichen Böden, kombiniert mit darunter liegenden Kalksteinformationen, sind die Verhältnisse umgekehrt. Andere Faktoren, die die chemische Beschaffenheit des Wassers beeinflussen können, sind Umweltverunreinigungen. Ein Teil dieser Verunreinigungen wird vom Regenwasser bereits in der Atmosphäre aufgenommen, andere stammen aus der Landwirtschaft (Kunstdünger, Insektenmittel) und der Industrie. Zum Glück wird ein Teil dieser Stoffe in den Boden- und Gesteinsschichten, die das Wasser durchläuft, neutralisiert. Als Beispiel seien hier die oft beträchtlichen Schwefelsäureniederschläge durch Industrieabgase genannt. Gefährlich werden diese Niederschläge in erster Linie dort, wo sie in Kombination mit kalkarmen Boden- und Gesteinschichten auftreten und nicht durch vorhandene Kalksubstanzen neutralisiert werden. Mit Hilfe der Leitfähigkeitsmessung läßt sich der totale Gehalt der im Wasser gelösten Substanzen genau feststellen. Dabei muß man allerdings in Kauf nehmen, daß die Leitfähigkeitsmessung auch solche Substanzen umfaßt, die für den Aquarienfreund von untergeordnetem Interesse sind. Das Prinzip der Leitfähigkeitsmessung beruht darauf, daß vollständig reines Wasser, wie es in der Natur nie vorkommt, keinen elektrischen Strom leitet; leitend sind die im Wasser gelösten Stoffe in Form von elektrisch geladenen Teilchen (Ionen). Je mehr solcher Teilchen das Wasser enthält, um so besser ist seine Leitfähigkeit. Bei der Messung wird der Widerstand festgestellt, den der Strom bei seinem Weg durch das Wasser überwinden muß. Die Leitfähigkeit des Wassers ist im Vergleich zu anderen elektrischen Leitern sehr gering, man mißt sie deshalb mit der kleinsten Meßeinheit, dem µS (Mikrosiemens). Die Leitfähigkeitsmessung wird hier lediglich deshalb erwähnt, weil ihre Meßwerte sehr oft in aquaristischen Publikationen, z. B. in Zusammenhang mit Wasseranalysen, angegeben werden. Auch Kapazitätsangaben von Wasserenthärtungs- bzw. Entsalzungsvorrichtungen werden meist in µS angegeben. Von den durch die Leitfähigkeitsmessung erfaßten Stoffen sind in der Aquari-

stik jedoch lediglich die sogenannten Härtebildner von Interesse.
Als Härtebildner bezeichnet man Calcium- und Magnesiumverbindungen verschiedener Art, denn sie bestimmen die „Härte“ des Wassers. Hierbei bilden Calcium- und Magnesiumverbindungen mit Kohlensäure die Karbonathärte. Calcium- und Magnesiumverbindungen anderer Art bilden die Sulfathärte. Beide Komponenten zusammen ergeben die Gesamthärte (Totalhärte). Die Karbonathärte wird bisweilen auch als vorübergehende oder temporäre Härte bezeichnet, die Sulfathärte als permanente Härte oder als Nicht-Karbonathärte. Diese verschiedenen Namen brauchen einen nicht zu verwirren, wenn man sich merkt, daß die Gesamthärte des Wassers von zwei Komponenten gebildet wird, und daß die jeweiligen Anteile dieser beiden Komponenten in jedem Wasser anders sein können.
An Orten mit zentraler Wasserversorgung erfährt man die Werte der Wasserhärte am einfachsten beim Wasserwerk. Auch die Aquarienvereine und Aquarienhändler können meistens über die örtlichen Wasserverhältnisse Auskunft geben. Andernfalls findet man heute in jedem gut sortierten Aquariengeschäft einfach anzuwendende Indikatoren für die Härtebestimmung, z. B. Tetra Test (GH) und Tetra Test (KH), oder Durognost Typ T und Durognost Typ C. Anhand der Gebrauchsanweisungen kann man mit diesen Indikatoren die Härtekomponenten leicht und hinreichend zuverlässig bestimmen. Die Kosten pro Messung betragen nur wenige Pfennige.
Maßeinheit bei der Wasserhärte ist °dH (deutsche Härtegrade), die auch in der Buchstabenkombination „dGH“ für die Gesamthärte angewandt wird. 1° dH entspricht einem Gehalt von 10 mg Kalksubstanz (umgerechnet in Calciumoxid) je Liter Wasser. Wasser mit einem Meßwert unter 4° dH bezeichnet man als sehr weich, von 4–8° dH als weich, von 8–15° dH als mittelhart. Übersteigt die Gesamthärte des Wassers jedoch 15° dH, so spricht man von hartem und über 25° dH von sehr hartem Wasser.

In welchen Fällen ist nun die Wasserhärte bei der Haltung und Vermehrung von Buntbarschen von Bedeutung? Weiches Wasser benötigt man bei solchen Arten, die in der Natur ausschließlich in einem extrem mineralarmen, d. h. sehr weichen Wasser leben. Von den im Aquarium gehaltenen Arten trifft dies für manche *Apistogramma*-Arten und in besonderem Maße für die Diskusfische zu. Im Inneren Südamerikas gibt es Gewässer, die so arm an gelösten Substanzen sind, daß man sie mit destilliertem Wasser vergleichen könnte. Fische, deren Verbreitungsgebiet auf solche Gewässer beschränkt ist, sind weitgehend diesen Wasserverhältnissen angepaßt; die Diskusfische sind ausschließlich in solchen Gewässern zu Hause. Gesunde, erwachsene Fische können sich jedoch bis zu einem gewissen Grad an etwas härteres Wasser anpassen, so daß es bei der Aquarienhaltung nicht notwendig ist, die Diskusfische in so extrem weichem Wasser zu pflegen, wie wir es in ihren Heimatgewässern vorfinden. Aus Gründen, auf die wir noch zurückkommen, ist eine Haltung in extrem weichem Wasser im Aquarium nicht einmal erstrebenswert. Sind die Diskusfische erst einmal eingewöhnt, lassen sie sich ohne weiteres auch in einem Wasser mit einer Gesamthärte von 8–10° dGH pflegen. Will man sie vermehren, so ist die Wasserhärte auf 5–6° dGH zu senken. Es zeigte sich, daß man Diskusfische zwar

Farbtafel 1:
Oben: Aequidens pulcher
Unten: Apistogramma ramirezi

in härterem Wasser halten kann, für ihre Vermehrung jedoch etwas weicheres Wasser benötigt. Diese Erfahrung hat man auch mit anderen Fischen aus denselben Heimatgewässern gemacht.
Die Haltung von Fischen in extrem weichem Wasser (z. B. 1° dH) ist mit großen Gefahren verbunden. In bezug auf seine Wasserreaktion ist so weiches Wasser wenig stabil, und es kann aus geringfügigen Anlässen zu bedeutenden Verschiebungen des pH-Wertes kommen. Dies wäre vielleicht für die Fische bedeutungslos, wenn damit nicht gleichzeitig auch andere verhängnisvollere chemische Veränderungen im Wasser ausgelöst würden.
Die saure bzw. die alkalische Reaktion einer Flüssigkeit wird durch Messung des pH-Wertes festgestellt. Die Skala des pH-Wertes wird durch die Ziffern 1–14 erfaßt. Der Neutralpunkt liegt bei 7; Werte unter pH 7 sind saure Reaktionen, Werte über pH 7 alkalische (basische) Reaktionen. Die Bedeutung des pH-Wertes bei der Aquarienfischhaltung und -zucht ist oft überschätzt worden; in einem vollständig sauberen Wasser sind pH-Werte zwischen etwa pH 5,5–pH 8,5 für Fische fast immer unbedenklich. Dies ändert sich jedoch sofort, wenn im Wasser größere Mengen Abfallprodukte vorhanden sind, wie es gerade in Buntbarschaquarien oft der Fall ist. Dem Wasser zugeführte Eiweiß-Stoffe bestehen in gewissen Phasen ihres Abbaues aus Ammoniumverbindungen oder aus Ammoniak. Ob sie nun als verhältnismäßig harmlose Ammoniumverbindungen im Wasser vorhanden sind oder in der Form von hochgiftigem Ammoniak, hängt unmittelbar vom pH-Wert des Wassers ab. Bei einem Anstieg des pH-Wertes über pH 7 werden in steigendem Maße die ungefährlichen Ammoniumverbindungen in giftiges Ammoniak umgewandelt. Die Folge ist eine akute Ammoniakvergiftung mit oft tödlichem Ausgang für die Fische. Zwar können plötzliche Verschiebungen des pH-Wertes im Extremfall in jedem Wasser vorkommen, die Gefahr einer solchen Veränderung ist jedoch in einem besonders weichen Wasser wesentlich größer.
Den pH-Wert mißt man einfach und hinreichend genau mit flüssigen Indikatoren, die im Aquarienhandel erhältlich sind, z. B. mit Tetra Test (pH 4,8–7,5). Genaueste Messungen sind mit elektrischen Meßgeräten möglich, die aber sehr teuer sind. Indikatorpapier ist für Messungen in der Nähe des Neutralpunktes ungeeignet, da es in diesem Bereich nur unzuverlässige Meßwerte liefert.
Der Leitung direkt entnommenes Wasser ist fast immer alkalisch. Um Ätzschäden im Rohrleitungssystem zu vermeiden, wird vom Wasserwerk, falls notwendig, der pH-Wert in den alkalischen Bereich angehoben. Im Aquarium verliert das Leitungswasser nach einiger Zeit diese alkalischen Eigenschaften, und sein pH-Wert spielt sich in der Nähe des Neutralpunktes ein. Im frisch der Leitung entnommenen Wasser befinden sich große Mengen feinstverteilter Luftblasen und oft auch eine gewisse Menge Chlor; beides kann für die Fische gefährlich sein. Leitungswasser sollte daher zumindest einen Tag abstehen, bevor man Fische hineinsetzt. Bei einem nur teilweisen Wasserwechsel bis zu etwa einem Drittel des Aquarienvolumens, kann jedoch die benötigte Wassermenge unbedenklich der Leitung entnommen werden. Dabei empfiehlt es sich, das Wasser mit einer Handbrause in einen Eimer zu füllen; eventuell vorhandenes Chlor wird dann zum größten Teil ausgeblasen.

Farbtafel 2:
Oben: Cichlasoma festivum
Unten: Cichlasoma meeki

Genauso wie es Buntbarsche gibt, die in sehr weichem Wasser zu Hause sind, gibt es Arten, die aus sehr hartem Wasser stammen. Dies trifft z. B. für viele der als Aquarienfische äußerst populären Arten aus den großen Seen Ostafrikas zu. Das Wasser dieser Seen enthält einen großen Anteil an gelösten Salzen. Seine Härte ist häufig hoch und sein pH-Wert alkalisch (7,7–8,6 pH). Es hat sich jedoch bei der Aquarienhaltung dieser Arten gezeigt, daß sie sich bei einiger Vorsicht gut an andere Wasserverhältnisse anpassen können, in jedem Falle erheblich leichter als Fische, die aus ausgesprochen mineralarmem Wasser stammen und sich an härteres Wasser gewöhnen sollen.
Ein weiteres technisches Detail, das für die biologischen Prozesse im Aquarium wichtig ist, stellt die Beleuchtung dar. Nur selten reicht das Tageslicht aus, um ein normales Pflanzenwachstum zu sichern. Bei den meist recht großen Buntbarschaquarien sollte man schon aus wirtschaftlichen Gründen für die zusätzliche Beleuchtung Leuchtstoffröhren verwenden. Bei gleichem Stromverbrauch erzielt man mit Leuchtstoffröhren eine etwa dreimal so große Lichtausbeute wie mit gewöhnlichen Glühlampen. Die verwendeten Leuchtstoffröhren sollten jedoch zwei Voraussetzungen erfüllen: Erstens muß ihre spektrale Lichtzusammensetzung den Pflanzen zusagen und zweitens soll ihr Licht die natürlichen Farben korrekt wiedergeben. Röhren, die diesen Ansprüchen weitgehend gerecht werden, sind die genormten Farbtypen 32 (Warmton de Luxe) und 34 (Weiß de Luxe); es spielt daher keine Rolle, welches Fabrikat man verwendet. Röhren, die das Pflanzenwachstum besonders fördern, haben einen besonders hohen Anteil an Rotstrahlen und geben die Farben der Fische unnatürlich wieder, insbesondere Farbtöne im roten Bereich. Solche Röhren, wie etwa Sylvania Gro-Lux oder Osram Fluora, lassen sich jedoch in Kombination mit anderen Röhren gut verwenden; für sich allein sind sie als Beleuchtung aber nicht geeignet. In welchem Ausmaß man beleuchten muß, kann man eigentlich nur ausprobieren, da hier auch der Tageslichteinfall und die Jahreszeit eine große Rolle spielen. Eine elektrische Beleuchtung ermöglicht es sogar, Aquarien an Standorten aufzustellen, die überhaupt kein Tageslicht erhalten. Die Beleuchtungszeit sollte jeden Tag etwa 12 Stunden betragen, wie dies auch dem tropischen Kurztag entspricht. Bei schreckhaften Fischen ist es zweckmäßig, eine Vorschaltdrossel einzubauen, die das Licht langsam aufleuchten und verlöschen läßt. Kleine Aquarien beleuchtet man mit Glühlampen, die man in einen Reflektor montiert, damit ihr Licht besser verteilt wird.

Vergesellschaftung

Buntbarsche kann man sowohl paarweise halten wie auch in größeren Gruppen derselben Art. Meist ist es aber reizvoller, mehrere Arten miteinander zu vergesellschaften, eine Haltungsform, die jedoch nur in größeren Aquarien möglich ist. Welche Form der Haltung man wählt, ist allerdings nicht nur eine Frage des Geschmacks und der eigenen Auffassung; es sind hier, auf die Fische bezogen, oft durchaus andere Gesichtspunkte maßgebend.
In großen Zügen sollen hier nur einige der möglichen Haltungsformen aufgezeigt werden, die jedoch nur als äußerst allgemeine Richtlinien zu verstehen sind. In vielen Fällen, insbesondere bei der Vergesellschaftung von mehreren Arten, wird der Aquarienfreund nicht um das Ausprobieren herumkommen.
Arten, die man nicht vergesellschaften sollte, sind die Diskusfische. Bei Diskusfischen ist aus Gründen der Haltungshygiene von jeder Vergesellschaftung abzusehen. Diese Fische werden sehr leicht von anderen Fischen mit Bakterien infiziert, die für die Infektionsträger ungefährlich sind, den Diskusfischen aber verhängnisvoll werden. Hinzu kommt, daß diesen langsamen und in ihrer Ernährung anspruchsvollen Fischen bei der Fütterung von schnelleren Mitbewohnern das Futter buchstäblich vor der Nase weggefressen wird. Auch für Segelflosser ist separate Haltung angebracht. Zwar sind sie

nicht sonderlich infektionsempfindlich, aber in Gesellschaft mit anderen größeren Buntbarschen fühlen sie sich nie ganz wohl und kommen nicht zu ihrem vollen Recht. Von den größeren Buntbarschen läßt sich nur der Flaggenbuntbarsch (*Cichlasoma festivum*) gut mit Segelflossern zusammen halten, da er in seinem Verhalten und seinen Ansprüchen weitgehend mit den Segelflossern übereinstimmt. Möchte man aber auch die unteren Wasserschichten eines Segelflosseraquariums etwas beleben, so kann man einige Exemplare von *Apistogramma*-oder *Nannacara*-Arten einsetzen.

In entsprechend großen Aquarien lassen sich Vertreter mehrerer *Aequidens*- und *Cichlasoma*-Arten sehr gut zusammen halten. *Aequidens*-Arten sind recht friedfertig, selbst kleineren Fischen gegenüber. *Cichlasoma*-Arten sind meist ein wenig problematischer, doch passen sich Arten wie *Cichlasoma meeki*, *C. nigrofasciatum* und *C. biocellatum* meist gut der übrigen Gesellschaft an. Wenn man eine solche gemischte Haltung ausprobieren will, so empfiehlt sich zunächst ein Versuch mit halberwachsenen Jungfischen. Zunächst bringt man von jeder Art vier bis sechs Jungfische in das Aquarium. Nach einiger Zeit erfolgt spontan die Paarbildung und jedes Paar nimmt ein gewisses Revier in Anspruch. Die anschließenden Streitigkeiten um die Grenzen der Reviere entscheiden, wie viele Fische im Aquarium verbleiben können. Dabei kann man sehr gut beobachten, daß Buntbarsche bei diesen „Grenzstreitigkeiten" der eigenen Art besonders aggressiv begegnen. Bis sich eine gut funktionierende Gemeinschaft bildet, wird man einige der anfänglich eingebrachten Fische entfernen müssen.

Mindestens ebenso reizvoll, aber wesentlich leichter durchzuführen, ist die Gruppenhaltung mehrerer *Apistogramma*-Arten. Sehr oft kümmern sich Angehörige verschiedener Arten überhaupt nicht umeinander. Auch *Nannacara*-Arten können noch im selben Aquarium untergebracht werden. Es sollten dann aber immer mehr Weibchen als Männchen vorhanden sein, da diese Arten oft Haremsfamilien bilden. Eine wichtige Voraussetzung für ein reibungsloses Zusammenleben ist, daß genügend Schlupfwinkel in Form von Höhlen und anderen Hohlräumen vorhanden sind. Jedes Revier, das die Weibchen für sich beanspruchen, besteht aus einem derartigen Schlupfwinkel und meist stört es nicht, daß die Grotte gleich nebenan von einem anderen Weibchen bewohnt ist.

Auf dieselbe Weise ist auch die Haltung von Gruppen der westafrikanischen *Pelvicachromis*-Arten möglich. Auch hier hängt der Erfolg von der zweckmäßigen Einrichtung des Aquariums ab. Es kommt darauf an, mit Hilfe von Steinen und Wurzeln die ganze Bodenfläche des Aquariums so zu gestalten, daß überall geeignete Versteckplätze vorhanden sind. Legt man keinen Wert darauf, Fische geographisch nach Erdteilen getrennt zu halten, so kann man auch *Apistogramma*- und *Nannacara*-Arten mit *Pelvicachromis*-Arten vergesellschaften. Auch Vertreter der Gattung *Nannochromis* und der kleine Maulbrüter (*Pseudocrenilabrus multicolor*) passen in eine solche Gesellschaft. Die Haltung dieser gemischten Gruppen erfordert allerdings Aquarien mit mindestens 250 l Inhalt und einer möglichst großen Bodenfläche. Die Möglichkeit, daß es unter den Fischen zu ernsthaften Streitigkeiten kommt, ist gering gegenüber der Gefahr, daß der Aquarienfreund das Gesellschaftsbecken überbesetzt, da die Fische sich so gut vertragen.

Für eine Gruppenhaltung eignen sich auch gut die farbenprächtigen Arten aus dem Malawisee, von denen man jedoch jeweils nur ein Paar pro Art in das Aquarium einbringen sollte; Angehörige derselben Art können untereinander sehr streitsüchtig sein. Im einzelnen Falle hängt ihre Vergesellschaftung auch, außer von der Aquariengröße und -einrichtung, noch davon ab, ob man eine Gruppe aus Jungfischen aufbauen kann, oder ob man erwachsene Fische zusammensetzen muß. Es hat sich bei den Arten aus dem Malawisee auch häufig gezeigt, daß ihre Aggressivität bei höherer Besatzdichte abnimmt. Für diese Fische richtet

man das Becken so ein, daß ein großer Teil des Aquariums aus einer Anhäufung von Steinen, Schieferplatten und Wurzeln besteht; zahlreiche Versteckplätze sind notwendig, damit sich die Fische wohl fühlen können.
Die Haltung der größten Arten, wie der großen Tilapien, der Pfauenaugenbuntbarsche, sowie der größten *Cichlasoma*- und *Geophagus*-Arten, ist für die meisten Aquarienfreunde in gemischten Gruppen nicht möglich. Nur wenige Liebhaber haben die Möglichkeit, so große Aquarien aufzustellen, wie sie die Haltung solcher Gruppen erfordert. An manchen öffentlichen Schauaquarien kann man sich jedoch leicht davon überzeugen, daß diese großen Arten sich untereinander nicht anders verhalten als ihre kleineren Verwandten.

Aquarieneinrichtung und Bepflanzung

Wie aus dem vorherigen Abschnitt hervorgeht, ist die zweckentsprechende technische Einrichtung eines Buntbarschaquariums eine wichtige Voraussetzung für eine erfolgreiche Haltung. Sieht man von Zuchtbehältern ab, so soll ein Zimmeraquarium außerdem aber noch dem Auge etwas bieten und allgemein einen gefälligen Eindruck machen. Auch bei Buntbarschaquarien ist dies möglich. Wählt man für die Einrichtung das richtige Material und verwendet geeignete Pflanzen, so lassen sich die meisten Buntbarschaquarien bepflanzen. Ein so üppiger und vielseitiger Pflanzenwuchs wie sonst in Süßwasseraquarien läßt sich zwar meist nicht erreichen, doch braucht man selbst bei großen und wühlenden Arten nicht vollständig auf Pflanzen im Aquarium zu verzichten.
Als Bodenbelag kommt nur ausgewaschener Sand mit einer Korngröße von 2–5 mm in Frage. Da fast alle Fische auf einem dunkleren Untergrund ihre kräftigsten Farben zeigen, wählt man einen Sand von möglichst braun-roter Tönung. Der Sand sollte frei von Kalksubstanzen sein. Im Zweifelsfalle schüttet man etwas Salzsäure über eine Sandprobe; ist Kalk vorhanden, braust die Probe auf. Steine in verschiedener Form und Größe spielen bei der Einrichtung von Buntbarschaquarien eine wichtige Rolle. Man benötigt sie zum Bau der zahlreichen Versteckplätze. Im Hinblick auf die Wasserchemie ist es angebracht, Urgestein, wie Granit, Basalt und Gneis zu verwenden. Auch die meisten Schiefertypen sind gut geeignet. Sehr schön und zweckmäßig ist schwarze Lava, die von Natur aus oft schon Hohlräume besitzt. Wünscht man sich einige vollständig schwarze Steine, so können statt dessen auch große Brocken Steinkohle unbedenklich verwendet werden. Ungewöhnlich gefärbte Steine unbekannter Herkunft sollte man dagegen nie verwenden; oft handelt es sich um Erze, die Metallsalze an das Wasser abgeben und schleichende Vergiftungen auslösen. Solche Erze gibt es häufiger als man meist glaubt, da bei zahlreichen Erzvorkommen der Metallgehalt so niedrig ist, daß sich ihr Abbau nicht lohnt, aber dennoch ausreicht, um unsere Fische zu vergiften. Als weiteres Dekorationsmaterial läßt sich außerdem auch Holz bestens verwenden. Gut geeignet sind alle Wurzeln, die so lange im Wasser gelegen haben, daß sie von selbst sinken. Am besten eignet sich sogenanntes Moorkienholz, d. h. Holz, das durch Einlagerung in Torf praktisch konserviert ist. Die meisten Aquarienhandlungen können solches Moorkienholz liefern, leider ist es nicht gerade billig. Findet man bei einem Streifzug in der Natur Wurzelstöcke von Föhren oder Erlen, die unter Wasser liegen, so kann man auch diese nach sorgfältiger Reinigung gut verwenden. Besonders Erlenwurzeln wirken in ihrem rotbraunen Farbton reizvoll. Vor Eichenwurzeln sei jedoch gewarnt, da sie auch noch nach längerer Zeit Gerbsäure abgeben, die besonders in weichem Wasser den pH-Wert erheblich senkt.
Bevor man diese verschiedenen Einrichtungs-Gegenstände wie Steine usw. in das Aquarium einbringt, stellt man sie vor dem Behälter auf dem Boden zusammen. Man gewinnt so einen besseren Überblick und kann

probieren und korrigieren, bis der gewünschte Gesamteindruck erreicht ist. Bei allen Aquarien mit Glasboden schützt man den Boden gegen Steinecken und -kanten durch eine Styroporplatte als Zwischenschicht. Beim Aufbau ist auch zu bedenken, daß viele Buntbarsche graben, so daß sich die Steine verschieben bzw. ins Gleiten kommen können. Falls erforderlich, kann man Steine mit Silikonkautschuk miteinander verbinden. Bei stärker grabenden Arten, wie den *Cichlasoma*-, *Tilapia*- und anderen ähnlichen Arten, ist es zweckmäßig, die Pflanzstellen bereits in die Steindekoration mit einzuplanen (s. Abb. 7).

Abb. 7 (oben): Vertiefungen für die Bepflanzung lassen sich auch in Steinpartien des Aquarienaufbaues mit einplanen, bei sehr robusten Fischen können Steine, falls notwendig, durch Silikonkautschuk miteinander verbunden werden.

Abb. 8 (unten links): Von einem Stück Zierkork, in dessen Spalten man etwas lehmige Erde drückt, wachsen Schübe von Javamoos von der Wasseroberfläche aus in das Aquarium.

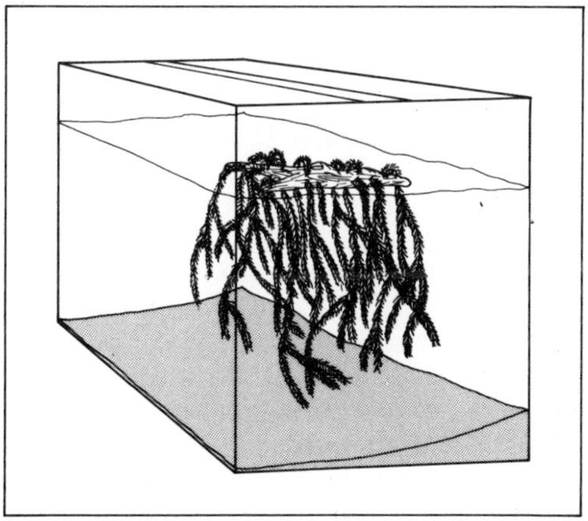

Abb. 9 (unten rechts): Einige Stengelpflanzen lassen sich emers in Blumentöpfen mit feuchter Erde kultivieren und ihre Ranken wachsen, durch Spalten der Deckscheiben geführt, unter Wasser weiter. Gut geeignet für eine solche Kultur ist insbesondere die Wasserwistarie *(Hygrophila difformis)*.

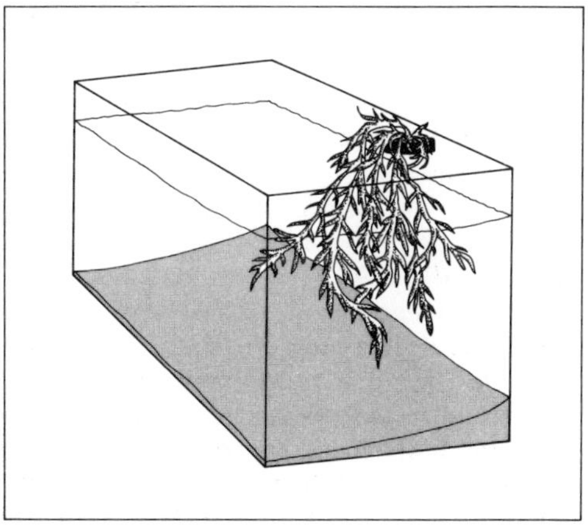

Abb. 10: Bei im Bodengrund buddelnden Arten können kräftige Pflanzen durch Steine gesichert werden, wobei die Größe der Steine den Bedürfnissen angepaßt werden muß.

Als Bepflanzung kommen bei den grabenden Arten nur robuste Gewächse in Betracht. Gut geeignet sind die meisten *Echinodorus*-Arten und manche *Cryptocoryne*. Außerdem kann man auch Pflanzen von oben in das Wasser hineinwachsen lassen. Es bestehen dazu zwei Möglichkeiten: entweder aus einem Stück Zierkork, der auf der Oberfläche schwimmt, oder aus Blumentöpfen, die auf den Deckscheiben stehen. In die groben Furchen der Korkrinde drückt man etwas torfhaltige Blumenerde, oder gräbt notfalls mit einem Messer Vertiefungen in die Rinde, die man mit Erde füllt und jeweils mit Javamoos (*Vesicularia dubyana*) bepflanzt. In der feuchten Luft unter der Deckscheibe wächst dieses Moos zunächst emers und überzieht das Rindenstück mit einem grünen Rasen, um danach allmählich in das Wasser hineinzuwachsen. Auch einige andere Pflanzen, wie z. B. *Ludwigia*- und *Hygrophila*-Arten kann man dazu verwenden. Bei diesen Stengelpflanzen ist es jedoch besser, sie zunächst in Blumentöpfen emers zu kultivieren, was ohne weiteres möglich ist, wenn die Wurzeln ständig feucht gehalten werden. Die neuen Triebe führt man durch eine Spalte der Deckscheiben hindurch in das Aquarium hinein. Sehr gut geeignet für eine solche Kultur ist die Wasserwistarie (*Hygrophila difformis*), doch lassen sich auch andere *Hygrophila*-Arten verwenden.

Bei den allermeisten kleineren Arten, bei Diskusfischen, Segelflossern, Flaggenbuntbarschen und den indischen *Etroplus*-Arten ist die Pflanzenauswahl unproblematisch.

Aquarien für Diskusfische bepflanzt man der besseren Haltungshygiene wegen häufig nur spärlich; bei gesunden Fischen ist diese Vorsicht jedoch übertrieben. Für Segelflosseraquarien werden hauptsächlich hochstrebende Arten, wie große *Vallisnerien*, *Sagittarien*, *Echinodorus*-Arten und große *Cryptocoryne*-Arten verwendet. Der Gesamteindruck gewinnt noch beträchtlich, wenn man gewisse Stellen auch mit feinblättrigen Pflanzen besetzt. In genügend großen Aquarien kann man mit einem Exemplar der einheimischen gelben Seerose eine sehr dekorative Wirkung erzielen. Wird die gelbe Seerose (*Nuphar lutea*) in warmem Wasser bei künstlicher Beleuchtung kultiviert, so treibt sie keine Schwimmblätter, dafür aber massenhaft leuchtend grüne Unterwasserblätter. Das Rhizom pflanzt man in einen flachen Blumentopf, gefüllt mit einem Sand-Lehmgemisch. Dieser Topf wird entweder im Sand vergraben, oder mit einigen Steinen so verdeckt, daß er nicht störend wirkt.

Schwierig ist eine Bepflanzung der Aquarien bei Malawibuntbarschen. Zwar graben diese Fische nicht viel, fressen aber die meisten Pflanzen nach und nach auf. Als Pflanzendekoration kommt allenfalls Javamoos in Frage; es scheint trotz seiner zierlichen und dünnen

Stengel den Fischen nicht zuzusagen. Setzt man allerdings das Moos gleichzeitig mit den Fischen in das Aquarium, so wird es meist nur dahinkümmern und schließlich ganz verschwinden. Man sollte dem Moos daher ein paar Monate Zeit zum Anwachsen lassen, so daß es die Steinpartien bereits mit einem dichten Polster überzogen hat, dann wächst es auch weiter, wenn die Fische später in das Aquarium eingebracht werden. Auch Schwimmpflanzen überdauern im Malawibarsch-Bekken. Besonders die verschiedenen Typen des Wasserfarns (*Ceratopteris*) wachsen so kräftig, daß sie einen gewissen Verbiß vertragen.

Zur Pflanzenauswahl sei lediglich noch erwähnt, daß auch sie in gewissem Maße von den örtlichen Wasserverhältnissen abhängig ist, denn durchaus nicht jede Pflanze gedeiht in jedem Wasser. Dazu sei jedoch auf die Wasserpflanzen-Spezialliteratur verwiesen.

Ernährung und Fütterung

Ernährungsweise

Buntbarsche leben, abgesehen von wenigen Ausnahmen, vorwiegend oder ausschließlich von animalischem Futter. Sie sind Raubfische in dem Sinne, daß sie andere Tiere fressen. Nur wenige aber sind so spezialisierte Jäger, daß sie sich weitgehend von Fischen ernähren; die meisten haben ein sehr breites Futterspektrum und fressen alle möglichen Futtertiere. In ihren Heimatgewässern besteht die Nahrung der meisten kleineren und mittelgroßen Arten zu einem großen Teil aus Insektenlarven. Darüber hinaus natürlich auch aus Würmern und Krebstierchen, falls solche vorhanden sind, und aus jenen kleinen Fischen, deren sie habhaft werden können. Selbst größere Arten jagen oft ausdauernd hinter kleinen Futtertierchen her; wirklich „große Räuber" sind selten.
Ausgesprochene Raubfische findet man vereinzelt unter den Buntbarschen Südamerikas, wie z.B. *Acaronia (Acaropis) nassa*, der den treffenden deutschen Namen „Reusenmaul" trägt. Auch *Cichla ocellaris*, der an unseren Kaulbarsch erinnert, gut 60 cm lang wird und ein geschätzter Speisefisch ist, wie auch die mitunter als Aquarienfische gehaltenen *Crenicichla*-Arten sind überwiegend Fischfresser.
Unter den Buntbarschen der ostafrikanischen Seen sind eine größere Anzahl als ausgesprochene Futterspezialisten beschrieben worden. So bezeichnet man etliche dieser Arten in der Fachliteratur als Planktonfresser, Algenfresser, Fischfresser, Molluskenfresser, Pflanzenfresser usw., und manche Autoren unterteilen sogar noch weiter. Gewissen Arten sagt man nach, daß sie darauf spezialisiert sind, anderen Fischen Flossen, Hautstücke oder die Augen herauszureißen und zu fressen. Diese Beschreibungen stützen sich meist auf anatomische Eigenheiten wie Mundform, Ausformung der Lippen und auf die Bezahnung, seltener sind sie durch exaktes Beobachten der Freßgewohnheiten oder durch Magenuntersuchungen wildlebender Fische abgesichert. Im Aquarium erweisen sich die allermeisten dieser Arten als nicht sonderlich wählerisch im Futter; sie sind sehr wohl in der Lage, unterschiedliche Futterstoffe aufzunehmen. Es hat sich auch gezeigt, daß Arten, denen man besonders üble Gewohnheiten anderen Fischen gegenüber nachsagt, im Aquarium viel besser als ihr Ruf sind. Als extremes Beispiel sei hier *Haplochromis compressiceps* genannt, der Augen herausreißen soll und im Englischen auch als Eye-Biter bezeichnet wird. Bei mir lebten diese Fische jahrelang mit anderen gleichgroßen Buntbarschen im Aquarium, ohne sich jemals an diesen zu vergreifen.
Allgemein kann gesagt werden, daß Futterspezialisierung bei vielen Buntbarschen insoweit vorhanden ist, daß sie bestimmtes Futter bevorzugen. Selten aber ist die Spezialisierung so einseitig, daß nur bestimmtes Futter gefressen wird. Diese Tatsache erleichtert ihre Fütterung im Aquarium, da es oft schwer und mitunter praktisch unmöglich wäre, ihnen das Futter zu bieten, das sie in ihren Heimatgewässern vor-

finden. Zumindest zeitweise wird man zu Ersatzfutter greifen müssen. Wenn dieses Ersatzfutter die richtige Zusammensetzung hat, werden die Fische trotzdem gut gedeihen. Voraussetzung ist lediglich, daß der Aquarienfreund nicht glaubt, oder sich durch entsprechende Werbung irreführen läßt, all das, was der Fisch in der Natur vorfindet, durch irgendein fertiges Futterpräparat ersetzen zu können. Sollen Buntbarsche auf die Dauer gesund bleiben, sich gut entwickeln und erfolgreich vermehren, so benötigen sie abwechslungsreiches Futter. Erfolg oder Mißerfolg bei der Haltung und Zucht sind weitaus mehr von der Ernährung abhängig als man meistens glaubt. Bevor wir uns jedoch den Futterstoffen zuwenden, wollen wir uns kurz mit der Nahrungsphysiologie der Fische und den Grundnahrungsstoffen befassen.

Nahrungsphysiologie und Grundnahrungsstoffe

Zwischen warmblütigen und wechselwarmen Tieren – zu den letzteren gehören die Fische – besteht in bezug auf die Energieverwertung im Organismus ein grundlegender Unterschied. Wechselwarme Tiere passen ihre Körpertemperatur dem sie umgebenden Medium an, Fische also der Wassertemperatur, und benötigen daher keine zusätzliche Energiezufuhr, um ihre Körpertemperatur auf gleicher Höhe zu halten. In der Praxis bedeutet das, daß wechselwarme Tiere bei gleichem Körpervolumen weniger Energie, d. h. Futter verbrauchen als warmblütige Tiere, häufig sogar wesentlich weniger. Aus dem gleichen Grund überstehen wechselwarme Tiere auch längere Hungerperioden,oh ohne Schaden zu nehmen. Im Aquarium trifft dies jedoch nur auf erwachsene Fische zu. Man kann z. B. ein mit ausgewachsenen Fischen besetztes Aquarium ruhig einmal eine Woche lang alleine lassen, ohne daß die Fische gefüttert werden brauchen; sie leiden dabei keinen Schaden. Jungfische dagegen benötigen den größten Teil der aufgenommenen Energie, um ihr normales Wachstum zu sichern, und die meisten Buntbarsche wachsen schnell. Nahrungsmangel während der ersten Wachstumsphasen bis etwa zur Halbwüchsigkeit läßt bleibende Schäden zurück; bei barschartigen Fischen entstehen auf diese Weise charakteristische Kümmerformen. Die Körperformen dieser Fische sind dann proportionell verändert, der Kopf erscheint im Vergleich zum restlichen Körper unverhältnismäßig groß. Aus der Natur sind diese Kümmerformen bei Flußbarschen aus nahrungsarmen Gewässern gut bekannt. Unter den im Aquarium nachgezüchteten Buntbarschen findet man dieselben Kümmerformen, fast immer ein Resultat einseitiger Trockenfütterung, besonders bei den größeren Arten.

Wir merken uns also: Halbausgewachsene oder größere Fische nehmen keinen Schaden durch eine Fastenperiode. Jungfische dagegen sind auf regelmäßige Nahrungszufuhr angewiesen, sie sollten täglich gefüttert werden.

Die Nahrung gelangt über eine kurze Speiseröhre in den Magen, der bei Buntbarschen gut ausgebildet ist. Dort wird die Nahrung durch die verschiedenen Bewegungen der Muskelschichten der Magenwände zerkleinert und zerrieben. Bei diesem Prozeß spielen auch die Ballaststoffe eine Rolle. Im Mitteldarm, der sich dem Magenausgang anschließt, erfolgt eine Einmischung von Sekreten der Verdauungsdrüsen. Dabei spielt besonders die Leber (Galle) bei allen Raubfischen eine überragende Rolle. Magen, Darm und Drüsensystem zerlegen die aufgenommene Nahrung in ihre „Bausteine“, die dann vom Organismus aufgenommen werden können. Fast alle Buntbarsche sind, wahrscheinlich aufgrund geringer nahrungsmäßiger Spezialisierung, schlechte Futterverwerter. Sie sind starke Fresser, verdauen aufgenommene Nahrung unvollständig und scheiden dabei große Mengen nicht verwertetes Eiweiß wieder aus.

Wie jedes andere Tierfutter muß auch Fischfutter ausreichende Mengen der Grundnahrungsstoffe Eiweiß, Kohlehydrate und Fette enthalten. Außerdem die notwendigen Mengen Vitamine, Mineralstoffe und Spurenelemente. Ein weiterer für die Verdauung wichtiger Bestandteil sind die Ballaststoffe, d.h. unverdauliche bzw. unvollständig verdauliche Stoffe, die mit der Nahrung aufgenommen werden. Solche Ballaststoffe sind z.B. die Chitinpanzer der Insektenlarven und Krebstierchen, Ringpanzer von Würmern, nur teilweise verdauliche Knochenteile usw. Der Verdauungsvorgang ist nämlich durchaus kein einseitig physiologischer Prozeß, sondern zumindest teilweise auch ein mechanischer Vorgang. Die unverdaulichen Stoffe, wie z.B. Chitinpanzer unterstützen die Wirkung der reibenden Magenwände, so daß eine bestmögliche Zerkleinerung der aufgenommenen Nahrung erreicht wird. Bei der Verdauung haben die Ballaststoffe eine ähnliche Wirkung wie der von Vögeln aufgenommene Grus im Vogelmagen. Ballaststoffe erfüllen somit eine wichtige Aufgabe und ohne sie kann die enzymatische Spaltung ihre Aufgabe nur zum Teil erfüllen. Bei der Fütterung mit lebenden Futtertieren nehmen Fische automatisch genügend Ballaststoffe mit auf. Bei Ersatzfutter besteht die Gefahr, daß diese Stoffe nicht in ausreichenden Mengen vorhanden sind.

Von den Grundnahrungsstoffen, die in jedem Futter vorhanden sein sollen, ist Eiweiß (Protein) besonders wichtig. Eiweiß-Stoffe müssen nämlich dem Organismus laufend zugeführt werden und können – darin besteht ihre Eigenart – nicht durch andere Nahrungsstoffe ersetzt werden. Alle Formen von Eiweiß werden aus stickstoffhaltigen Aminosäuren aufgebaut, die für die Ernährung unentbehrlich sind. Nicht alle Typen von Eiweiß-Stoffen sind für den Fischorganismus gleich gut verwertbar. Ihre Verwertbarkeit hängt von der Zusammensetzung der verschiedenen Aminosäuren ab. In der Praxis hat sich gezeigt, daß das Eiweiß von Insekten, Muscheln, Krebsen und Fischen für den Fischorganismus eine günstige Zusammensetzung hat. Fleisch von warmblütigen Tieren ist weniger geeignet. Pflanzliche Eiweiß-Stoffe können in der Regel nur durch Einwirkung von Bakterien und Protozoen aufgeschlossen werden und haben bei der Ernährung von Buntbarschen keine Bedeutung.

Die Kohlehydrate Stärke und Zucker sind für die Ernährung wildlebender Fische unwesentlich. Lediglich Glykogen (Leberstärke) ist in den meisten Futtertieren vorhanden und wird laufend, wenn auch in kleinen Mengen, aufgenommen. Cellulose, die in mancher pflanzlicher Nahrung enthalten sein kann, ist unverdaulich und lediglich Ballaststoff. In fertigen Futterpräparaten sind jedoch häufiger größere Mengen von Kohlehydraten in Form von Stärke enthalten. Überschuß an Kohlehydraten wird im Körper in Fett umgewandelt und abgelagert. Eine solche Fettablagerung erfolgt auch bei Fischen, die für eine solche Ablagerung, die für andere Arten vollständig normal sein kann, nicht programmiert sind. Größere Fettmengen im Organismus dieser Fische führen zur „Fettleber“ und in absehbarer Zeit zum Tode. Geringere Verfettungsgrade haben oft Sterilität zur Folge. Es ist auch wichtig zu wissen, daß man Buntbarschen eine Organverfettung äußerlich nicht ansieht.

Fette nehmen alle Buntbarsche automatisch mit sämtlichen Futtertieren in mehr oder weniger großem Umfang auf. Alle Fette sind hochwertige Nahrungsstoffe, die aber nur bis zu einem gewissen Grad vom Organismus verwertet werden können. Bei Buntbarschen liegt der verwertbare Anteil an Fett bei etwa 5–6 % der gesamten Futtermenge. Wird diese Grenze laufend überschritten, so wird auch hier, genau wie bei den Kohlehydraten, der Überschuß im Körper gelagert. Übrigens enthalten lebende Futtertiere in der Regel weniger Fett. Gefahr einer zu großen Fettzufuhr besteht bei Enchyträenfütterung und beim Verfüttern von Fischfleisch ausgesprochen fetter Fische. Also lieber fettarmes Fleisch von Dorschen verfüttern als das Fleisch fetter Heringe.

Lebensnotwendige Sotffe, die laufend in kleinen Mengen mit der Nahrung aufgenommen werden müssen, sind die Vitamine. Im Organismus erfüllen die verschiedenen Vitamine eine Reihe von regulierenden Funktionen und spielen in der Immunverteidigung des Organismus gegen Infektionen eine große Rolle. Das Fehlen eines bestimmten Vitamines zieht eine spezifische Mangelkrankheit (Avitaminose) nach sich. Alle Avitaminosen sind gefährliche Erkrankungen, die tödlich enden, wenn nicht eine entsprechende Vitaminzufuhr erfolgt. Zum Glück sind Avitaminosen bei Fischen recht selten, da im Naturfutter und auch in jedem nur halbwegs richtig zusammengestellten Ersatzfutter fast immer ausreichende Vitaminmengen vorhanden sind. Bei fertigen Futterpräparaten ist zu beachten, daß Vitaminzusätze äußerst empfindlich gegen unsachgemäße Lagerung sind. Solche Futtermittel sollten immer gut verschlossen und kühl aufbewahrt werden.

Mangelerscheinungen, verursacht durch Mineral- bzw. Spurenelementmangel, sind im Aquarium bei Süßwasserfischen bisher kaum beobachtet worden.

Futtertiere

Kleine Binnenseen, Teiche und ähnliche Gewässer enthalten fast das ganze Jahr hindurch lebende Futtertiere. Diese Futtertiere wie Krebstierchen, Insektenlarven, Würmer usw. sind das beste Grundfutter für kleinere und mittelgroße Buntbarsche. Man fängt sie mit Netzen aus Nylon- bzw. Perlongewebe, die man entweder im Fachhandel kaufen oder selber anfertigen kann. Bei einem guten Netz soll der Bügel einen Durchmesser von 25–30 cm haben und mit einem etwa 2 m langen Schaft versehen sein. Da heutzutage jedoch viele Aquarienfreunde keine Gelegenheit haben, ihr Futter selber zu fangen, sind sie gezwungen, lebendes Futter im Fachhandel zu kaufen.

Von den Krebstierchen sind Wasserflöhe (*Daphnien*) und Hüpferlinge (*Cyklops*) die wichtigsten Futtertiere. Wasserflöhe sind überwiegend während der warmen Jahreszeit anzutreffen, Hüpferlinge das ganze Jahr hindurch. Die meisten Buntbarsche, auch größere Arten, fressen große Wasserflöhe sehr gerne. Ihre eigentliche Bedeutung haben die Wasserflöhe jedoch bei der Aufzucht von Jungfischen. Da die meisten Hüpferlinge kleiner als Wasserflöhe sind, kommen sie in erster Linie als Aufzuchtfutter der Jungbrut in Frage.

Noch wichtiger für die Ernährung von Buntbarschen sind alle im Wasser lebenden Insektenlarven, vor allem verschiedene Mückenlarven. Ihr Nährwert wird von anderen Futterstoffen kaum übertroffen. Die schwarzen Larven der Stechmücke (*Culex*) tauchen zwar selten im Handel auf, wer aber die Möglichkeit hat, im Hof oder im Garten eine Regentonne aufzustellen, kann seinen Fischen den ganzen Sommer über diesen wertvollen Nahrungszusatz leicht verschaffen. Man setzt dem Wasser in der Regentonne etwas halbvermulmtes Laub bei, und bald werden sich massenhaft Mückenweibchen zur Eiablage einfinden, so daß man ein paar Wochen später bereits die ersten Larven entnehmen kann. Im Freien findet man schwarze Mückenlarven vor allem im Frühling in Wasserpfützen in waldigem Gelände. Gewässer, in denen Larven der Büschelmücke (*Corethra*) vorkommen, sind schwerer zu finden. Sie leben in klarem Wasser schattiger Seen, in Teichen, Mergel- und Lehmgruben usw. Diese sehr haltbaren Larven, die im Kühlschrank bis zu 14 Tage überdauern, werden im Fachhandel häufig angeboten. Von allen Buntbarschen werden weiße Mückenlarven leidenschaftlich gerne gefressen und sind ein äußerst wertvolles Futter, mit dem man auch bei der Zucht die Fische zum Laichen anregen kann. Die Roten Mückenlarven, Larven der Zuckmücken (*Chiromiden*), leben im Bodenschlamm, meist in stark verunreinigten Gewässern. Auch sie sind ein gutes Futter für Buntbarsche, ihre Verfütterung ist heutzutage jedoch nicht immer unbedenklich. Es hat sich gezeigt, daß diese Larven eine sehr hohe Toleranzschwelle gegenüber Giften, wie z. B. Schwermetallen besitzen, die sich öfters in Abwässern finden. In ihrem Verdauungskanal können sie außerdem noch vergifteten Bodenschlamm mit sich führen. Rote Mückenlarven unbekannter Herkunft sollte man unbedingt vor dem Verfüttern gründlich auswässern.

Von den Würmern werden schon lange der Bachröhrenwurm (*Tubifex*) und Enchyträen als Fischfutter benutzt. *Tubifex* ist fast immer im Handel erhältlich. Enchyträen, die man in mit Lauberde gefüllten Kisten und mit aufgequollenen Haferflocken selbst züchten kann, eignen sich gut als Futter in den Zeiten, in denen keine anderen lebenden Futtertiere zu beschaffen sind. Ihr Fettgehalt ist jedoch sehr hoch, und man sollte sie wirklich nur gelegentlich verfüttern. *Tubifex* kommt genau wie die rote Mückenlarve aus stark verunreinigten Gewässern und sollte deshalb ebenfalls vor dem Verfüttern immer gründlich gewässert werden. In fließendem Wasser kann man *Tubifex* etwa eine Woche lang lebend erhalten.
Alle bisher genannten Futtertiere sind als Aquarienfutter bestens bekannt und teilweise auch regelmäßig im Fachhandel erhältlich. Besonders an größere Buntbarsche kann man aber noch andere Tiere verfüttern, die sonst als Fischfutter kaum erwähnt werden. So sind z. B. die sogenannten Mysisgarnelen oder Mysiskrebse (Mysidacea), die nahe mit *Artemia salina* verwandt sind, bei den größeren Buntbarschen sehr beliebt. Lebend kommen diese Krebstierchen nur in Küstennähe vor, wo man sie in See- und Brackwasser findet. Besonders im August treten sie manchmal in riesigen Schwärmen auf. Sie eignen sich auch bestens zum Einfrieren. Auch Wasserasseln (*Asellus aquaticus*) kann man mitunter in großen Mengen in klaren Waldbächen unter Steinen finden; sie werden von den meisten größeren Buntbarschen gerne gefressen.
An Insektenlarven kann man an größere Buntbarsche auch solche Larven verfüttern, die man ihrer räuberischen Gewohnheiten wegen normalerweise aus den Aquarien fernhält, wie z. B. Libellenlarven und die Larven mancher Wasserkäfer.
Unter den Würmern ist der Laubregenwurm (*Lumbricus rubellus*) für alle mittelgroßen und großen Buntbarsche ein gerne genommenes Futter. Gelegentlich kann man Laubregenwürmer in Geschäften, die Anglerbedarf führen, erhalten. Hat man ein Stück Gartenland zur Verfügung, so genügt es, wenn man einen Laubhaufen anlegt und die sich dort bald ansammelnden Laubregenwürmer mit geriebener Mohrrübe füttert. Wer keinen Garten, aber einen kühlen Keller hat, kann dort Laub-Regenwürmer in Kisten mit Lauberde züchten. Gefüttert wird auch hier mit geriebenen Mohrrüben.
Futterfische gibt man den Buntbarschen nur in Ausnahmefällen. Da die Beschaffung entsprechend kleiner Futterfische aus freien Gewässern meist schwierig ist, kommen im Bedarfsfall dafür lebendgebärende Zahnkarpfen wie Guppys oder Schwertträger in Frage.

Pflanzliches Futter

Für Arten, die pflanzliches Futter bevorzugen, wachsen im Aquarium nur selten genügend Algen. In nahrungsreichem Frischwasser und unter starker Lichteinwirkung wachsen Grünalgen jedoch sehr schnell, und man kann sie in der notwendigen Menge in besonderen Gläsern leicht heranzüchten. Am einfachsten geschieht dieses auf einer Kulturunterlage aus Plastikgewebe mit ca. 1 cm Maschenweite. In ein großes Einmachglas legt man zusammengerollt einen langen Streifen dieses Plastikgewebes (s. Abb. 11). Das Glas wird mit Frischwasser gefüllt, dem einige Tropfen flüssiger Blumendünger zugesetzt werden. Dann wird das Glas starkem Lichteinfall ausgesetzt; am besten ist Tageslicht, wenn möglich direkte Sonnenbestrahlung. Hat man einen Garten oder Balkon zur Verfügung, ist die Aufstellung einiger Gläser kein Problem. Nach wenigen Tagen hat sich auf dem Plastikgewebe ein dichter Algenrasen gebildet. Um die Algen zu verfüttern, nimmt man das Plastikgewebe aus dem Glas, rollt es auseinander und legt oder hängt es in das Aquarium ein, wo die Algen von den Fischen abgeweidet werden. Algenkultur ist auch in Innenräumen unter entsprechender Beleuchtung möglich. Am besten eignen sich dafür als Lichtquelle Leuchtstoffröhren wie Sylvania Gro-Lux.

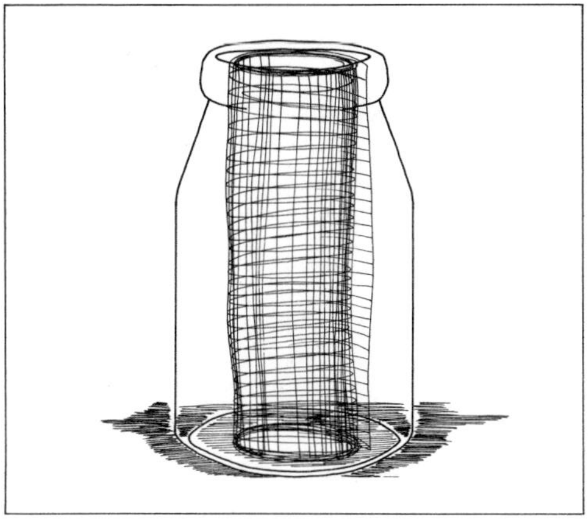

Abb. 11: Auf einem zusammengerollten Plastikgewebe lassen sich bei gutem Lichteinfall große Mengen als Futter geeignete Algen rasch züchten.

Viele algenfressende Buntbarsche nehmen jedoch auch Pflanzenfutter an, das leichter zu beschaffen ist. Gut eignet sich Spinat, entweder tiefgefrorener oder frischer. Frischer Spinat wird vor dem Verfüttern fein gehackt und mit heißem Wasser überbrüht.
Hält man Arten, die auch höhere Pflanzen fressen, empfiehlt sich im Aquarium freischwimmendes *Ceratopteris thalictroides*. Dieser Wasserfarn ist als Futterpflanze sehr geeignet und wächst im nahrungsreichen Wasser eines Buntbarschaquariums enorm, so daß der Zuwachs dem Verbiß meist die Waage hält. Manche Arten fressen auch gern die Wasserlinse (*Lemna fluitans*), auch Entengrütze genannt, die im Sommer auf der Oberfläche zahlreicher Tümpel wächst.

Ersatzfutter

Lebende Futtertiere stehen in der Regel nur während eines Teiles des Jahres in ausreichenden Mengen zur Verfügung, und häufig muß zu Ersatzfutter gegriffen werden. Unter den in einem normalen Haushalt verwendeten Lebensmitteln gibt es auch einige, die sich als Fischfutter eignen, z.B. Fleisch von Fischen, Muscheln, Garnelen und Krabben. Derartiges Fisch- und Schaltierfleisch sollte, damit keine Wassertrübungen entstehen, nur gekocht verfüttert werden. Größere Buntbarsche kann man jedoch mit rohem Fisch, in genau mundgerechten Stücken, aus der Hand füttern. Ein weiteres gutes Fischfutter ist Rinder- oder Schweineleber, die gekocht und gemahlen verfüttert wird. Von Leber abgesehen, sollte anderes Fleisch von Säugetieren oder Vögeln nicht an Fische verfüttert werden. Stellt man sich mit dem Fischhändler gut, so kann man ab und zu frischen Rogen von Speisefischen erhalten, für die meisten Buntbarsche ein ausgezeichnetes und begehrtes Futter.
Von den im Fachhandel erhältlichen Trockenfutterpräparaten eignen sich am besten die grobflockigen Typen, die vorwiegend für die Fütterung von Seewasserfischen (Korallenfischen) hergestellt werden. An Buntbarsche sollte man jedoch alles Trockenfutter nur begrenzt verfüttern.
Wesentlich besser als die üblichen Trockenfutterpräparate ist tiefgefrorenes bzw. gefriergetrocknetes Futter. Während der letzten Jahre ist das Angebot dieser Futterkonserven laufend erweitert worden, und durch diese Konservierungsformen ist es möglich, Buntbarsche das ganze Jahr hindurch mit hochwertigem Futter zu versorgen. Als tiefgefrorenes Futter werden hauptsächlich ausgewachsene Salinenkrebse (*Artemia salina*) angeboten; auch tiefgefrorene Mysisgarneln sind mitunter zu haben. Gefriergetrocknetes Futter gibt es bereits in breiterem Angebot, und man kann zwischen Mückenlarven, *Tubifex* und allen möglichen Kleinkrebsen wählen.
Hat man Tiefkühlbox oder -schrank zur Verfügung, so kann man lebendes Futter der verschiedensten Arten auch selber einfrieren; es sollte allerdings beim Einfrieren vollständig frisch sein. Eingefroren wird zweckmäßig in kleinen Würfeln. Vor dem Verfüttern ist das tiefgefrorene Futter aufzutauen.

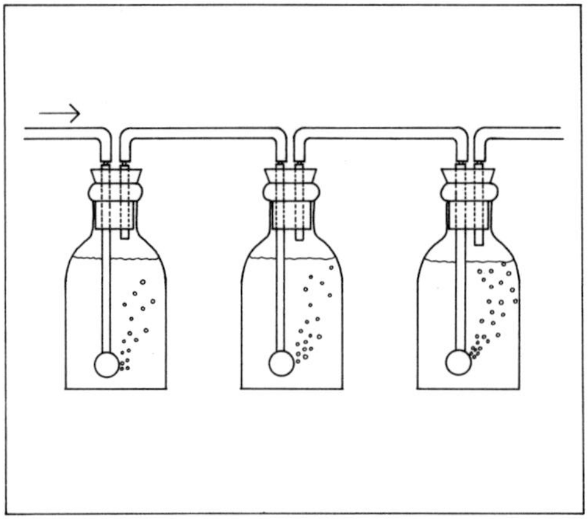

Abb. 12: Serienweise an die Luftleitung angeschlossene Flaschen bei der Artemiakultur arbeiten äußerst „luftsparend“, ein Vorteil, wenn nur eine schwächere Luftpumpe zur Verfügung steht.

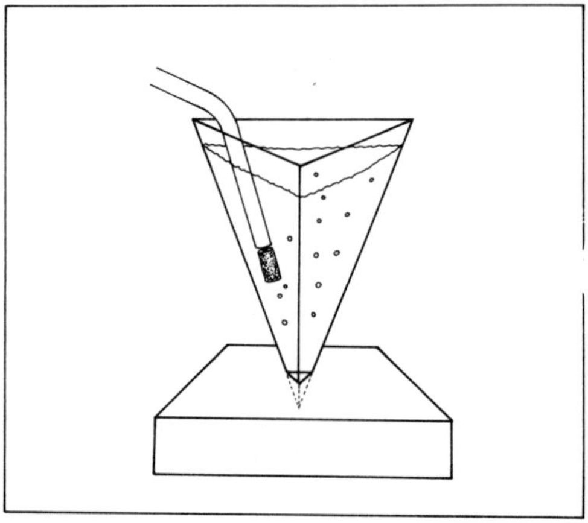

Abb. 13: Maximale Schlupfresultate mit Artemiaeiern lassen sich in gut durchlüfteten Behältern erzielen, die eine im Verhältnis zum Inhalt große Oberfläche aufweisen. Der abgebildete Behälter ist aus drei Glasscheiben mit Silikonkautschuk zusammengeleimt und in einem soliden Holzfuß verankert.

Futter für Fischbrut

Junge Buntbarsche, die nach dem Freischwimmen zu fressen beginnen, nehmen sofort verhältnismäßig grobes Futter an. In der Regel wird heutzutage Buntbarschbrut mit frischgeschlüpften Nauplien von Salinenkrebschen angefüttert. Die Eier der Salinenkrebse sind unter der Bezeichnung *Artemia*-Eier jederzeit im Fachhandel erhältlich. In Salzwasser gebracht, schlüpfen aus diesen Eiern bei einer Temperatur von 25°C nach ca. 24 Stunden die Nauplien und können direkt an die Jungbrut verfüttert werden. Zur Kulturlösung verwendet man **jodfreies** Kochsalz, 20 g/l, oder noch besser Seewasser. Salzmischung zur Herstellung künstlichen Seewassers führt heute fast jede Aquarienhandlung. Wieviele Nauplien ausschlüpfen, hängt weitgehend von der Qualität, d. h. dem Alter und den Lagerungsbedingungen, der Eier ab. Leider ist die Qualität meist sehr unterschiedlich und kaum zu kontrollieren. Die Kultur erfolgt in flachen Glasbehältern oder in Flaschen. Das Kulturwasser wird durchlüftet, wobei Flaschen hier den Vorteil haben, daß man sie serienweise an die Luftleitung anschließen kann. Zur Entnahme der Nauplien läßt man den Inhalt des Kulturglases durch einen dünnen Schlauch ablaufen und fängt dabei die Nauplien mit einem feinen Netz oder mit einem Artemiasieb auf.

Ein weiteres Kulturfutter, das zum Anfüttern der meisten Buntbarsche verwendet werden kann, sind Mikronematoden. Mikronematoden (*Anguillula*), auch Essigälchen genannt, sind winzige Fadenwürmer, die man in Kulturen züchten kann. Als Kulturbehälter verwendet man Fotoschalen mit glatten Seitenwänden, und als Kulturboden aufgequollene Haferflocken. Nematoden zum Impfen der Kultur sind im Fachhandel erhältlich. Sobald sich die Nematoden vermehrt haben, was innerhalb weniger Tage der Fall ist, beginnen sie am Schalenrand hochzukriechen und können dort mit einem Celluloidstreifen oder einer Rasierklinge entnommen werden. Leider sind diese Kulturen nicht geruchlos und sollten daher sorgfältig mit einer Glasscheibe abgedeckt werden. Günstigste Zuchttemperatur: 25–28°C. Das absolut beste Aufzuchtfutter zum Anfüttern von Buntbarschbrut ist jedoch Staubfutter aus dem Freiland. Solches Staubfutter besteht hauptsächlich aus Cyklopsnauplien und Bosmiden. Im Vorsommer können auch größere Mengen von Rädertierchen (Rotatorien) darin enthalten sein. Der Fang muß, da Staubfutter nur wenig haltbar ist, täglich erfolgen. Zum Fang benutzt man ein Netz aus Seidengaze Nr. 10 oder 11. Mit Hilfe von Futtersieben, die es im Fachhandel gibt, siebt man die gröberen Futtertiere ab. Dies ist allerdings nur dann notwendig, wenn man die Jungfische alleine aufzieht. Befinden sich die Elternfische im selben Aquarium, so fressen sie die gröberen Futtertiere auf.

Für die weitere Aufzucht größerer Buntbarsch-Nachzuchten sind lebende Daphnien oder Cyklops unerläßlich, wenn gesunde Jungfische heranwachsen sollen.

Fütterungstechnik

Erwachsene Fische füttert man in der Regel nur einmal täglich. Lediglich wenn man beabsichtigt, ein bestimmtes Paar baldmöglichst zum Laichen zu bringen, kann man zweimal täglich füttern; am besten füttert man dann mit Insektenlarven.

Jungfische sollten mindestens zweimal täglich gefüttert werden, können aber ohne weiteres auch öfters Futtergaben erhalten. Gelegentlich wird empfohlen, Aquarien mit Buntbarschbrut Tag und Nacht zu beleuchten, da dann die Jungfische schneller wachsen würden. Dies ist nicht nur biologisch gesehen falsch, sondern auch wirkungslos. Kontrollen haben nämlich gezeigt, daß ein erhöhtes Zuwachstempo durch eine solche Rund-um-die-Uhr-Beleuchtung nicht erreicht wird. Die Fütterung der Jungbrut erfordert etwas Fingerspitzengefühl. Die Jungfische sollen während ihrer ersten Lebenstage im Futter stehen, denn sie jagen kaum und warten, bis ihnen ein Futtertier nahe genug vor ihr Mäulchen kommt. Andererseits sollten wir verhindern, daß sich im Zuchtaquarium größere Mengen toter Futtertierchen ansammeln. Am besten gibt man daher die Futtergaben „gezielt" direkt in den Jungfischschwarm hinein. Neues Futter gibt man erst, wenn die vorher gereichten Futtertierchen aufgefressen sind. Bei *Artemia*-Nauplien ist dies unumgänglich, da sie im Süßwasser nur kurze Zeit am Leben bleiben.

Tote Futterstoffe sollen spätestens nach 10 15 Minuten aufgefressen sein. Bei leben den Futtertieren kann man großzügiger sein, besonders wenn man größere Fische mit kleinen Futtertieren wie Wasserflöhe füttert. Bleiben erhebliche Reste toter Futterstoffe zurück, so sollte man sie umgehend entfernen. Hat man beim Füttern erst einmal die richtige Routine, so passiert es kaum, daß Futterreste übrigbleiben. Zur besseren Kontrolle kann man Fleisch von Krabben und Garnelen auch an rostfreiem Draht hängend in das Aquarium einbringen. Die Fische lernen schnell, das in seiner Struktur feine Fleisch Stück für Stück abzufressen.

Zucht

Voraussetzungen

Die Vermehrung von Buntbarschen ist auch im Hälterungsaquarium möglich, wenn man lediglich eine geringe Anzahl von Jungfischen aufziehen möchte. Hält man z.B. in einem zweckmäßig eingerichteten Aquarium Buntbarsche aus dem Malawisee, die ja alle Maulbrüter sind, so bestehen gute Aussichten, daß Jungfische verschiedener Arten hier überleben und heranwachsen. Bei diesen wenig produktiven Fischen sind die Jungfische verhältnismäßig groß und sofort selbständig, wenn sie das mütterliche Maul verlassen. Finden sie dann geeignete Verstecke, enge Spalten und andere Hohlräume, in die größere Fische nicht eindringen können, so wachsen sie schnell heran.

Auch bei Substratbrütern kann sich eine kleine Anzahl von Jungfischen durchaus im Hälteraquarium entwickeln, sobald jedoch die Eltern ein weiteres Mal laichen, ist guter Rat teuer. Dann ist es leicht möglich, daß die Eltern die erste Brut als Feinde ihrer zweiten Brut betrachten. Nur bei wenigen *Pelvicachromis*-Arten und bei den *Julidochromis*-Arten gilt die Regel, daß mehrere Bruten gleichzeitig vom selben Elternpaar betreut werden, ohne daß es zu Reibereien kommt. Jede zahlenmäßig ausgedehntere Zucht von Buntbarschen erfordert mehr Aufwand, in erster Linie eine größere Anzahl an Aquarien.

Den geringsten Aufwand hat man bei der Vermehrung der Maulbrüter. Dabei genügen einige kleinere Aquarien für die Weibchen. Nach dem Laichen setzt man sie einzeln in diese Aquarien, in denen sie verbleiben, bis die Jungfische selbständig sind.

Eine planmäßige Zucht von Substratbrütern ist dagegen wesentlich aufwendiger. Diese Fische sind meist produktiver als die Maulbrüter, und zur Aufzucht ihrer zahlreichen Jungbrut sind daher größere Aquarien notwendig. Auch bei natürlicher Aufzucht laichen die meisten Substratbrüter je Laichperiode zwei-, drei-, mitunter sogar viermal, und für jede Brut muß ein Aquarium zur Verfügung stehen. Bei künstlicher Aufzucht kann die Produktivität noch größer sein. Da die Schar der Jungfische meist zahlreich ist und sich durch einen hervorragenden Appetit und entsprechenden Stoffwechsel auszeichnet, sollten auch alle Auf-

---

Farbtafel 3:
Oben: Geophagus jurupari
Unten: Cichlasoma salvini

zuchtaquarien sowohl mit einer Durchlüftung als auch mit einer Filterung ausgestattet sein. Eine weitere Voraussetzung für eine systematische Vermehrung in größerem Umfang ist die entsprechende Futterversorgung. Eine größere Menge von Jungfischen ist ohne eine ausreichende und regelmäßige Versorgung mit lebenden Futtertieren kaum aufzuziehen. Zwar kann man bei manchen Buntbarschen nach der ersten Anfütterungsperiode auf allerlei Ersatzfutter ausweichen, aber das wirkt sich auch entsprechend aus; viele Jungfische bleiben dann in ihrer Entwicklung zurück und erreichen nie ihre volle Größe. Futterversorgung und Pflege einer umfangreichen Aquarienanlage nehmen auch viel Zeit in Anspruch und besonders einem noch wenig routinierten Liebhaber wächst eine solche Anlage rasch über den Kopf, und er verliert schnell die Freude an seiner Liebhaberei. Bei der Zucht von Buntbarschen zeigt sich vor allem in der Begrenzung der Meister.
Zusätzlichen Aufwand erfordert die Zucht von Arten, die an die Wasserverhältnisse besondere Ansprüche stellen. In erster Linie ist dies bei Diskusfischen der Fall, gilt aber auch für einige andere südamerikanische Arten. Da das vorhandene Leitungswasser nur ganz selten für diese Fische geeignet ist, muß zusätzlich für die Aquarien auch eine entsprechende Wasseraufbereitungsanlage vorhanden sein.

Farbtafel 4:
Oben: Pterophyllum scalare beim Ablaichen
Unten: Cichlasoma meeki

Zuchtverhalten

Einige Grundzüge des Paarungs- und Brutpflegeverhaltens wurden bereits erwähnt. Hier noch einige Hinweise, die von Bedeutung sind, wenn die Zucht im Aquarium gelingen soll.
Bei der Geschlechtsbestimmung nicht sexualdimorpher Arten kann man sich eines kleinen Tricks bedienen. Mit Sicherheit läßt sich das Geschlecht bei solchen Fischen, wie z.B. Segelflossern, *Aequidens*-Arten und ähnlichen, nur an der Form der Genitalpapille unterscheiden, die man aber normalerweise erst kurz vor der Laichabgabe sieht, da sie sonst eingezogen und kaum zu erkennen ist. Durch Überdruck in der Leibeshöhle kann jedoch die Genitalpapille jederzeit herausgedrückt werden, so daß sie sichtbar wird. Ein solcher Druck entsteht durch übermäßige Nahrungsaufnahme, wenn man den Fischen besonders viele Futtertiere gibt, die sie gerne fressen. Füttert man beispielsweise Segelflosser reichlich mit schwarzen Mückenlarven, so kann man kurz danach die Genitalpapillen für einige Stunden deutlich sehen und so die Geschlechter sicher unterscheiden (Abb. 14).
Bei der Einrichtung von Zuchtaquarien ist noch folgendes zu beachten. Der Bodengrund sollte möglichst nicht aus gröberem Grus bestehen, da sonst die Gefahr besteht, daß sich die kleinen Jungfische zwischen den lose liegenden groben Gruskörnern verirren, sich festklemmen und umkommen. Filteransaugrohre müssen noch ehe die Jungfische frei schwimmen mit Metallgaze zesichert werden, wenn man nicht vorzieht, den Filter einige Zeit lang überhaupt abzustellen. Eier, die versteckt in Grotten oder anderen Hohlräumen abgelegt wurden, wird man am besten mit einem Spiegel beobachten.
Die Säuberung der Laichunterlage leitet die Laichabgabe der Substratbrüter ein. Diese Fische säubern die Unterlage hauptsächlich mit dem Maule, mitunter auch durch zusätzliche Flossenbewegungen. Bei der eigentlichen Paarung legt zunächst das Weibchen in einer Linie direkt hintereinander eine Anzahl von Eiern

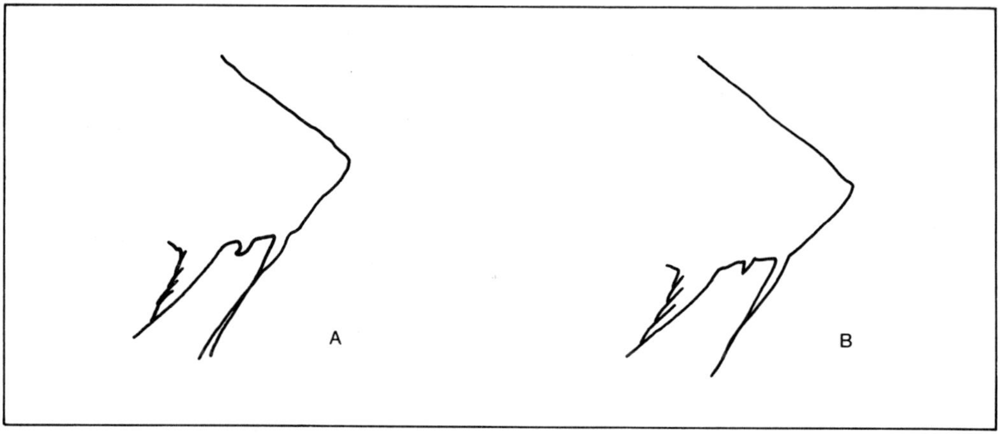

Abb. 14: Schematische Darstellung des Aussehens der Genitalpapillen *(Pt. scalare)*: A) Weibchen, B) Männchen.

ab, je nach Art 6–20, die danach vom Männchen, das mit seiner Genitalpapille über die Eier streift, befruchtet werden. Anschließend legt das Weibchen weitere Eier, meist in einer Linie neben die ersten, die ebenso vom Männchen befruchtet werden, und dies solange, bis der Eivorrat des Weibchens erschöpft ist. Die abgegebenen Eier bilden dann eine geschlossene, mit Laichkörnern besetzte Fläche. Offenbrüter legen ihre Eier meist auf waagerechten oder wenig schrägen Unterlagen ab. Höhlenbrüter dagegen heften ihre Eier an den Grottenwänden und häufig auch unter dem Dach der Grotte an. Meist haften die Eier fest auf ihrer Unterlage, bei manchen Arten aber sitzt jedes Ei auf einem kurzen Stiel (z.B. bei *Etroplus*) und sie wogen bei jeder Wasserbewegung hin und her. Eine gelegentliche Färbung der Eier ist weniger arttypisch als durch die Fütterung bedingt. Beide Eltern, oder nur das Weibchen, bewachen die Eier und führen ihnen durch fächelnde Flossenbewegungen ständig neues Wasser zu. Unbefruchtete und sich weiß verfärbende Eier werden mit dem Maule entfernt. Die Jungfische schlüpfen, je nach Art und Wassertemperatur, nach 4–7 Tagen, bleiben zunächst aber noch mit einem Schleimfaden an der Laichunterlage haften. Von den Eltern werden sie vorsichtig abgelöst und in Gruben untergebracht, die sie in den Boden gebuddelt haben. Die Jungfische sind zu diesem Zeitpunkt noch mit einem großen Dottersack versehen und noch nicht schwimmfähig. Auf Blättern und an Pflanzenstengeln laichende Arten hängen ihre Jungfische an Blättern auf; dies ist dadurch möglich, daß von einer Drüse am Hinterkopf des Jungfisches ein besonderer Schleimfaden gebildet wird. Zwei bis vier Tage später schwimmen die Jungfische frei und werden von den Eltern geführt.

Unzuverlässige Brutpfleger unter den Substratbrütern lassen sich oft durch die Anwesenheit von Artgenossen im selben Aquarium zu besserer Brutpflege anregen. Diese Methode hat sich vor allem bei Segelflossern bewährt, denen man sonst eine recht unzuverlässige Brutpflege nachsagt. Wichtig ist hier jedoch, daß die überzähligen Fische abgefangen werden, sobald die Jungfische frei schwimmen; im Aquarium bleiben dann nur das Elternpaar und die Jungfische zurück.

Gelingt trotz wiederholter Versuche eine natürliche Aufzucht nicht, da die Eltern den Laich vernachlässigen oder auffressen, können

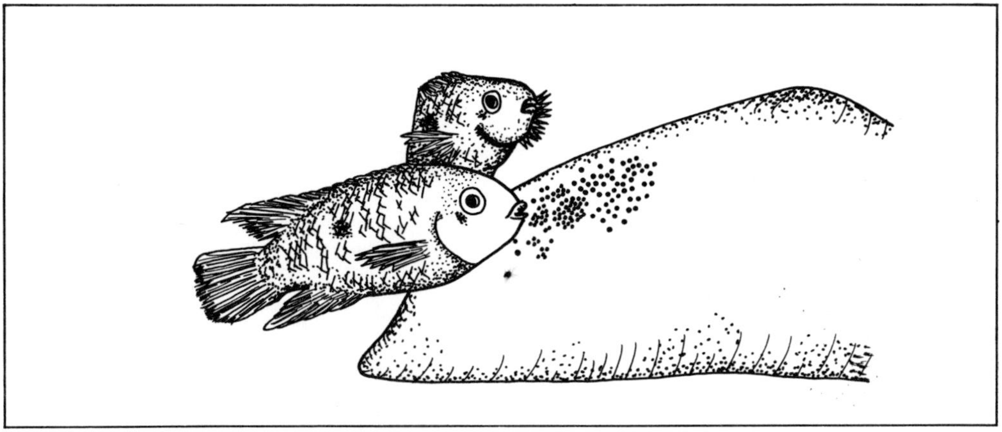

die Jungfische auch künstlich aufgezogen werden. Zu diesem Zweck wird das Laichsubstrat, der Stein oder das Blatt, mit den anhaftenden Laichkörnern aus dem Aquarium herausgenommen und in einen sauberen Behälter gebracht, der mit Wasser aus dem Zuchtaquarium gefüllt wurde. Wichtig ist dabei, daß das Gelege etwa in dieselbe Lage gebracht wird, die es vorher hatte. Blattstiele werden so mit Steinchen beschwert, daß das Blatt frei im Wasser steht; Steine von Grotten notfalls so unterbaut, daß die Eier möglichst ähnlich wie zuvor zu liegen kommen. Eier, die herumgedreht werden, schlüpfen oft nicht. Neben dem Laich wird ein feinperliger Ausströmer ange-

Abb. 15 (oben) und Abb. 16 (unten): Laichabgabe bei Substratbrütern. Man unterscheidet zwischen Offenbrütern (oben), die ihre Eier auf flachen Steinen, Blättern usw. absetzen und beim Laichgeschäft ihre normale Schwimmlage beibehalten, und Versteckbrütern (unten), die ihre Eier in Grotten oder ähnlichen Verstecken in der Regel unter dem „Dach“ absetzen und beim Laichgeschäft Rückenlage einnehmen.

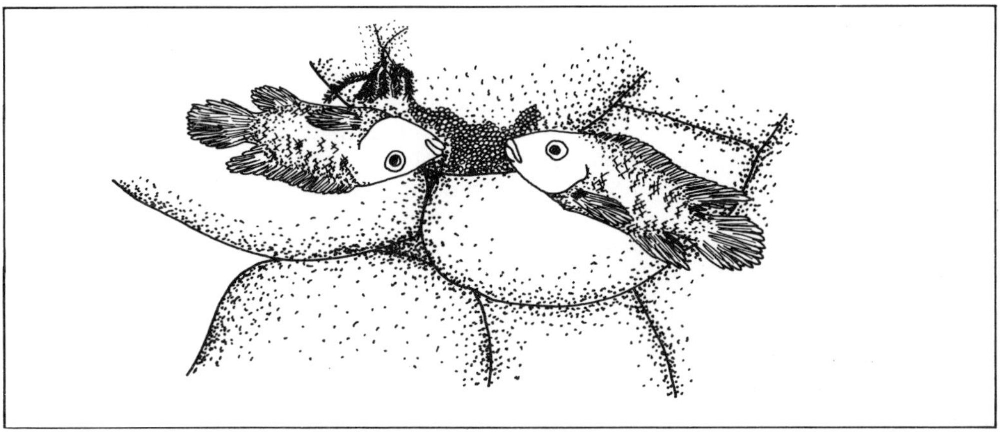

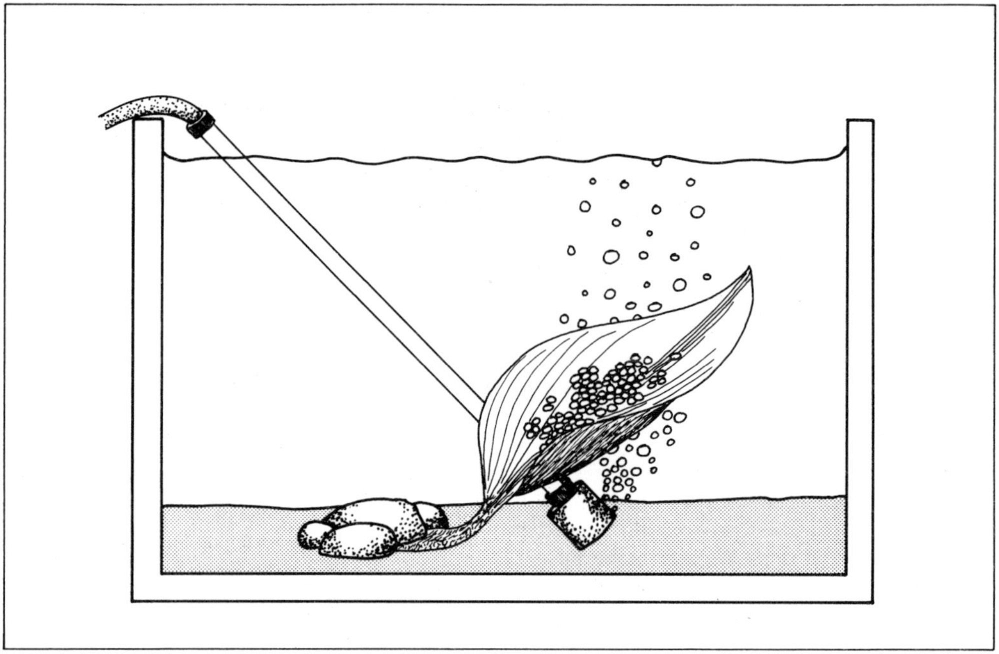

Abb. 17: Beispiel für die Unterbringung eines auf einem Blatt abgesetzten Geleges bei der künstlichen Aufzucht.

bracht, der für eine Wasserzirkulation sorgt und die Flossenbewegungen der Elternfische ersetzt. Da bei einer künstlichen Aufzucht verpilzende Eier nicht von den Eltern entfernt werden, kann sich von unbefruchteten Eiern ein Pilzrasen leicht über das ganze Gelege ausbreiten und es zerstören. Mit pilztötenden Mitteln kann man dieser Gefahr vorbeugen. Dafür eignet sich Acriflavin in einer Konzentration von 0,5 g auf 100 l Wasser. Noch besser ist Methylenblau, das in Aqua. dest. gelöst dem Wasser zugesetzt wird, bis sich die Eier gerade noch erkennen lassen. Methylenblau muß jedoch aus dem Wasser entfernt werden, bevor die Jungfische frei schwimmen. Man entfernt es am einfachsten durch Abfilterung über Aktivkohle.

Bei Maulbrütern sind Störungen des Brutpflegeverhaltens äußerst selten, und einmal abgegebene und im Maul aufgenommene Laichkörner kommen fast immer zur Entwicklung. Zu beachten ist lediglich, daß Weibchen, die Eier im Maule tragen, individuell recht schreckhaft sein können und ihre Eier ausspucken, wenn man sie unvorsichtig umsetzt. Man kann dies vermeiden, wenn man die Fische zur Zucht zunächst paarweise unterbringt und das Männchen entfernt, sobald die Eier im Maul aufgenommen sind. Mit einiger Vorsicht kann man aber auch Weibchen, die in Aquarien mit zahlreicherer Besetzung gelaicht haben, umsetzen. Schreckhafte Arten fängt man vorsichtig mit dem Netz, ohne sie aus dem Wasser zu heben, und läßt sie von dort in ein Glas gleiten, von

dem aus sie direkt in das Aufzuchtaquarium schwimmen können.
Eigenheiten der einzelnen Arten, eventuelle besondere Ansprüche an die chemische Wasserbeschaffenheit und an die günstigste Zuchttemperatur finden sich jeweils bei den Artbeschreibungen.

Entwicklung und Pflege der Jungfische

Junge Buntbarsche wachsen meist rasch; ihr Wachstum bedingt reichliche Fütterung und eine gute Wasserhygiene. Gefüttert werden die Jungfische mindestens zweimal täglich, wenn möglich noch öfter. Bei sehr kleinen Jungfischen kann es leicht passieren, daß zuviel Futter gegeben wird, und die nicht gefressenen Futtertierchen im Becken absterben. In einem großen Behälter ist das nicht so schlimm, in kleineren Aquarien aber können diese toten Futtertierchen für die Jungfische gefährlich werden, besonders bei künstlicher Aufzucht. Tote Futtertierchen sind nämlich ein ausgezeichneter Nährboden für Pilze und die meist schädlichen einzelligen Organismen. Bei künstlicher Aufzucht empfiehlt es sich daher, die vorhandenen Futterreste umgehend abzusaugen. Auch ein Pflanzenbesatz z. B. mit Javamoos, Wasserfarn oder ähnlichen feinfiedrigen Pflanzen, trägt dazu bei, das Wasser in einem hygienisch guten Zustande zu halten. Sowie die Jungfische eine Größe von 1–1,5 cm erreicht haben, ist außerdem eine Filterung angebracht. Die Ansaugstutzen sind mit Nylongaze oder Metallgaze aus rostfreiem Stahl so zu sichern, daß die Jungfische nicht in die Filterkammer gesaugt werden. Sind die Jungfische dann 1–1,5 cm groß, besteht die Gefahr, daß ihr Futterbedarf unterschätzt wird, besonders bei großen Bruten. Neben ausreichendem Futter fördert ein regelmäßiger teilweiser Wasserwechsel mindestens einmal pro Woche das Wachstum der Jungfische sehr. Außer von der Ernährung und Wasserqualität hängt das Zuwachstempo unmittelbar auch von den Raumverhältnissen ab, die den Jungfischen zur Verfügung stehen. Besonders deutlich zeigt sich dies bei Segelflossern, die bei zu dichtem Besatz, selbst bei idealen Futterbedingungen, nicht zu erstklassigen Exemplaren heranwachsen. Deshalb ist es wichtig, daß den Jungfischen genügend Platz zur Verfügung steht. Sehr umfangreiche Bruten sollten daher möglichst bald auf mehrere Aquarien verteilt werden. Sowie die Jungfische einige Zentimeter lang sind, sollte man ihnen neben lebenden Futtertierchen ab und zu auch totes Futter reichen, da manche Arten später sonst die Annahme toter Futterstoffe zunächst verweigern.
Bei den meisten Maulbrütern kehren die Jungfische anfänglich während der Nacht in das Maul der Mutter oder beider Elterntiere zurück. Auch wenn irgendeine Gefahr droht, werden die Jungfische in das Maul genommen. Die Elterntiere sollte man erst dann entfernen, wenn sie sich nicht mehr um ihre Brut kümmern. Bei Substratbrütern ist dies meist dann der Fall, wenn die Elterntiere erneut ablaichen.
Eine besondere Behandlung verlangen manche Maulbrüter aus dem Tanganyika- und dem Malawisee, z. B. die *Pseudotropheus*- und *Tropheus*-Arten. Bei ihnen tragen die Weibchen die Eier im Maule, nehmen aber dennoch gleichzeitig Nahrung auf; darauf ist zu achten, vor allem, wenn man die Weibchen allein hält. Die Weibchen müssen deshalb also auch während der langen Entwicklungszeit der Eier (bis über einen Monat) gefüttert werden, am zweckmäßigsten mit lebenden, jedoch nicht allzu großen Futtertieren.
Viele Malawi- bzw. Tanganyikabuntbarsche pflanzen sich mit Erfolg auch in Gesellschaft anderer verwandter Arten fort. Wichtig ist lediglich, daß in den Steinaufbauten des Aquariums zahlreiche enge Versteckplätze vorhanden sind, in die größere Fische nicht eindringen können. Jungfische in größerer Anzahl wachsen aber nur dann heran, wenn die entsprechend großen Futtertierchen regelmäßig gereicht werden.

Krankheiten

Genau so wie andere Fische können auch Buntbarsche erkranken; sie werden im Aquarium im großen und ganzen von denselben Krankheiten befallen. Andererseits sind sie im allgemeinen nicht sonderlich anfällig, doch gibt es dazu auch Ausnahmen. Die häufigsten Erkrankungen bei ihnen sind infektiöser Natur, also ansteckende Krankheiten. Ihre Erreger sind Viren, Bakterien, Pilze und Einzeller (Protozoen). Andere Erkrankungen werden durch Parasiten verursacht. All diese Erkrankungen kommen natürlich auch in der Natur vor, werden dort aber den Fischen seltener gefährlich. In der freien Natur gibt es praktisch keine Tiere und natürlich auch keine Fische, die nicht mit irgendwelchen Krankheitserregern behaftet oder Träger von Parasiten sind. Beim wildlebenden Tier können jedoch normalerweise die Abwehrstoffe des Organismus den Krankheitserregern und Parasiten erfolgreich Widerstand leisten. Kommt es einmal aus besonderen Gründen, bei Fischen z.B. durch ein plötzliches Austrocknen ihrer Heimatgewässer, zu wesentlich verschlechterten Lebensbedingungen, können auch in der Natur Epidemien oder Parasitinvasionen in großem Ausmaß vorkommen. Im Aquarium finden die Fische im allgemeinen schlechtere Bedingungen als in der Natur vor. Im gleichen Verhältnis wie hier nun die Lebensbedingungen für die Fische schlechter sind, wachsen die Chancen ihrer Krankheitserreger und der Parasiten. Hauptsächlich liegt das daran, daß auch das größte Aquarium für den Fisch noch zu klein ist. Bei der Aquarienhaltung ist es also wichtig und für die Fische sogar lebensnotwendig, das Niveau an Krankheitserregern und Parasiten möglichst niedrig zu halten.

Der erste Schritt auf diesem Wege ist die Erkenntnis, daß kein Aquarienhändler absolute Gesundheit für die von ihm angebotenen Fische garantieren kann, auch wenn er das Gegenteil behaupten sollte. Neuerworbene Fische, ganz gleich woher sie kommen, sollten daher zunächst einmal über einen Zeitraum von wenigstens vier Wochen isoliert gehalten werden. Diese Isolierung darf sich aber nicht lediglich auf das Aquarium als solches beschränken, sondern muß auch sämtliche benutzten Geräte wie Kescher, Algenschaber, Schläuche usw. mit einschließen. Auch mit kleinsten Wassermengen, die von einem Aquarium in ein anderes gelangen, können Krankheitserreger weiter verbreitet werden. Eine Quarantänehaltung kann eine Übertragung von Krankheiten zwar nicht vollständig ausschließen, doch wird das Einschleppen einiger der gefährlichsten und meist ansteckenden Fischkrankheiten weitestgehend verhindert.

Von den Fischkrankheiten lassen sich in erster Linie solche mit Erfolg behandeln, die durch Pilze, Bakterien und Einzeller verursacht werden, das gilt auch für viele durch Parasiten ausgelöste Erkrankungen. Keine Behandlungsmöglichkeiten bestehen bei Virusinfektionen, und auch den meisten organischen Erkrankungen steht man machtlos gegenüber. Manche organische Erkrankungen, wie z.B. die Bildung einer Fettleber, lassen sich jedoch durch sachgemäße Fütterung vermeiden. Im folgenden werden die bei Buntbarschen häufigen Erkrankungen und ihre Behandlungsmöglichkeiten kurz besprochen. Darüber hinaus sei auf die Spezialliteratur über Fischkrankheiten (s. im Literaturverzeichnis) verwiesen.

Bei den zur Behandlung notwendigen Chemikalien und Medikamenten sei darauf hingewiesen, daß man diese am besten als reine Substanzen in der Apotheke erwirbt. Die zahlreichen „Patentpräparate", die im Aquarienhandel geführt werden, halten oft nicht, was sie versprechen. Meist sind diese Produkte auch ohne einwandfreie Angaben über ihren Inhalt und erfüllen damit nicht die Grundforderung, die man an ein Medikament stellen muß. Im Gegensatz zu allen anderen veterinärmedizinischen Präparaten unterliegen diese Erzeugnisse bisher auch keinerlei Kontrolle, und ihre Anwendung kommt oft einer Lotterie gleich.

Erkrankungen durch Protozoen

Protozoen sind einzellige Lebewesen, die sich durch einen Chromosomenkern auszeichnen und dem Tierreich zugeordnet werden. Ihre Pathogenität beruht in erster Linie darauf, daß sie sich in die Zellen eines Organismus einbohren, besonders in die Zellen der Gefäßwände, der Haut und in die roten Blutkörperchen. Zu den Protozoen gehören Amöben, Geißeltierchen (Flagellaten), Sporentierchen und Infusorien (Ziliaten). Einige von ihnen sind Erreger von Fischkrankheiten. Die wichtigsten durch Protozoen verursachten Krankheiten bei Buntbarschen sind folgende:

Diskuskrankheit: Erreger ist der Flagellat *Spironucleus* (*Hexamita*) *symphysodoni*. Es handelt sich dabei um einen 12 µm langen und mit acht Geißeln versehenen Flagellaten. Dieser Flagellat zeichnet sich durch große Beweglichkeit aus und wird vereinzelt auch bei augenscheinlich gesunden Wildfängen von Diskusfischen in der Gallenblase gefunden. Sinkt unter ungünstigen Lebensbedingungen, d.h. im Aquarium, die Widerstandskraft des Fisches ab, kommt es zu einer Massenvermehrung der Flagellaten. Sie treten dann im Darm auf und wandern von dort aus in die anderen Organe wie Leber, Milz und Herz. Mit dem Kot werden sie in großer Menge in das Wasser ausgeschieden und greifen dann die Haut an. Die befallenen Fische sind apathisch, fressen schlecht oder überhaupt nicht und verfärben sich dunkel. Durch die Verstopfung der Gallenausgänge kommt es nach einiger Zeit zu schweren organischen Schäden. Auch im peripheren Muskelbereich und in der Haut treten Gefäßverstopfungen auf, die man oft schon äußerlich erkennen kann und die schließlich aufbrechen. Dann entstehen Löcher, die sich kraterartig vergrößern und sekundär außerdem häufig noch von Bakterien und Pilzen befallen werden (Lochkrankheit). Im Endstadium kommt es zu Hautablösung und Muskelzerfall.

Außer Diskusfischen haben sich besonders Keilfleckbuntbarsche (*Uaru*) als anfällig gegen diesen Flagellaten erwiesen. Andere Buntbarsche, insbesondere Segelflosser, können dagegen diesen Krankheitserreger beherbergen, ohne jemals zu erkranken. Es ist daher dringend anzuraten, Diskusfische und Keilfleckbuntbarsche grundsätzlich nie mit anderen Buntbarschen zu vergesellschaften. Weiterhin sollten alle Neuimporte, unabhängig ob es sich um Wildfänge handelt, oder ob sie aus ostasiatischen Züchtereien stammen, vorbeugend mit Metronidazolpräparaten behandelt werden. Diese Präparate werden auch zur Behandlung erkrankter Fische in Form von Dauerbädern eingesetzt. Am einfachsten ist die Anwendung von Clont (Bayer), das in Tabletten mit 250 mg per Tablette erhältlich ist. Eine solche 250 mg Tablette reicht für 62 l Aquarienwasser.

Lochschäden behandelt man außerdem lokal mit Rivanollösung, für die man eine Tablette (= 100 mg) Rivanol in 100 ml heißes Wasser gibt. Nachdem das Wasser abgekühlt ist, tupft man mit einem Wattetupfer die offenen Hautstellen damit ab. Je eher man mit der Behandlung dieser Krankheit beginnt, umso besser sind die Aussichten auf einen Erfolg.

Cryptobiainfektionen

Cryptobia sind zweigeißelige Blutflagellaten, die bei ostafrikanischen Buntbarschen häufig vorkommen. Nach Schubert gehen zahlreiche Todesfälle bei Neuimporten dieser Fische auf das Konto dieser Blutflagellaten. Stärkerer Befall läßt die Fische abmagern und träg werden. Eine sichere Diagnose ist nur durch eine Blutuntersuchung möglich. Eine erfolgversprechende Behandlungsmöglichkeit ist bisher nicht bekannt.

Oodiniumkrankheit

Man kennt mehrere Arten von Oodiniumflagellaten, die sowohl im Meer wie auch im Süßwasser vorkommen. Bei Buntbarschen ist bisher *Oodinium pillularis* nachgewiesen worden. Dennoch sind Oodiniuminfektionen bei Buntbarschen nicht sonderlich häufig. Ein Befall dieser Flagellaten ist jedoch meist hartnäckig und schwer zu behandeln. Die wahllose Anwendung von allen möglichen Patentpräparaten hat nämlich dazu geführt, daß es heute von diesen Flagellaten Stämme gibt, die gegen bestimmte Medikamente resistent geworden sind. Sollte sich daher eines der vorgeschlagenen Mittel bei der Behandlung als unwirksam erweisen, muß man es mit dem nächsten versuchen.
Die zwischen 20–150 mμ großen Flagellaten sind birnenförmig bis oval und verankern sich fest in Kiemen und Haut. Im parasitären Stadium hat dieser Flagellat keine Geißeln. Vermehrungsreife Oodinien fallen vom Fisch ab und sinken zu Boden. Durch mehrere aufeinander folgende Teilungen entstehen zahlreiche, mit zwei Geißeln versehene Schwärmer, die sich neue Opfer suchen. Die Haut infizierter Fische weist zahlreiche grauweiße bis grünliche Pünktchen auf, die mitunter von ungeübten Augen mit Ichthyophthirius verwechselt werden. Bei fortlaufendem Befall nehmen sie zu, bis sie schließlich flächenartig die Haut überziehen. Befallene Fische scheuern sich viel und können dann auch offene Hautschäden haben. Häufig werden die Kiemen stark angegriffen, was dann zu einer erhöhten Atmungsfrequenz führt.
Eine direkte Behandlung ist mit Chloramphenicol möglich. Dieses Antibiotikum steht als Chloromycetin®-succinat (Parke Davis) in Form von 1 g Trockenampullen zur Verfügung. Dosierung: 50 mg/l Aquarienwasser (= 1 Trockenampulle je 20 l Wasser); Badedauer 8 Stunden. Antibiotikakuren sollten immer in besonderen Behältern durchgeführt werden.
Eine einfachere und billigere Behandlung, bei der lediglich die Schwärmer getötet werden, ist in Dauerbädern von Malachitgrün oder Chinin möglich. Für ein Bad mit Malachitgrün verwendet man Malachitgrün-Chlorid. Dosierung erfolgt mittels einer Stammlösung bestehend aus 1 g Malachitgrün-Chlorid auf 1 l Wasser. Von dieser Lösung werden je 100 l Aquarienwasser 10 ml zugesetzt. Versagen diese Methoden, kann man es mit Chinin versuchen. Behandlung mit Chinin ist zuverlässig, aber den Fischen weniger zuträglich; besonders Buntbarsche reagieren häufig überempfindlich. Verwendet wird Chininhydrochlorid; Dosierung: 1 g auf 100 l Aquarienwasser. Der Zusatz der erforderlichen Chininmenge erfolgt nach und nach im Laufe mehrerer Stunden, um eine Schockwirkung bei den Fischen zu vermeiden.

Ichthyophthirius-Krankheit

Erreger der Ichthyophthiriuskrankheit ist das Wimpertierchen *Ichthyophthirius multifilis*, das bis 1 mm groß wird. Diese Krankheit ist weit verbreitet und äußerst ansteckend und befällt fast alle Süßwasserfische. Der in der Fischhaut sitzende Parasit ist an seinem typi-

schen Aussehen leicht zu erkennen und bei einiger Übung kaum zu verwechseln. Dem bloßen Auge und unter der Lupe zeigt er sich rund in der Form und reinweiß in der Färbung. Unter dem Mikroskop ist seine ständig drehende Bewegung und sein hufeisenförmiger Kern charakteristisch. Bei den Buntbarschen setzt er sich hauptsächlich auf Kiemen und Flossen fest, doch kann auch die ganze Körperfläche befallen sein. Reife Parasiten lösen sich vom Fisch ab und kapseln sich ein. Innerhalb der Kapsel erfolgt die Teilung, bei der sich Schwärmer in großer Anzahl bilden. Die Schwärmer suchen einen neuen Wirt, bohren sich in dessen Haut ein und entwickeln sich zwischen Ober-und Unterhaut zu reifen Parasiten, die sich erneut teilen usw. Die geschützt in der Haut sitzenden Parasiten sind mit Medikamenten nur schwer zu bekämpfen. Die sicherste Behandlung erfolgt durch Dauerbäder, welche die Schwärmer vernichten. Da diese Erkrankung zahlreiche Hautschäden zur Folge hat, treten nicht selten in ihrem Verlauf Sekundärinfektionen mit Pilz-Bakterien- und Hauttrüberbefall auf.
Behandlung: Dauerbäder von mindestens 14tägiger Dauer. Eines der besten Mittel für Ichthyophthiriusbekämpfung ist Acriflavin (Trypaflavin), das gleichzeitig auch gegen Hauttrüber wirksam ist und außerdem bakterizide Wirkung hat. Zur Behandlung werden 1 g Acriflavin in 100 l Aquarienwasser gelöst; wertvolle Pflanzen sind vorher zu entfernen. Nach abgeschlossener Behandlung kann die durch das Acriflavin verursachte Grünfärbung des Wassers über Aktivkohle abgefiltert werden. Auch das bei der Behandlung von Oodinium erwähnte Dauerbad von Malachitgrün ist anwendbar, doch muß hier nach fünf Tagen die Hälfte der zuerst verwendeten Medikamentmenge noch einmal nachdosiert werden.
Mitunter treten jedoch Ichthyophthiriusinfektionen auf, gegen die sonst bewährte Mittel nur teilweise wirksam sind. In solchen Fällen kann nach einer ordnungsgemäß durchgeführten Behandlung die Krankheit erneut ausbrechen. Ob es sich dann um eine Resistenz des Erregers gegenüber gewissen Medikamenten handelt, oder ob andere Ursachen vorliegen, ist nicht bekannt. Bei besonders hartnäckigen Infektionen kann auf das altbewährte Chininbad zurückgegriffen werden. Chinindauerbäder wirken zuverlässig, doch kommt es dabei leider auch leicht zu Verlusten, besonders unter den bereits geschwächten Fischen. Dosierung bei Chinin: 1 g Chininhydrochlorid je 100 l Aquarienwasser. Es empfiehlt sich, diesem Bad je 100 l noch Aquarienwasser mit 0,5 g Acriflavin zuzusetzen, um Sekundärinfektionen durch Pilze zu verhindern.

Hauttrüber

Als Hauttrüber bezeichnet man verschiedene Wimpertierchen wie Chilodonella, Trichodina und andere. Buntbarsche werden nur selten von ihnen befallen, doch können sie als Schwächeparasiten bei schlechten Hälterungsbedingungen auftreten. Angriffe durch Hauttrüber zeigen sich in weiß-bläulichen Hautbelägen. Die verschiedenen Hauttrüber lassen sich nur durch eine mikroskopische Untersuchung voneinander unterscheiden. Bisweilen treten auch Befälle durch mehrere Arten gleichzeitig auf (Mischinfektionen). Angriffe von Hauttrübern lassen sich am einfachsten durch Dauerbäder in Malachitgrün oder Acriflavin abwehren. Erfolgreich ist eine Behandlung auf die Dauer nur, wenn gleichzeitig die Halterungsbedingungen verbessert werden.

Pilzinfektionen

Pilze gehören zum Pflanzenreich und können sowohl auf toter wie auch auf lebender organischer Substanz gedeihen.

Wasserschimmel ist eine Populärbezeichnung für Pilze aus den Gattungen *Saprolegnia* und *Achlya*. Diese Pilze kommen in jedem Aqua-

rium vor und sind normalerweise für die Fische ungefährlich. Ihre Anwesenheit verraten sie u. a. dadurch, daß sie Futterreste oder unbefruchtete Laichkörner schnell mit einem watteähnlichen weißen Pilzrasen überziehen. Nur bei größeren Hautschäden werden Fische von diesen Pilzen befallen. Besonders groß ist die Infektionsgefahr, wenn die Fische gleichzeitig aus anderen Gründen geschwächt sind (z. B. nach Transporten). Von den Wundrändern ausgehend greifen die Pilze weiteres Gewebe an, und bei geschwächten Fischen kann ein solcher Pilzbefall sich schnell ausbreiten.
Erkrankte Buntbarsche behandelt man in einem Kochsalzkurzbad. Dosierung: 20 g Kochsalz pro l Wasser; Badedauer 15–20 min. Größere, von Pilzen befallene Flächen werden anschließend außerdem mit Rivanollösung abgetupft.

Ichthyosporidium hoferi ist ein im Fischorganismus parasitierender Pilz, der früher als *Ichthyophonus hoferi* bezeichnet wurde. Die durch diesen Pilz hervorgerufene Erkrankung läßt sich nur äußerst schwierig feststellen, und ihre Symptome können denen der Fischtuberkulose zum Verwechseln ähnlich sein. Eine sichere Diagnose ist nur durch die Untersuchung toter Fische in einem Fachlaboratorium möglich; der Pilz läßt sich am sichersten in der Leber und Milz der toten Fische nachweisen.
Eine Behandlungsmöglichkeit ist nicht bekannt und alle Versuche, diesem heimtückischen Pilz mit Medikamenten beizukommen, sind bisher erfolglos verlaufen. Auch eine sichere Vorbeugungsmethode ist ebensowenig bekannt, wenn auch konsequente Quarantänehaltung eine gute Sicherung gegen eine Einschleppung ist. Selbst infizierte Futterfische können als Krankheitserreger in Frage kommen. Alle Arten von Buntbarschen können befallen werden, doch ist die Anfälligkeit je nach Art recht unterschiedlich. Verhältnismäßig häufig treten Infektionen bei Aquariennachzuchten einiger südamerikanischer Buntbarsche auf, z. B. bei manchen *Apistogramma*- und *Aequidens*-Arten.

Bakterielle Erkrankungen

Durch Bakterien verursachte Erkrankungen kommen bei Fischen häufig vor, doch wissen wir darüber noch wenig. Für den Aquarienfreund sind zudem auch die wissenschaftlichen Erkenntnisse über bakterielle Erkrankungen von begrenztem Wert, da sichere Diagnosen nur in darauf spezialisierten Laboratorien durchgeführt werden können. Bei der Behandlung von Bakterieninfektionen verschiedenster Art sind während der letzten Zeit mit dem nunmehr auch in Deutschland erhältlichen japanischen Präparat Furanace® beachtliche Erfolge erzielt worden. Die Wirkung dieses Präparates auf Bakterien ist teilweise erstaunlich. Im Wasser gelöst wird es über die Kiemen schnell aufgenommen und ist daher auch bei Erkrankungen innerer Organe, die durch Bakterien verursacht werden, häufig wirksam. Nach Schubert kann dieses Präparat in Konzentrationen von 2–4 mg/l Aquarienwasser in Form eines 2- bis 3tägigen Dauerbades angewandt werden. Anschließend wird die Hälfte des Wassers ausgewechselt und der Rest des Medikamentes über Aktivkohle aus dem Wasser abgefiltert. Zu beachten ist außerdem: Die Behandlung sollte in besonderen Behältern erfolgen, da Furanace nicht nur bei den krankheitserregenden Bakterien wirksam ist, sondern auch sämtliche Bakterien in den Filtern bzw. im Bodengrund abtötet, meist mit verheerenden Folgen für den Pflanzenwuchs.
Zwei durch Bakterien verursachte Erkrankungen, die auch bei Buntbarschen vorkommen, seien hier genannt. Die eine ist anhand ihrer Symptome leicht zu diagnostizieren, die andere ist insofern besonders gefährlich, da sie auch auf den Menschen übertragbar ist.

Flossenfäule ist eine bakterielle Mischinfektion. Ihre Erreger sind Bakterien, die normalerweise im Aquarium vorkommen, aber erst am geschwächten Fisch pathogen werden. Sie ist also eine Schwächeinfektion, die vor allem da auftritt, wo viele Fische auf begrenztem Raum gehältert werden. Die befallenen Flossen werden trübe und ihre Kanten weisen ein zerfranstes Aussehen auf. Mitunter treten auch längs der Flossenstrahlen blutunterlaufene bzw. blutende Stellen auf. Eine Behandlung hat nur Erfolg, wenn gleichzeitig die Hälterungsbedingungen verbessert werden. Die Behandlung erfolgt mit Sulfonaminpräparaten in besonderen Behältern. Gut für eine Behandlung geeignet ist Gantrisin® (Roche). Eine Tablette Gantrisin enthält 0,5 g wirksame Substanz und ist in 5 l Wasser zu lösen. Behandlungsdauer: 2–3 Tage. Es können auch andere Sulfonaminpräparate verwendet werden, doch sind die meisten von ihnen schlechter wasserlöslich als Gantrisin.

Fischtuberkulose wird durch Bakterien der Mycobacterium-Gruppe verursacht, also von Bakterien, deren nahe Verwandte Tuberkulose bei warmblütigen Tieren und beim Menschen verursachen. Nach Schubert sind die Erreger in fast jedem Aquarienwasser zu finden. Zu Infektionen kommt es jedoch nur bei schlechten Hälterungsbedingungen. Gewisse Typen der Erreger können auch bei Menschen zu Infektionen führen, wenn sie in offene Wunden gelangen. Die Fischtuberkulose muß damit zu den Zoonosen gerechnet werden, d.h. zu den Krankheiten, die von Tieren auf Menschen übertragbar sind.
Die Symptome der Fischtuberkulose sind den Symptomen von Ichthyosporidiuminfektionen zum Verwechseln ähnlich. Ein sicherer Nachweis ist nur durch eine eingehende bakteriologische Untersuchung möglich. Da eine erfolgversprechende Behandlungsmethode nicht bekannt ist, kann dem Aquarienfreund nur geraten werden, bei dringendem Krankheitsverdacht die Fische abzutöten. Selbst wenn doch nicht Fischtuberkulose, sondern Ichthyosporidium vorliegt, ist damit nichts verloren.

Viruserkrankungen

Sie kommen wahrscheinlich auch bei Fischen in weit höherem Maße vor, als bisher bekannt ist. Ihre Erforschung steckt jedoch noch weitgehend in den Kinderschuhen. Die folgende, gut bekannte Viruserkrankung kann mitunter bei Buntbarschen auftreten.

Lymphocystis kommt ziemlich regelmäßig bei Seewasserfischen und Brackwasserfischen vor und befällt manchmal auch Süßwasserfische. Während nun die Lymphocystis bei See- und Brackwasserfischen verhältnismäßig harmlos ist, sterben die davon befallenen Süßwasserfische innerhalb weniger Tage.
Bei der Infektion dringen die Viren in Flossen- und Körperhautzellen ein und rufen dort einen übermäßigen Zellenzuwachs hervor. Die betroffenen Zellen werden weiß und wachsen zu grieskörnigen Knötchen aus. Im Anfangsstadium kann Lymphocystis mit Ichthyophthirius verwechselt werden, doch werden die Knötchen bei Lymphocystis wesentlich größer (bis 2 mm im Durchmesser). Befallene Fische sind abzutöten. Nur die konsequente Quarantänehaltung aller Neuzugänge kann vorbeugend wirken.

Parasitenbefall

Verschiedene Parasiten wie Egel, Würmer, parasitäre Krebstierchen usw., werden häufig mit Importfischen eingeschleppt. Einheimische Parasiten können auch mit Futtertieren in das Aquarium gelangen. Die meisten dieser Parasiten vermehren sich auf komplizierte Weise, oft mit mehreren Entwicklungsphasen und mehreren Zwischenwirten. Da die erforderlichen Zwischenwirte oder auch der Endwirt im Aquarium fehlen, wird dort eine Vermehrung unterbunden, und die Parasiten sterben nach einiger Zeit ab. Es gibt jedoch einige Ausnahmen, d.h. Formen, die sich direkt im Aquarium vermehren, und bei anderen Parasiten können auch wenige Einzelindividuen den Fischen so zusetzen, daß sie bekämpft werden müssen.

Fischegel, die mitunter mit dem Futter eingeschleppt werden, sind jedoch dank ihrer Größe

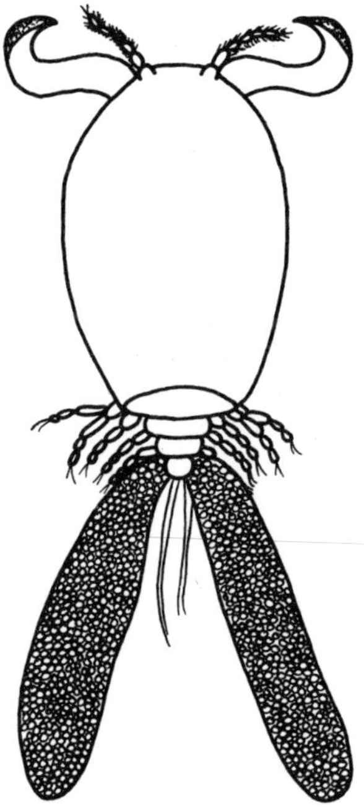

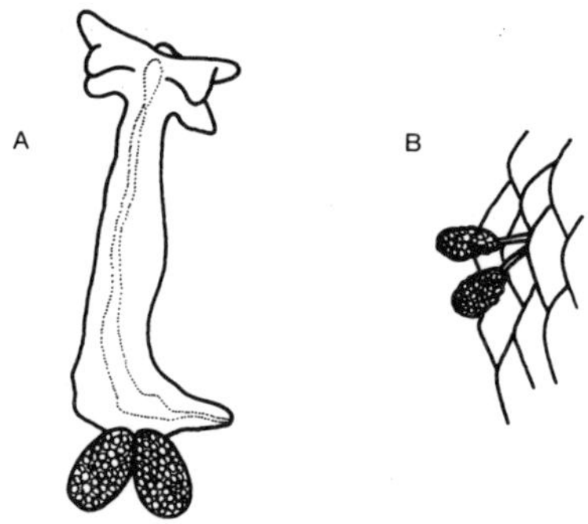

Abb. 18 (links): Kiemenkrebse (Ergasilidae) kommen bisweilen als Parasiten insbesondere bei größeren Buntbarschen vor. Hebt man den Kiemendeckel an, so lassen sich die bis zu 2 mm großen Parasiten gut erkennen. Mehrere Arten, mit schlankerem und gedrungenem Körperbau kommen vor.

Abb. 19 (oben): Nach dem Einbohren in den Fischkörper verändert der Vorderkörper von Lernaea sein Aussehen (A). Ihre Anwesenheit verraten diese Parasiten jedoch durch die heraushängenden Eisäcke (B). Mehrere Arten von Lernaea konnten bisher bei Buntbarschen nachgewiesen werden.

kaum ein ernsteres Problem. Läßt sich ein auf dem Fisch sitzender Egel nicht ablösen, so gibt man den Fisch in ein Kochsalzkurzbad (20 g Kochsalz je Liter Wasser), wo der Egel nach wenigen Minuten abfällt.

Krebstierchen mit parasitierender Lebensweise kommen bei Buntbarschen in Form von Asseln, Karpfenläusen sowie als *Copeoden*, die Kiemen und Haut befallen, vor. Parasitierende Asseln (*Isopoda*) werden ausschließlich mit Importfischen eingeschleppt. Auch Karpfenläuse können auf diesem Weg zu uns kommen, die meisten von ihnen werden jedoch mit dem Futter eingebracht. Bei flüchtiger Untersuchung kann eine Karpfenlaus (*Argulus*) mit einer Assel verwechselt werden. Asseln sind jedoch größer und haben im Gegensatz zu Karpfenläusen keine Saugnäpfe. Die Kiemenkrebse (*Ergasilus*) sind systematisch mit den Cyklops verwandt und ihre nichtparasitären Naupliusstadien können im Fischfutter eingeschleppt werden. Infektionen sind jedoch bei Buntbarschen bisher lediglich durch tropischen Formen bekannt geworden. Angegriffen werden vor allem größere Arten. Ein Verdacht auf Kiemenparasiten liegt immer vor, wenn die Fische trotz sonst guter Bedingungen Atembeschwerden zeigen. Sowohl die Larven wie auch die ausgebildeten Krebse von *Ergasilus* lassen

sich auf den Kiemen gut erkennen. Sie haben eine Größe von 0,5–2 mm (vergl. Abb. 18). *Lernaea* ist der Name einer weiteren parasitär auf Buntbarschen vorkommenden *Copeoden*-Gruppe. Diese Krebse bohren sich durch die Haut tief in die darunter liegende Muskulatur ein. Ihre Anwesenheit läßt sich leicht an den Eiersäcken erkennen, die von den weiblichen Individuen heraushängen (vergl. Abb. 19).
Alle parasitären Krebstiere kann man durch ein Neguvonbad abtöten. Neguvon® (Bayer) ist ein Trichlorfonpräparat, das gegen diese Parasiten auch in sehr schwacher Verdünnung wirksam ist. Dosierung: 0,3 mg/l Wasser. Um bei dieser geringen Konzentration sicher dosieren zu können, verwendet man eine Stammlösung, die durch Auflösen von 1 g Neguvonpulver in 1 l Wasser hergestellt wird. Je 100 l Wasser setzt man von dieser Stammlösung 30 ml zu. Behandlungsdauer: 3 Tage. Man sollte die Fische dabei gut beobachten und, falls sie stärkeres Unbehagen zeigen, die Kur vorzeitig abbrechen.

Würmer kommen als Parasiten bei Fischen reichlich vor, doch nur wenige von ihnen vermehren sich im Aquarium. Nur Kiemen- und Hautwürmer (*Monogenea*) und Fadenwürmer (*Capillarien*) haben größere Bedeutung. Bei Buntbarschen kommen beide Typen häufig vor, besonders bei Diskusfischen und Keilfleckbuntbarschen. Kiemen- und Hautwürmer werden bei fast allen südamerikanischen Importfischen gefunden. Massenbefall tritt nur auf, wenn eine Schwächung des Gesamtorganismus bei den Fischen eintrifft. In Hautabstrichen befallener Fische sind diese Würmer schon mit einer guten Lupe zu erkennen. Sie sind sehr beweglich und ihre Länge schwankt zwischen 0,2–0,6 mm. Kiemen- und Hautwürmer können mit dem schon bei der Behandlung von Krebstierparasiten erwähnten Neguvonbad abgetötet werden.
Noch einfacher ist die Behandlung von Kiemen- und Hautwürmern mit Masoten (Bayer), das in der Dosierung von 0,5 mg/l Aquarienwasser anzuwenden ist. Leider ist dieses Präparat, das zur Massenbehandlung von Nutzfischen eingesetzt wird, in kleineren Mengen nicht immer erhältlich.
Fadenwürmer sind sehr dünne und bis 1 cm lange Würmer, die im Darm schmarotzen. Eine geringe Anzahl dieser Würmer wird von den Fischen meist ohne sichtbare Schäden vertragen. Besonders bei südamerikanischen Importen von Buntbarschen sind schon häufiger Massenbefälle von Capillarien beobachtet worden. Bei lebenden Fischen läßt sich ein Wurmbefall eindeutig nur durch mikroskopische Untersuchung des Kotes feststellen. Liegt der Verdacht eines Massenbefalls vor, sollte man den Darminhalt eines abgetöteten Fisches auf Capillarien untersuchen. Als Gegenmittel empfiehlt Schubert rote Mückenlarven, die zuvor mit dem Wurmmittel Concurat© angereichert wurden, zu verfüttern. Auf längere Sicht gesehen, kann man Capillarien in Aquarienbeständen dadurch ausrotten, daß man die Jungfische infizierter Elterntiere künstlich aufzieht.
Larven bzw. Zwischenstadien von Bandwürmern (Cestoden) und Saugwürmern (Trematoden) können sich eventuell im Fischkörper, wo sie auf ihren Endwirt warten, einkapseln und Knötchenbildungen hervorrufen. Meist bleiben solche Knoten unerkannt, doch können sie mitunter wichtige Körperfunktionen stören. Solche einzystierten Wurmstadien können oft die Ursache für hervortretende Glotzaugen (Exophthalmus) sein, ebenso aber auch Bakterieninfektionen oder Ichthyosporidium.

Verletzungen

Schäden, die durch Bisse verursacht wurden oder andere äußere Schäden heilen bei gesunden Fischen schnell ab. Sind die Verletzungen umfangreich, kann es angebracht sein, den Fisch einige Tage in ein Acriflavinbad zu setzen, um Infektionen in der Wunde zu vermeiden.

Vergiftungen

Die Ursachen von Vergiftungen im Aquarium können vielgestaltig sein. Erwähnt seien hier lediglich die Vergiftungen durch Metalle, z. B. im Wasser liegende Luftventile aus Messing, vergessene Kupferschwämme (nach einer Hydrabekämpfung), Quecksilber aus zerbrochenen Thermometern und Zink von nicht oder schlecht isolierten galvanisierten Aquarienböden bzw. Gestellen.
Auch Tabakrauch, der mit der Durchlüftung durch das Aquarienwasser gepumpt wird, kann eine Vergiftung auslösen. Befindet sich ein Aquarium in einem Raum, in welchem viel geraucht wird, so ist der Ansaugstutzen der Luftpumpe, durch ein kleines Loch im Fensterrahmen, ins Freie zu verlegen.
Weitere heimtückische Vergiftungsursachen sind Insektengifte und die Ausdünstungen von Farbanstrichen und Lösungsmitteln. Schädlinge an den Topfpflanzen dürfen nicht im selben Raum mit Insektiziden behandelt werden. Bei Anstreicharbeiten ist stets ein guter Luftaustausch notwendig.
Ein zu hoher oder ein zu niedriger pH-Wert des Wassers kann die Ursache einer Laugenkrankheit oder Säurekrankheit sein, die bei den Fischen zu tödlichen Ätzschäden führt.
Akute Vergiftungen kann man kaum behandeln, ihren Gefahren jedoch aus der Kenntnis der Vergiftungsmöglichkeiten vorbeugen.

Systematik

Unter Systematik versteht man das System, das Lebewesen aller Art in ein äußerlich erkennbares verwandtschaftliches Verhältnis zueinander setzt. Die Grundeinteilung und die tragenden Prinzipien des systematischen Systems gehen auf den schwedischen Naturforscher Carl von Linné (1707–1778) zurück. Nach diesem System erfolgt die Einteilung in hierarchisch aufgeteilte Glieder. In unserem Falle führt sie vom gesamten Tierreich (Regnum), über den Stamm der Chordatiere (Chordata), den Unterstamm der Wirbeltiere (Vetebrata), der Klasse der Knochenfische (Teleostei) zur Ordnung der Barschartigen (Perciformes), der die Familie der Buntbarsche (Cichlidae) angehört. Trotz ihrer großen Artenzahl gehören alle Buntbarsche derselben Familie an.

Während es nun verhältnismäßig einfach ist, die aufeinander folgenden Glieder dieses Systems auf Grund anatomischer Eigenheiten gegeneinander abzugrenzen, wird die Einteilung wesentlich schwerer, wenn man zu den unter der Familie stehenden Gliederungen, den Gattungen und Arten kommt.

In Gattungen werden solche Arten zusammengefaßt, die auf Grund ihrer morphologischen und physiologischen Eigenschaften als nahe miteinander verwandt betrachtet werden müssen. Schon hier ist die Abgrenzung oft schwierig, und in noch weit höherem Maße ist dies bei der Einteilung der Arten der Fall. Es kommt auch vor, daß die wissenschaftlichen Systematiker sich darüber nicht immer ganz einig sind, welche Kriterien man bei der Grenzziehung anwendet.

Die kleinste Einheit des systematischen Systemes ist die Art (Species), die aber noch in Unterarten, Subspecies, Lokalformen usw. unterteilt werden kann. Nach den Regeln der zoologischen Nomenklatur wird bei der Artbezeichnung nach dem System vor dem mit kleinem Anfangsbuchstaben zu schreibenden Artnamen stets der mit großem Anfangsbuchstaben geschriebene Gattungsname gestellt, z. B. *Cichlasoma nigrofasciatum*. Eine Art umfaßt Individuen gleicher Abstammung und gleicher stammesgeschichtlicher Herkunft. Angehörige derselben Art können sich fortwährend untereinander fortpflanzen und zeugungsfähige Nachkommen hervorbringen, die in ihren erblichen Eigenschaften konstant sind. In der Natur kreuzen sich Angehörige verschiedener Arten nicht miteinander. Nachkommen von in Gefangenschaft erzielten Artkreuzungen sind in der ersten oder in der darauffolgenden Generation nicht mehr fortpflanzungsfähig.

Fast jeder Aquarienfreund und jeder Tierzüchter weiß heute, daß der Artbegriff, wie er hier zusammengefaßt ist, zumindest „hinkt“. So kommen auch in der Natur zahlreiche Kreuzungen zwischen „guten Arten“ vor, bei Fischen z. B. zahlreiche Bastarde von Weißfischen. Aquarienfreunde haben auch von Artkreuzungen ganze Zuchtstämme herauszüchten und über viele Generationen hinweg vermehren können. Daß dies, entgegen dem klassischen Artbegriff, möglich ist, liegt an einem Fehler, der von Anfang an in das Zoologische System mit eingebaut wurde. Linné lebte bevor Charles Darwin 1859 sein berühmtes Buch über die Entstehung der Arten veröffentlichte und ehe man etwas über die Existenz von Chromosomen wußte. Linné ging davon aus, daß die Art als kleinste Einheit feststehend und unveränderlich sei. Allerdings erkannte er selbst noch vor seinem Tode, daß dies nicht zutreffend war. Wir können in diesem Zusammenhang nur festhalten, daß dieselben Kriterien, die für die Abgrenzung höherer systematischer Glieder ausreichen, für die Einheit Art unzureichend sind. Die Auffassung, daß sich eine gute zoologische Art, abgesehen von geringen geographischen Eigenheiten und den Verschiedenheiten zwischen den Geschlechtern, ausschließlich an Hand anatomischer Merkmale abgrenzen läßt, ist nicht immer aufrecht zu erhalten.

Heute wissen wir, daß zwei Arten sich äußerlich zum Verwechseln ähnlich sein können, obwohl sie in ihrem Fortpflanzungsverhalten und ihrer Chromosomenzahl grundverschieden sind. Man hat dies bei manchen Aphyosemion-Arten nachgewiesen und nimmt an, daß es auch auf einige Buntbarsche zutrifft. Andererseits können Arten, die von der klassischen Systematik sogar verschiedenen Gattungen zugeordnet wurden, so nahe miteinander verwandt sein, daß sich aus Kreuzungen zwischen ihnen fortpflanzungsfähige Bastarde ergeben, die sich über viele Generationen hinweg vermehren lassen. Bei Kreuzungen zwischen den heute vereinigten Gattungen *Platypoecilus* und *Xiphophorus* war dies z.B. der Fall.

Für den Aquarienfreund ist es nützlich zu wissen, daß sich auch heute noch, als ständig fortlaufender Prozeß, Arten bilden, und daß es Gruppen von Fischen gibt, nicht zuletzt auch Buntbarsche, die sich in einer äußerst schnellen evolutionären Entwicklung befinden. Heute versucht man, einen „neuen Artbegriff" zu schaffen, der neben den anatomischen Merkmalen weit mehr als zuvor auch andere biologische Kriterien, insbesondere die der Genetik (Vererbungslehre) und der Ethologie (Verhaltenslehre), zur Artbestimmung mit heranzieht. Die Probleme, die sich bei dieser Methode ergeben, können jedoch äußerst schwierig sein. Es kann sich z. B. herausstellen, daß morphologisch identische Individuen aus verschiedenen Verbreitungsgebieten erbbiologisch grundverschieden sind; sie lassen sich nicht miteinander verkreuzen und können auch verschiedene Chromosomenzahlen besitzen. Auf der anderen Seite können sich Arten in eine große Anzahl im Aussehen recht unterschiedliche Populationen aufspalten, wie z.B. bei manchen Malawibuntbarschen, und behalten dennoch die Fähigkeit, sich miteinander fortzupflanzen. Die neuen Gesichtspunkte zum Artbegriff erleichtern daher die Namensgebung oft keineswegs, wie der Liebhaber oft glaubt. Der Aquarienfreund sollte sich also nicht wundern oder gar ärgern, wenn eine Art einer anderen Gattung zugeteilt wird, oder sogar ihren Namen wechselt. Solche Namensänderungen sind nicht der „Spleen" von zoologischen Systematikern, sondern die Folge einer ständig fortschreitenden Forschung auf dem äußerst schwierigen Gebiet der Systematik. Es ist unvermeidlich, daß sich dabei auch Irrtümer ergeben, oder daß man in „Sackgassen" gerät.

Farbtafel 5:
Pterophyllum scalare

Artbestimmung

Wie erfolgt nun die Artbestimmung bei einem Buntbarsch? Grundsätzlich gibt es dafür keine anderen Regeln, als sie für die Bestimmung von Fischen im allgemeinen gelten. Es ist jedoch interessant, die für die Bestimmung notwendigen Formelwerte aufzuzeigen, da viele der für eine Artbestimmung erforderlichen Daten am lebenden Fisch auch vom Aquarienfreund selbst ermittelt werden können.
Zu diesem Zweck wird der Fisch sowohl in vertikaler wie horizontaler Richtung rechtwinklig zur Kamera fotografiert, so daß keine verschobenen Perspektiven entstehen. Falls notwendig, kann der Fisch zum Fotografieren zwischen zwei Glasscheiben eingesperrt werden (Abb. 20 und 21). Fotografiert wird mit einer einäugigen Spiegelreflexkamera mit Zwischenring oder Balgengerät auf solchem schwarz-weiß Film, der gute Vergrößerungen zuläßt. Alle Körpermaße ermittelt man am lebenden Fisch mit einem durchsichtigen Lineal. Flossen und Schuppenformeln zählt man auf der Fotografie aus, die bei entsprechender Vergrößerung diese Einzelheiten genau erkennen läßt.
Von Systematikern werden Fische an Hand von totem und konserviertem Material bestimmt. Zunächst werden der Körper und wichtige Körperteile vermessen (Abb. 22).

Farbtafel 6:
Pterophyllum scalare, Schleierskalar

Dabei wird nicht die Gesamtlänge als Schlüsselwert (Standardlänge) verwendet, sondern die Körperlänge. Die anderen Körpermaße werden im Verhältnis zu dieser Standardlänge angegeben. Kürzere Maße, wie Schnauzenlänge, Augendurchmesser usw., werden im Verhältnis zum nächstgrößeren, angegebenen Längenmaß bestimmt. Vielfach verwendet man auch für die Angaben der Körpermaße ein „Prozentsystem“ und setzt dabei die Standardlänge (Körperlänge) = 100. Alle übrigen Maße werden dazu in Hundertsteln angegeben.
Neben den Körperproportionen sind vor allem die Flossen und deren Strahlen bei der Artbestimmung wesentlich. So können in der Originalbeschreibung, d.h. der Beschreibung, die einer Art zu Grunde liegt, besondere Eigenheiten der Flossen bzw. ihre Stellung zueinander als für die Art charakteristisch angegeben sein. Der Ansatz der Rückenflossen kann z.B. vor oder hinter der Körpermitte liegen, und die Stellung und Länge der angelegten Brust- bzw. Bauchflossen kann im Verhältnis zu anderen Flossen angegeben werden. Besonders wichtig ist die Art und Anzahl der Flossenstrahlen von Rücken- und Afterflosse, die immer angegeben werden (Flossenformel). Dabei werden folgende Buchstaben zur Kennzeichnung angewandt:

Rückenflosse	= Dorsale	= D
Schwanzflosse	= Caudale	= C
Afterflosse	= Anale	= A
Bauchflosse	= Ventrale	= V
Brustflosse	= Pectorale	= P

Grob kann man die Flossenstrahlen nach zwei Haupttypen unterscheiden, in Hartstrahlen und Weichstrahlen. Hartstrahlen sind wie ihr Name sagt hart, außerdem deutlich zugespitzt und nicht gegliedert. Weichstrahlen können unterschiedlich geformt und gegliedert sein, sind aber immer aus zwei Hälften zusammengesetzt. Auf die Einzelheiten der verschiedenen Typen der Weichstrahlen brauchen wir hier nicht einzugehen; bei Buntbarschen genügt es vollauf, zwischen Hart- und Weichstrahlen zu unterscheiden. Für die Flossenfor-

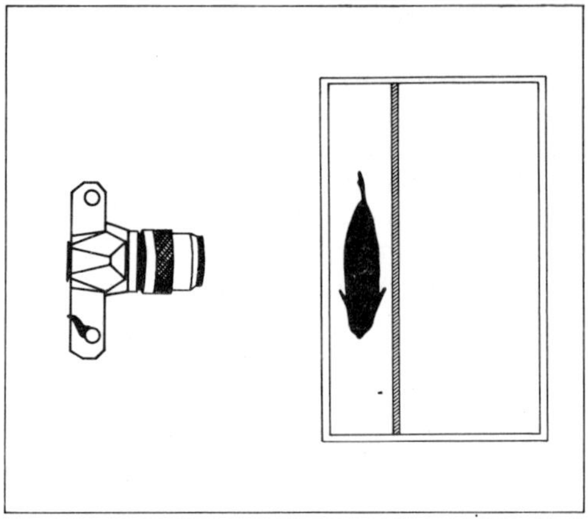

Abb. 20 und 21: Fische fotografiert man am einfachsten mit einer einäugigen Spiegelreflexkamera. Bei allen kleineren Fischen benötigt man dabei einen Zwischenring oder ein Balgengerät. Beim Fotografieren kann der Fisch mittels einer eingeschobenen Glasscheibe in der erforderlichen Lage gehalten werden.

Abb. 22: Für die Artbestimmung wichtige Maße.

1. Gesamtlänge = GL.
2. Körperlänge = KöL.
3. Körperhöhe = KH.
4. Kopflänge = KoL.
5. Schwanzstiellänge = SSL.
6. Schnauzenlänge = SL.
7. Augendurchmesser = AD.

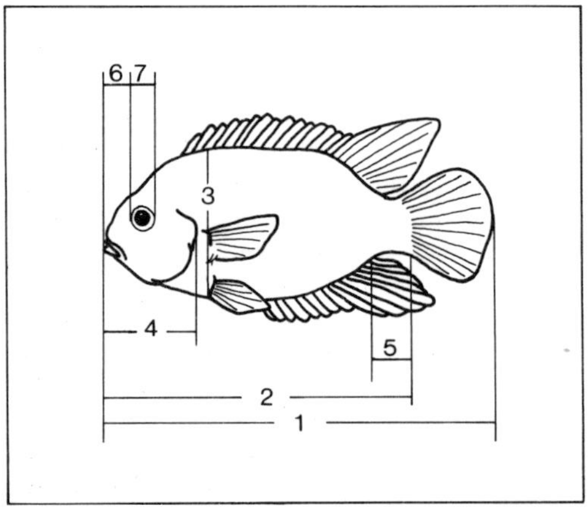

mel werden nach dem betreffenden Buchstaben, z. B. D für Rückenflosse, die Zahl der in der Flosse vorhandenen Hart- und Weichstrahlen angegeben. Außerdem bezeichnen römische Ziffern Hartstrahlen, arabische Ziffern Weichstrahlen. Dabei ist zu beachten, daß bei vielen Arten die Zahl der Hart- und Weichstrahlen in gewissem Umfang verschieden sein kann. Als Beispiel sieht die Flossenformel von Rücken- und Afterflosse für die Teufelsangel (*Geophagus jurupari*) folgendermaßen aus: D XV–XVI/9–10, A III/6–7. Die Rückenflosse hat im vorliegenden Fall 15–16 Hart- und 9–10 Weichstrahlen, die Afterflosse 3 Hart- und 6–7 Weichstrahlen.

Angaben über die Art der Beschuppung sind für die Bestimmung ebenfalls wichtig. Die Zahl der Schuppen entlang einer Linie längs der Körpermitte, und eventuell auch die Anzahl der Schuppen einer Querreihe der Körperhöhe, ergänzen die übrigen Angaben zur Beschuppung (Schuppenformel). Körpermitte ist dabei die Seitenlinie. Falls diese unvollständig oder unterbrochen ist, werden auch die dazwischen liegenden Schuppen mitgezählt. Querreihe ist, falls nicht ausdrücklich anders angegeben, die Schuppenanzahl längs einer Linie entlang der größten Körperhöhe. Bei der Artbeschreibung wird die bereits erwähnte Flossenformel durch die Schuppenformel ergänzt.

Es werden folgende Kennzeichen verwendet:

mLR = Mittlere Längsreihe

QR = Querreihe

Außerdem wird noch angegeben, ob die Seitenlinie vollständig, unvollständig oder zweiteilig ist.

Bei größeren Fischen dürfte es meist nicht schwerfallen, diese Einzelheiten auf einer scharfen Fotovergrößerung festzustellen. So werden Flossen- und Schuppenformeln bei der Beschreibung mancher Gattungen tabellarisch angegeben, jedoch nur dann, wenn sich Arten mit Hilfe dieser Angaben wirklich eindeutig unterscheiden lassen. Weitere für die Artbestimmung oft wichtige Details können nur an totem Material nachgeprüft werden. Dazu gehören Einzelheiten der Bezahnung und die Kontrolle arttypischer Merkmale an Organen wie Kiemen usw.

Wenn man Fische zur Bestimmung an ein wissenschaftliches Institut oder Museum einschickt, muß man sie in Alkohol (nicht in Formalin) zuvor konservieren. Kleinere Fische kann man zu diesem Zweck in ein verschließbares Gefäß mit Alkohol legen. Bei größeren Fischen empfiehlt es sich, zunächst mit einer Spritze Alkohol in die Bauchhöhle zu injizieren. Danach wickelt man den Fisch in ein mit Alkohol eingetränktes Tuch und packt das Ganze in eine Plastiktüte. Bevor man die Plastiktüte mit einem Gummiband verschließt, saugt man die darin noch vorhandene Luft so weit wie möglich ab. Bei Importfischen kann eine möglichst genaue Herkunftsangabe die Bestimmung sehr erleichtern.

Bei manchen Arten kann es jedoch, wie wir bereits gesehen haben, trotzdem schwierig sein, Einzelfische an Hand anatomischer Merkmale zu bestimmen. Besonders bei lebenden Fischen ist ein Vergleich mit wirklich guten Farbfotografien für den Aquarienfreund meistens die beste Bestimmungsmethode. Dies gilt z. B. vor allem für die Arten der Gattungen *Pelvicachromis* und *Apistogramma*.

Artbeschreibungen

Bei den Beschreibungen der einzelnen Arten wurde von einer Einteilung nach verhaltensmäßigen oder ökologischen Gesichtspunkten abgesehen. Eine solche Einteilung mag zwar biologisch richtig erscheinen, ist aber schon auf Grund der zahlreichen „Grenzfälle", die sich dabei zwangsläufig ergeben, problematisch. Ganz davon abgesehen, daß eine solche Einteilung für den mit diesen Fragen wenig vertrauten Leser recht verwirrend sein kann.
Die Einteilung erfolgt deshalb zunächst geographisch nach Erdteilen, wobei die wichtigsten Gewässertypen, in denen Buntbarsche leben, kurz gestreift werden. Begonnen wird mit der Darstellung der Buntbarsche Amerikas, denen sich die Buntbarsche Afrikas und Asiens anschließen. Es werden die als Aquarienfische gehaltenen und fortlaufend importierten Arten beschrieben. Soweit es der Raum zuläßt, werden darüber hinaus auch biologisch besonders interessante Arten erwähnt, die bisher noch nicht oder nur äußerst selten bei uns eingeführt worden sind.
Die Buntbarsche eines Erdteils sind in den Gattungen und Arten jeweils in alphabetischer Reihenfolge beschrieben. Die für eine Gattung gemeinsamen Merkmale und Eigenheiten werden zusammengefaßt. Abweichungen, die einzelne Arten betreffen, werden bei der Artbeschreibung erwähnt. Die Artbeschreibung enthält neben dem wissenschaftlichen und deutschen Namen Angaben über Maximallänge, geographische Verbreitung, Form, Färbung, besondere anatomische Merkmale, Geschlechtsunterschiede und Brutpflegeform.
Synonyme, d.h. fälschlich gebrauchte oder nicht mehr gültige wissenschaftliche Namen, sind nur dort erwähnt, wo bekannte Aquarienfische längere Zeit unter solchen Namen geführt wurden.
Deutsche Namen werden nur angegeben, wenn sie in der aquaristischen Praxis wirklich verankert sind; gelegentlich auftauchende Phantasienamen wurden daher nicht aufgenommen.

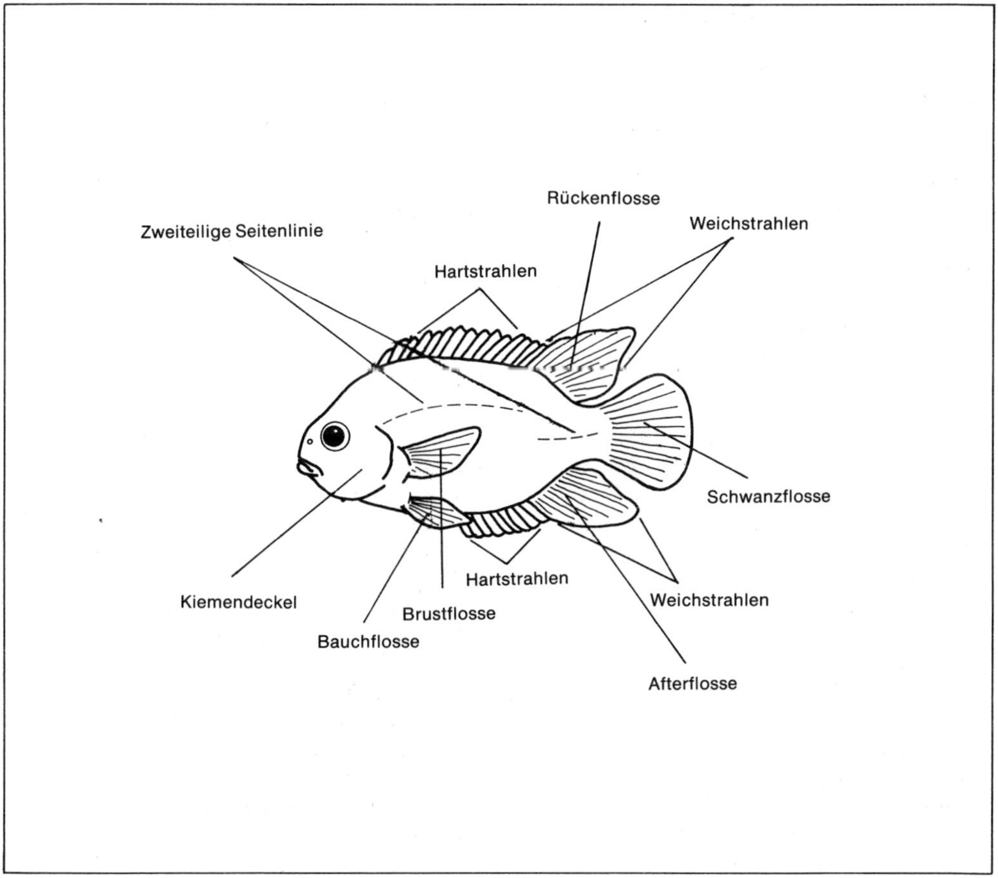

Abb. 23: Die wichtigsten Körpermerkmale.

Gattungen und Arten

Amerikanische Buntbarsche

Acarichtys
A. heckelii (Müller und Trotschel, 1848)

Acaronia
A. nassa (Heckel, 1840)

Aequidens
A. curviceps (Ahl. 1924)
A. duopunctata Hasemann, 1911
A. itanyi Puyo, 1942
A. mariae Eigemann, 1922
A. maronii (Steindachner, 1882)
A. portalegrensis (Hensel, 1870)
A. potaroensis Eigenmann, 1912
A. paraguayensis Eigenmann u. Kennedy, 1903
A. pulcher (Gill 1858)
A. tetramerus (Heckel 1840)
A. thayeri (Steindachner, 1875)

Apistogramma
A. agassizi (Steindachner, 1875)
A. borelli (Regan, 1906)
A. commbrae (Regan, 1906)
A. kleei Meinken, 1964
A. ornatipinnis Ahl, 1936
A. ortmanni (Eigenmann, 1912)
A. pertense (Hasemann, 1911)
A. plenrotaenia (Regan, 1909)
A. ramirezi Myers u. Harry, 1948
A. reitzigi Ahl, 1939
A. taeniatum (Günther, 1862)
A. trifasciatum (Eigenmann u. Kennedy, 1903)
A.t. haraldschultzi Meinken, 1960
A. weisei Ahl, 1935
A. wickleri Meinken, 1960

Apistogrammoides
A. pucallpaensis Meinken, 1965

Astronotus
A. ocellatus (Cuvier, 1829)

Chaetobranchopsis
C. bitaeniatus Ahl, 1936

Ciichla
C. ocellaris Bloch u. Schneider, 1801

Cichlasoma
C. arnoldi Ahl 1936
C. aureum (Günther, 1862)
C. bimaculatum (Linné, 1754)
C. biocellatum Regan, 1909
C. citrinellum (Günther, 1864)
C. crassa (Steindachner, 1875)
C. cutteri Fowler, 1932
C. cyanoguttatum (Baird u. Girard, 1854)
C. erythraeum (Günther, 1869)
C. facetum (Jenys, 1842)
C. fenestratum (Günther, 1860)
C. festivum (Heckel, 1840)
C. haitiensis Tee-Van, 1935
C. meeki (Brind, 1918)

C. nigrofasciatum (Günther, 1869)
C. octofasciatum (Regan, 1903)
C. salvini (Günther, 1864)
C. severum (Heckel, 1840)
C. spilurum (Günther, 1862)
C. tetracanthus (Cuvier u. Valenciennes, 1831)
C. trimaculatum (Günther, 1869)

Crenicára
C. filamentosa Ladiges, 1959
C. maculata Steindachner, 1875

Crenicichla
C. dorsocellata Hasemann, 1911
C. geayi Pellegrin, 1903
C. lepidota Heckel, 1840
C. notophtalmus Regan, 1913
C. saxatilis (Linné, 1758)

Geophagus
G. acuticeps Heckel, 1840
G. australe Eigenmann, 1907
G. brasiliensis (Quoy u. Gaimard, 1824)
G. cupido Heckel, 1840
G. gymnogenys Hensel, 1870
G. jurupari Heckel, 1840
G. steindachneri Eigenmann u. Hildebrandt, 1910
G. surinamensis (Bloch, 1791)

Herotilapia
H. multispinosa (Günther, 1869)

Nannacara
N. lanomala Regan, 1905
N. taenia Regan, 1912

Pterophyllum
P. altum Pellegrin, 1903
P. dumerilii (Castelnau, 1855)
P. scalare (Lichtenstein, 1832)

Symphysodon
S. discus Heckel, 1840
S. „aegnifasciata aequitasciata"
S. „a. axelrodi"
S. „a. haraldi"
(Königsblauer Diskus)
(Roter Diskus)
(Türkisdiskus)

Uaru
U. amphiacanthoides Heckel, 1840

Afrikanische Buntbarsche

Aristochromis
A. christyi Trewavas, 1935

Astatoreochromis
A. straeleni Poll, 1944

Astatotilapia
A. moffati Castelnau, 1861
A. strigigena Pfeffer, 1893

Aulonocara
A. nyassae Regan, 1921

Aulonocranus
A. dewindti (Boulenger, 1899)

Callochromis
C. macrops
C. pleurospilus

Chilotilapia
C. rhoadesii Boulenger, 1908

Chromidotilapia
C. batesii (Boulenger, 1901)
C. finleyi Trewavas, 1974
C. guentheri (Sanvage, 1882)
C. kingsleyae (Boulenger, 1898)

Cyathochromis
C. obliquidens Trewavas, 1935

Cyphotilapia
C. frontosa (Boulenger, 1906)

Eretmodus
E. cyanostictus Boulenger, 1898

Genyochromis
G. mento Trewavas, 1935

Haplochromis
H. ahli Trewavas, 1936
H. boadzulu Illes, 1960
H. borleyi Illes, 1960
H. burtoni (Günther, 1893)
H. chrysonotus (Boulenger, 1908)
H. compressiceps (Boulenger, 1908)
H. desfontainesii (Lacepede, 1802)
H. euchilus Trewavas, 1935
H. fuscotaeniatus Regan, 1921
H. jacksoni Illes, 1960
H. johnstoni (Günther, 1893)
H. livingstoni (Günther, 1893)
H. lubochilus Trewavuas, 1936
H. moorii (Boulenger, 1908)
H. rostratus (Boulenger, 1899)
H. venustus Boulenger, 1908
H. wingatii (Boulenger, 1902)

Hemichromis
H. bimaculatus Gill, 1862
H. fasciatus Peters, 1857

Julidochromis
J. dickfeldi Staeck, 1975
J. marlieri Poll, 1956
J. ornatus Boulenger, 1898
J. regani Poll, 1942
J. transcriptus Matthes, 1959

Labeotropheus
L. fuelleborni Ahl, 1927
L. trewavasae Fryer, 1956

Labidochromis
L. caeruleus Fryer, 1956
L. vellicans Trewavas, 1935

Lamprologus
L. brichardi Poll, 1974
L. compressiceps Boulenger, 1898
L. congolensis Schilhuis, 1891
L. leleupi Poll, 1956
L. savoryi Poll, 1949

Leptotilapia
L. tinanti (Poll, 1939)

Melanochromis
M. exasperatus Burges, 1976
M. labrosus Trewavas, 1935
M. parallelus Burgess u. Axelrod, 1976
M. simulans Eccles 1973

Nanochromis
N. caudifasciatus (Boulenger, 1913)
N. dimidiatus Pellegrin, 1900
N. nudiceps (Boulenger, 1899)

Pelmatochromis
P. thomasi (Boulenger, 1915)

Pelvicachromis
P. humilis (Boulenger, 1916)
P. pulcher (Boulenger, 1901)
P. taeniatus (Boulenger, 1901)
P. subocellatus (Günther, 1871)
P. roloffi

Petrotilapia
P. tridentiger Trewavas, 1935

Pseudocrenilabrus
P. multicolor (Hilgendorf, 1903)
P. philander dispersus (Trewavas, 1936)

Pseudotropheus
P. auratus (Boulenger, 1897)
P. elongatus Fryer, 1956
P. tuscoides Fryer, 1956
P. fuscus Trewavas, 1935
P. macropthalmus Ahl, 1927
P. novemfasciatus Regan, 1921
P. tropheus Regan, 1921
P. zebra (Boulenger, 1899)

Sarotherodon
S. galilaeus (Artedi, 1757)

S. melanotheron (Rüppel, 1854)
S. mossambicus (Peters, 1852)
S. niloticus (Hasselquist, 1757)
S. grahami (Boulenger, 1912)
S. macrochir (Boulenger, 1912)

Steatrocranus
S. casuarius Poll, 1939
S. gibbiceps Boulenger, 1888

Teleogramma
T. brichardi Poll, 1959

Telmatochromis
T. caninus Poll, 1942
T. temporalis Boulenger, 1904
T. bifrenatus Myers, 1936

Thysia
T. ansorgii (Boulenger, 1901)

Tilapia
T. guinasana Trewavas, 1936
T. guinecensis (Blecker, 1863)
T. mariae (Boulenger, 1899)
T. sparrmani Smith, 1840
T. tholloni (Sanvage, 1884)
T. zilii (Gervais, 1848)

Trematocranus
T. jacobfreibergi Johnson, 1974

Tropheus
T. duboisi Marlier, 1959
T. moori Boulenger, 1898

Xenotilapia
X. ochrogenys (Boulenger, 1914)
X. sima Boulenger, 1899

Asiatische Buntbarsche

Etroplus
E. maculatus (Bloch, 1795)
E. suratensis (Bloch, 1790)

Amerikanische Buntbarsche

Die wichtigsten Lebensräume amerikanischer Buntbarsche sind die großen Fluß-Systeme Südamerikas, in denen die meisten der in Amerika lebenden Arten vorkommen. Größere Seen, vergleichbar den Seen Ostafrikas, fehlen in diesem Verbreitungsgebiet. Lediglich im mittelamerikanischen Raum sind einige größere Seen vorhanden, so z.B. der Nicaragua- und der Managuasee. Die Oberfläche dieser beiden, miteinander verbundenen Seen umfaßt nahezu 9000 km^2, sie sind bis zu etwa 70 m tief. In diesen Seen und deren Zuflüssen sind Buntbarsche ungewöhnlich zahlreich vertreten, wenn auch nicht so konzentriert wie in den ostafrikanischen Seen. Es handelt sich fast ausschließlich um verschiedene *Cichlasoma*-Arten, von denen allerdings wohl nur wenige endemisch für diese Seen sind; die meisten kommen auch in anderen mittelamerikanischen Gewässern vor. Bei einzelnen, im Nicaraguasee lebenden *Cichlasoma*-Arten bestehen gewisse Ähnlichkeiten mit afrikanischen *Haplochromis*-Arten, die jedoch – ebenso wie die im Nicaraguasee vorkommende Verschiedenfarbigkeit bei Fischen derselben Art (Polychromatismus) – als Anpassung an ähnliche Lebensbedingungen (Konvergenz) zu werten ist und nicht als ein Zeichen näherer Verwandtschaft.

Das Wasser der großen Fluß-Systeme Südamerikas zeichnet sich oft durch einen sehr geringen Mineralgehalt aus. Im Einzugsgebiet des Amazonenstromes unterscheidet man je nach Färbung des Wassers zwischen Weiß-, Klar- und Schwarzwasserflüssen. Schwarzwasserflüsse enthalten große Mengen gelöster Humusstoffe, die, in Verbindung mit der Mineralarmut des Wassers, äußerst niedrige pH-Werte bewirken. Solche Gewässer, wie z.B. der Rio Negro, sind nahezu lebensfeindlich, und nur wenige Fischarten kommen in ihnen vor; Buntbarsche fehlen so gut wie vollständig. Derartige Schwarzwasserflüsse entspringen entweder im eigentlichen Amazonastiefland oder in den niedrigen Randgebirgen Brasiliens und Guayanas. Auch Klarwasserflüsse wie Rio Xingu oder Rio Tapajoz haben äußerst mineralarmes Wasser. Da ihr Wasser jedoch fast keine gelösten Humusstoffe enthält, sind sie weniger sauer und bieten den Fischen bessere Lebensbedingungen. An Buntbarschen findet man in ihnen Diskusfische, Keilfleckenbuntbarsche (Uaru) und manche *Apistogramma*-Arten. Weißwasserflüsse, zu denen, neben einigen seiner Nebenflüsse, auch der Amazonenstrom selbst gehört, führen große Mengen aufgeschwemmter Sedimente mit sich. Ihr Mineralgehalt ist etwas höher, und sie sind nahrungsreicher als die anderen Gewässertypen. In ihnen findet man die größte Anzahl an Buntbarscharten.

Diese einzelnen Gewässerarten sind jedoch nicht streng gegeneinander abzugrenzen; zwischen den verschiedenen Fluß- bzw. Stromtypen gibt es zahlreiche Uebergänge. Darüber hinaus findet man in Südamerika noch zahlreiche Gewässertypen, die einen gänzlich anderen Charakter aufweisen. Stellenweise kommen große, jahreszeitlich bedingte Unterschiede des Wasserstandes vor. Einige der in solchen Gewässern lebenden Buntbarsche haben sich dementsprechend angepaßt und sind zumindest vorübergehend in der Lage, auch in sehr sauerstoffarmem Wasser zu leben. Die Konzentration an Arten ist im tropischen Bereich am größten und nimmt nach Norden und Süden ab. Arten aus den nördlichsten (Texas) und südlichsten (La Plata-Stromgebiet) Verbreitungsgebieten sind ziemlich unempfindlich gegenüber Temperaturabfällen.

Acarichthys

Eine nur aus einer Art bestehende Gattung, die sowohl mit *Geophagus* wie auch mit *Aequidens* nahe verwandt ist.

Acarichthys heckelii
Heckels Buntbarsch

Vorkommen: Nördliches Brasilien, Guayana, Venezuela.
Länge: 15 cm.
Kennzeichen: Körper hoch und seitlich abgeflacht. Grundfärbung bräunlich gelb mit grünschimmernden Längsstreifen. Auf der Körpermitte ein runder schwarzer Fleck. Während der Fortpflanzungsperiode sind Bauchflossen, Afterflosse und der hintere Teil der Rückenflosse kräftig gelb gefärbt. Augeniris rötlichgelb. Über Geschlechtsunterschiede ist bisher nichts bekannt. Offenbrüter.
Haltung: Nur äußerst selten importiert.

Acaronia (Synonym: Acaropsis)

Nur eine Art.

Acaronia nassa
Reusenmaul

Vorkommen: Nördliches Amazonasgebiet und Stromgebiet des Orinoco.
Länge: 20 cm.
Kennzeichen: Körper hoch und seitlich stark zusammengedrückt. Grundfärbung matt grün- bis gelbbraun. Untere Körperhälfte heller und mit Reihen hellblauer Tupfen. Hinter dem Kiemendeckel ein kleiner und auf der Körpermitte ein großer dunkler Fleck. Maul sehr groß und vorstülpbar. Typischer Raubfisch. Beim Männchen sind Rücken- und Afterflosse spitz ausgezogen. Offenbrüter, der jedoch im Aquarium wahrscheinlich bisher noch nicht nachgezüchtet wurde.
Haltung: Nur selten importiert und nur für Haltung im Artaquarium geeignet.

Aequidens

Eine artenreiche Gattung, deren Verbreitung sich über große Teile Südamerikas erstreckt. Es sind kleine bis gut mittelgroße Fische; die kleinste Art 8 cm und die größte 25 cm lang. Stirn gewölbt. Ältere Exemplare haben häufig eine etwas buckelige Stirnpartie. Die *Aequidens*-Arten gehören mit zu den friedfertigsten Buntbarschen überhaupt. Die meisten Arten sind als Brutpfleger zuverlässig und vermehren sich produktiv. Primitive Formen von Maulbrutpflege sind bei einigen Arten in den letzten Jahren nachgewiesen worden. Diese maulbrütenden Arten wurden jedoch bisher in Europa kaum als Aquarienfische gehalten. Die überwiegende Mehrzahl von ihnen sind typische Offenbrüter. Die Unterscheidung der Geschlechter ist oft schwierig, doch sind die Spitzen der Rücken- und Afterflosse bei den Männchen meist etwas länger ausgezogen. Kleinere Arten können auch zusammen mit anderen Aquarienfischen im Gesellschaftsaquarium gehalten werden. In Bezug auf Nahrungs- und Haltungsbedingungen sind sie anspruchslos. Wassertemperatur zwischen 23–25° C, was bei den meisten Arten auch für die Vermehrung ausreicht.

Aequidens curviceps
Tüpfelbuntbarsch

Vorkommen: Amazonasgebiet.
Länge: 8 cm, kleinste Art der Gattung.

Flossen- und Schuppenformeln der wichtigsten *Aequidens*-Arten:

QR	D	A	mLR	
A. curviceps	XV/7	III/7	23–24	8–9
A. itanyi	XIV/9–10	III/8	23–25	–
A. mariae	XIV/9–10	III/7–8	–	–
A. maroni	XV/10	III/9	22–24	–
A. pulcher	XIV9–10	III/7–8	23–24	–
A. portalegrensis	XV/10	III/9	24–26	–
A. potaroensis	XIV/9–10	III/7–8	–	–
A. thayeri	XV/10	III/7	23–24	–
A. tetramerus	XV–XVI/10	III/8–10	23–27	–

Kennzeichen: Grundfärbung braungelb bis grüngelb, Schuppen auf der Oberseite dunkel umrandet. Während der Laichperiode sind die Farben dunkler und gehen in Blaugrün über. Diese Art ist jedoch in ihrer Grundfärbung überaus variabel. Auf der unteren Kopfhälfte sowie auf den Bauchflossen und der Afterflosse zahlreiche blaue Pünktchen und Striche. Ausgehend vom hinteren Rand des Kiemendeckels verläuft entlang der Körperseite ein bogenförmiges Längsband, dessen hinterer Teil jedoch mitunter verblaßt. Rückenflosse blaugrün und mit orangefarbiger oder rötlicher Kante. Männchen meist etwas größer und mit länger ausgezogener Rücken- und Afterflosse.
Haltung: Eine schöne und friedliche Art, die jedoch recht empfindlich gegenüber Parasiten und Krankheiten ist. Sollte etwas wärmer als andere *Aequidens*-Arten gehalten werden (25–28°C).

Aequidens duopunctata

Vorkommen: Eine bisher nur selten eingeführte Art aus dem mittleren Amazonasgebiet.
Länge: 15 cm.
Kennzeichen: Grundfärbung olivgelb, Schuppen auf der Oberseite dunkel umrandet. Länge der Längs der Körpermitte ein dunkleres Längsband. Auf der hinteren Rückenhälfte befindet sich ein großer und auf der oberen Hälfte der Schwanzwurzel ein kleinerer schwarzer Fleck. Soll Offenbrüter sein.

Aequidens itanyi
Delphinbuntbarsch

Vorkommen: Guayana, Itanyifluß und dessen Zuflüsse.
Länge: 14 cm.
Kennzeichen: Körper hoch und seitlich nur mäßig abgeflacht. Stirn gleichmässig gewölbt und nicht buckelig. Grund-Färbung rötlichbraun, zum Bauch hin heller und ins grünliche übergehend. Eine dunklere Längsbinde erstreckt sich ausgehend von der oberen Hälfte des Kiemndeckels bogenförmig bis zum hinteren Rückenflossenansatz. Bei ausgewachsenen Fischen können Teile des Längsbandes zeitweise verblassen, so daß eine Fleckenzeichnung entsteht. Eine kurze Binde verläuft vom Nacken durch das Auge bis zum unteren Kiemendeckelrand. Lippen hellbraun, Kiemendeckel mit einem hellblauen Flecken. Rückenflosse grünlich durchscheinend und in ihrem weichen Teil mit Fleckenmuster. Afterflosse gelb-grün und mit dunklen Hartstrahlen. Die Schwanzflosse hat oben eine fast rechtwinkelige Spitze und ist nur unten abgerundet. Beim Männchen sind Rücken- und Afterflosse sehr lang ausgezogen. Offenbrüter und recht produktiv.

Aequidens mariae

Vorkommen: Nordwestliches Brasilien.
Länge: 16 cm.

Kennzeichen: Körperform mehr langgestreckt und Stirn weniger steil als bei den meisten anderen *Aequidens*-Arten. Grundfärbung olivgelb-braun bis braun. Eine dunkle Längsbinde verläuft vom oberen Kiemendeckelrand bis zur hinteren Rückenflossenkante. Die Längsbinden beider Körperseiten sind durch eine Binde über dem Nacken miteinander verbunden. Nach Staeck soll diese Zeichnung ein verläßliches Bestimmungsmerkmal sein. Augen mit roter Iris, und durch das Auge ein kurzer schwarzer Streifen. Unpaarige Flossen mit roten Tupfen. Rücken- und Afterflosse beim Männchen ausgezogen. Bei dieser Art kommt eine Form der Maulbrutpflege vor, die stark an gewisse *Geophagus*-Arten erinnert (s. dort). Die Fische laichen wie Offenbrüter, nehmen jedoch später die bereits geschlüpften Larven ins Maul.

Aequidens maronii
Maroni-Buntbarsch

Vorkommen: Guayana.
Länge: 10 cm.
Kennzeichen: Körper hoch, kurz und seitlich abgeplattet. Stirn steil und stark gerundet. Grundfärbung zwischen gelblich und schokoladenbraun schwankend, je nach Stimmung. Ein bogenförmiges dunkles Band führt vom Rückenflossenansatz über die Stirn, durch das Auge und endet im unteren Teil des Kiemendeckels. Unter den letzten drei Hartstrahlen der Rückenflosse befindet sich ein schwarzer Fleck. Rücken- und Afterflossenspitzen beim Männchen deutlich länger ausgezogen. Offenbrüter.
Haltung: Eine friedliche Art, deren Zucht jedoch schwieriger ist als bei den meisten ihrer Verwandten.

Aequidens portalegrensis
Streifenbuntbarsch

Vorkommen: Südliches Brasilien und Bolivien.
Länge: 25 cm.
Kennzeichen: Die Grundfärbung dieser Art kann recht unterschiedlich sein. Jüngere Tiere sind braun-grünlich, mit zunehmendem Alter geht die Grundfärbung mehr ins Gelbliche und Bläuliche über. Schuppen auf der Oberseite sind dunkel umrandet. Vom hinteren Kiemendeckelrand erstreckt sich eine dunkle Längsbinde, die im oberen Teil der Schwanzwurzel in einem gelbumrandeten Fleck endet. Rükkenflosse blaugrau, Schwanz- und Afterflosse grünbraun. Zur Laichzeit werden beide Geschlechter dunkler und die Brustflossen rötlich. Unterscheidung der Geschlechter schwierig, da kaum Unterschiede in Färbung und Beflossung vorhanden. Offenbrüter.
Haltung: Eine robuste Art und sehr zuverlässiger Brutpfleger.

Aequidens potaroensis

Vorkommen: Potaro River in Guayana.
Länge: 17 cm.
Kennzeichen: Körper hoch und kurz und seitlich nur wenig abgeflacht. Kopf etwas länger, und Stirn weniger steil als bei den meisten anderen *Aequidens*-Arten. Vom Auge ausgehend verläuft ein dunkleres Längsband bis zum oberen Teil der Schwanzwurzel. Die sechs dunklen Querbinden sind nicht immer zu erkennen. Körperunterseite gelblich bis hellgrau, Kehle orangefarbig angehaucht, Flossen bläulich.
Haltung: Auch diese Art ist Teilmaulbrüter und wurde bereits in Europa vermehrt.
Eine weitere maulbrütende *Aequidens*-Art ist **Aequidens paraguayensis**, die jedoch allem Anschein nach noch nicht nach Europa importiert worden ist.

Aequidens pulcher
Blaupunktbarsch

Vorkommen: Nördliches Venezuela, Panama und die Insel Trinidad.
Länge: 17 cm.
Kennzeichen: Körper hoch und besonders im hinteren Teil stark zusammengedrückt. Stirn

steil und sehr breit. Grundfärbung gelb- bis graubraun und mit bläulichem Schimmer. Rücken dunkler und Bauch heller. Auf den Körperseiten befinden sich 5–8 dunklere Querbinden, die aber nicht immer sichtbar sind. Körperschuppen mit irisierenden blauen Pünktchen, und auf den Kiemendeckeln blaue Punkt- und Strichelzeichnungen. Rückenflosse mit rotem Saum, Schwanzflosse weinrot und Bauchflossen grünlich angehaucht. Während der Fortpflanzungsperiode sehr intensiv gefärbt. Geschlechter lassen sich nur schwer unterscheiden, Rücken- und Afterflosse beim Männchen nur unbedeutend länger ausgezogen als beim Weibchen. Offenbrüter.
Haltung: Jungfische sind schon knapp halbwüchsig fortpflanzungsfähig, die Art ist sehr produktiv. Zuverlässige Brutpfleger.

Aequidens tetramerus

Vorkommen: Weit verbreitet im nördlichen Teil Südamerikas.
Länge: 25 cm.
Kennzeichen: Die Körperform ist etwas gestreckter, die Stirn jedoch steil und breit mit typischem *Aequidens*-Profil. Grundfärbung gelblich bis grau und zum Rücken hin ins Grünliche übergehend. Die Färbung kann in ihrer Intensität stark variieren, bisweilen erscheinen die Fische einfarbig lehmfarben. Eine dunkle Längsbinde, vom Auge ausgehend und in einem goldumsäumten Fleck auf der Schwanzwurzel endend, ist jedoch immer erkennbar. Desgleichen ein für die Art typisches kleines Dreieck unter dem Auge. Beim Männchen sind Rücken-und Afterflosse deutlich länger ausgezogen. Offenbrüter.

Aequidens thayeri

Vorkommen: Südwestliches Brasilien, sowie die Flußgebiete des Rio Guapore und Rio Madeira in Bolivien.
Länge: 12 cm.
Kennzeichen: Körperform kurz und kompakt, seitlich nur mäßig abgeflacht. Obere wie untere Kopfprofillinie gleichmäßig gewölbt, so daß die Stirn weniger steil wirkt. Grundfärbung je nach Stimmung olivgelb bis olivgrün, zum Rücken hin dunkler werdend. Bauch heller, gelblich-weiß. Schuppen auf dem Rücken dunkel umrandet. Ein dunkler Streifen verbindet, über die Stirn verlaufend, die Augen, verbreitet sich hinter jedem Auge zu einem Band, das in Bogenform zum Rücken führt und etwa unter der Mitte der Schwanzflosse endet. Flossen grünlich, bei Wohlbefinden mit blauen Pünktchen. Geschlechter sind nur schwierig zu unterscheiden. Unterschiede der Beflossung gering, doch sind bei gleichaltrigen Fischen die Rücken- und Afterflosse beim Männchen etwas länger ausgezogen. Offenbrüter, der seine Eier auf flachen Steinen absetzt.
Haltung: Als Aquarienfisch selten gehalten. Zuverlässiger Brutpfleger.
Vereinzelt sind noch andere *Aequidens*-Arten eingeführt worden, doch ist der Artstatus dieser Importfische oft zweifelhaft und die Namen in den Händlerpreislisten sind nicht immer korrekt. Viele *Aequidens*-Arten haben sehr große Verbreitungsgebiete innerhalb denen sie recht variabel in ihrem Aussehen sein können. Ältere Artbeschreibungen, z.B. solche aus den achtziger Jahren des vorigen Jahrhunderts, sind oft nur an Hand weniger Exemplare vorgenommen worden und decken oft nicht die Variationsbreite der betreffenden Art. Aber auch modernere Beschreibungen enthalten häufig Unklarheiten. So ist z.B. die vor wenigen Jahren erstmalig eingeführte Art *Aequidens flavilabris* äußerst nahe mit *Aequidens thayeri* verwandt; beide „Arten“ können sehr wohl Lokalformen derselben Art sein. Ähnlich verhält es sich bei den sehr eng miteinander verwandten „Arten“ *Aequidens itanyi* und *Aequidens vittatus*.

Apistogramma

Mit über 25 bisher beschriebenen Arten eine der größeren Buntbarschgattungen, die über

große Teile Südamerikas von Guayana und Surinam im Osten, bis nach Peru im Westen und nach Paraguay im Süden verbreitet ist. Es sind kleine Fische von nur wenigen cm Länge, die von den Aquarienfreunden, zusammen mit den *Nannacara*-Arten und den Arten der Gattung *Apistogrammoides*, als Zwergcichliden bezeichnet werden. Vieles spricht dafür und manche Felduntersuchungen bestätigen, daß *Apistogramma*-Arten hauptsächlich Bewohner von Oberläufen kleinerer Gewässer sind. Besonders häufig werden sie in Wasserläufen gefunden, die savannenähnliches Gelände durchfließen. Dafür, daß sie den Oberlaufbereich als Lebensraum haben und die großen, miteinander verbundenen Hauptgewässer weitgehend meiden, spricht die bei manchen Arten ausgeprägte Tendenz, Lokalformen mit abweichender Färbung hervorzubringen.
Bei der Brutpflege sind sie fast alle Höhlenbrüter und weisen auch den für Höhlenbrüter typischen Geschlechtsdimorphismus auf. Die Männchen sind wesentlich größer und haben oft verlängerte Flossen oder verlängerte Flossenstrahlen in der Schwanz- oder Rückenflosse. Ihre Färbung ist kräftig und einige sind sogar prächtig gefärbt. Die Weibchen sind kleiner, hauptsächlich gelb und braun in der Färbung, und es kann äußerst schwierig sein, Weibchen nahe verwandter Arten zu unterscheiden. Ihre Brutpflege ist, obwohl sie Höhenbrüter sind, erstaunlich differenziert und wird oft an die Verhältnisse der Umgebung angepaßt. Trotz gewisser Ähnlichkeiten läßt sich das Brutpflegeverhalten der *Apistogramma*-Arten nur schlecht mit ähnlichen Brutpflegeformen afrikanischer Buntbarsche (z. B. *Nanochromis*, *Lamprologus*) vergleichen. Während man bei diesen afrikanischen Arten ziemlich genau weiß, was passiert, wenn die Fische ablaichen, muß man bei *Apistogramma*-Arten immer auf Überraschungen gefaßt sein. Alle Brutpflegeformen wie Mutterfamilie, Haremsfamilie und Elternfamilie können vorkommen, und durchaus nicht immer ist die Familienform innerhalb einer Art einheitlich. Arten wie *A. agassizi* und *A. borelli* können sowohl Mutterfamilien wie auch Haremsfamilien bilden. Bei starkem äußeren Druck durch Artgenossen und andere Fische kommt es, zumindest im Aquarium, mitunter auch zu einer Elternfamilienbildung bei diesen Arten. Bei Arten wie *A. trifasciatum* und *A. commbrae* ist monogame Paarbildung sogar die Regel, und das Männchen beteiligt sich meistens an Pflege und Führung der Jungfische. *A. commbrae* kann bisweilen sogar als Offenbrüter auftreten und ist weniger geschlechtsdimorph als die meisten anderen Arten.
Vollständig abweichend und stabil im Brutpflegeverhalten ist *A. ramirezi*. Bei dieser Art besteht immer monogame Paarbildung und sie zählt zu den Offenbrütern. Die Eier werden mitunter - bei Offenbrütern selten! - in Laichgruben abgesetzt, welche die Fische selber graben. Auch systematisch nimmt diese Art eine Sonderstellung ein und weist gewisse Ähnlichkeiten mit *Geophagus* auf. Es wurde bereits vorgeschlagen, diese Art in eine besondere Gattung *(Microgeophagus)* zu überführen.
Für die Aquarienhaltung von *Apistogramma*-Arten ist folgendes zu beachten. Viele von ihnen sind ausgesprochene „Sonnenkinder", und die meisten von ihnen schätzen hartes Wasser nicht. Haltung in einem weicheren Wasser ist anzuraten, und bei Zuchtversuchen sollte die Gesamthärte möglichst zwischen 4–10 dH° liegen. Einzelne Arten wie z. B. *A. reitzigi* vermehren sich jedoch auch in härterem Wasser gut. Wird zur Zucht nur ein Paar verwendet, ist die Vermehrung auch in sehr kleinen Aquarien möglich. Nur muß man bei vielen Arten das Männchen nach der Laichabgabe aus dem Aquarium entfernen. Die kleinen *Apistogramma*-Weibchen verteidigen ihre Gelege sehr beherzt und mitunter fast rabiat; angegriffene Männchen können dabei auf sehr begrenztem Raum leicht zu Schaden kommen. In größeren Aquarien, vor allem wenn gleichzeitig mehrere Artgenossen und andere Fische vorhanden sind, kann die Brutpflege sich jedoch ganz anders abspielen. Wirkliche Verhaltensstudien sind bei diesen Arten nur in sehr geräumigen Aquarien möglich.

Flossen- und Schuppenformeln der wichtigsten *Apistogramma*-Arten:					
	D	A	mLR	V	P
A. agassizi	XV/7	III/6	23		14
A. borelli	XVI/6	III6–7	18–22		
A. commbrae	XVI/6	III/6–7	22	11	11
A. kleei	XVI/6	III/6	25–26		
A. ornatipinnis	XV/7–8	III/6	21–24		
A. ortmanni	XV/7	III/6–7	22–24	12	12
A. pertense	XVI/6	III/6	23		12–13
A. pleurotaenia	XVI/6	IV/5	23		
A. ramirezi	XIV–XV/9	III/8	26–29		11–12
A. reitzigi	XVI/5	III/5	21		
A. taeniatum	XV/7	III/6	24–25		
A. trifasciatum	XV/6–7	III/6	23 (+ 10 auf der Schwanzflossenbasis)		
A. weisei	XVI/6	III/7	23		
A. wickleri	XV/7	III/7	23		

Die Produktivität ist nicht sonderlich groß, es werden pro Laichabgabe zwischen 40–60, höchstens bis 80 Eier abggeben. Lediglich bei *A. ramirezi* kommen noch erheblich mehr Eier vor. Die Eier können sehr unterschiedlich gefärbt sein. Alle Farbtöne zwischen weiß und rot, weiß und grau, und weiß und gelb können vorkommen. Diese Farbunterschiede entstehen ausschließlich durch Farbstoffe, die mit dem Futter aufgenommen werden. Die geschlüpften Jungfische werden mehrmals umgebettet und schwimmen meist am achten oder neunten Tage nach dem Ablaichen frei.
In der Tabelle der Flossen- und Schuppenformeln sind bei einigen Arten auch die Strahlenzahlen der Bauchflosse (Ventrale = V) und Brustflosse (Pectorale = P) angegeben. Es sei jedoch darauf aufmerksam gemacht, daß sich manche Arten allein aufgrund morphologisch-anatomischer Merkmale kaum unterscheiden lassen.

Apistogramma agassizi

Vorkommen: Oberes Amazonasgebiet, nach Süden bis nach Bolivien.
Länge: Männchen 8 cm, Weibchen max. 6 cm.
Kennzeichen: Körper langgestreckt und seitlich mäßig abgeplattet. Rückenflosse sehr lang und beim Männchen spitz ausgezogen. Mittlere Strahlen der Schwanzflosse beim Männchen verlängert, beim Weibchen abgerundet. Beim Männchen untere Kiemendeckelhälfte mit grünschillernden Tupfen und Strichen. Längs der Körpermitte ein dunkleres etwas verwaschen wirkendes Längsband, welches bis in die Schwanzflosse reicht. Körperseiten im übrigen metallisch blau. Farben von Rücken- und Afterflosse sind je nach Herkunft sehr unterschiedlich. Es kommen Lokalformen mit

Farbtafel 7:
Oben: Aulonacara nyassae
Unten: Aulonacara spec., eine unbestimmte Art.

roter Schwanzflosse und tieforangefarbiger Rückenflosse vor. Bei anderen Lokalformen können diese Farben blasser oder nur angedeutet sein. Die Afterflosse ist jedoch immer von einem bläulich-weißen Saum umgeben. Die Färbung der Weibchen ist unscheinbar braun bis gelb. Während der Paarungsperiode sind die Weibchen intensiv gelb gefärbt.
Haltung: In nicht zu kleinen Aquarien mit großer Bodenfläche und zahlreichen Versteckplätzen. Pflege- und Zuchttemperatur 24–26°C.

Apistogramma borelli

Vorkommen: Matto-Grosso-Gebiet und das Fluß-System des Rio-Paraguay.
Länge: Männchen bis 7 cm, Weibchen kleiner.
Kennzeichen: Körperform gestreckt, doch etwas kompakter als bei der vorherigen Art. Dritter und vierter Strahl der Rückenflosse beim Männchen stark verlängert. Grundfärbung gelblich grau, bei den Männchen mit blauem Schimmer. Mit Ausnahme der Brustflossen sind die Flossen des Männchens bläulich angehaucht, verlängerte Flossenstrahlen in der Rückenflosse haben rote Spitzen. Bei ausgewachsenen Männchen sind die äußersten Strahlen der Schwanzflosse verlängert, und die Flosse ist oben und unten zu einem Zipfel ausgezogen. Im oberen Teil der Schwanzflosse befinden sich drei rote Signalflecke. Beide Geschlechter haben eine dunkle, deutlich hervortretende Wangenbinde und auf der Körperseite eine weniger hervortretende Längsbinde. Wie auch bei der vorherigen Art kommen auch bei *A. borelli* zahlreiche lokale Abweichungen in der Färbung vor. Nach Untersuchungen von Wickler sollen junge Männchen monogam brutpflegend sein, und eine dem Weibchen ähnliche Färbung anlegen, während sie sich im Ueberrevier eines größeren Männchens aufhalten. Pflege- und Zuchttemperatur 24–26°C.

Farbtafel 8:
Oben: Haplochromis compressiceps
Unten: Haplochromis ahli

Apistogramma commbrae

(= korrigierter Artname corumbae)
Corumba-Zwergbuntbarsch.

Vorkommen: Das Stromgebiet des Rio Paraná.
Länge: 5,5 cm.
Kennzeichen: Körperform kurz und hochrükkig, seitlich zusammengedrückt. Grundfärbung gelblichbraun. Auf den Körperseiten vier dunkle Flecken, die durch eine Längsbinde verbunden sind, welche vom Auge bis zur Schwanzwurzel reicht. Beim Männchen schimmern Rücken- und Körperseiten während der LaichPeriode grünlich, während das Weibchen eine mehr gelbliche Färbung annimmt. Rücken- und Afterflosse beim Männchen mit Streifenmuster und spitz auslaufend.
Haltung: Eine anspruchslose Art, die früher häufiger gehalten wurde, doch schon seit Jahrzehnten aus den Aquarien in Europa verschwunden ist. Wassertemperatur 22–24°C, zur Zucht einige Grade höher.

Apistogramma kleei

Vorkommen: Nördliches Amazonasgebiet, nähere Herkunftsangabe fehlt.
Länge: Männchen 7 cm, Weibchen 5 cm.
Kennzeichen: Körperform langgestreckt und seitlich nur mäßig abgeplattet. Grundfärbung blaugrau bis blaugelb und mit einem dunkleren Längsband entlang der Körperseite. Oberhalb

des Längsbandes beim Männchen zahlreiche rote Pünktchen, die sich bis in die Schwanzflosse erstrecken. Rückenflosse an der Basis dunkel, beim Männchen nach außen hin weinrot und mit verlängerten Hartstrahlen im vorderen Teil. Schwanzflosse beim Männchen oben und unten ausgezogen. Weibchen blasser und zur Laichzeit braungelb getönt.
Haltung: Eine nur selten gehaltene und etwas empfindliche Art. Pflege- und Zuchttemperatur 24–28° C.

Apistogramma ornatipinnis

Vorkommen: Westliches Guayana.
Länge: 7 cm, Weibchen kleiner.
Kennzeichen: Körperform gedrungen und seitlich stark zusammengedrückt. Grundfärbung bräunlich bis gelb. Am Kopf zwei kurze, deutlich sichtbare Bänder, eines vom Auge zur Oberlippe, das andere vom Auge zum unteren Kiemendeckelrand. Ein weniger deutliches Längsband verläuft vom Auge bis zur Schwanzwurzel. Ausgewachsene Männchen zeigen während der Fortpflanzungsperiode einen leuchtend blaugrünen Farbschimmer. Schwanzflosse beim erwachsenen Männchen oben und unten ausgezogen und an den Außenkanten rot. Bauchflossen lang ausgezogen, mit rötlicher Basis und gelben Spitzen. Übrige Flossen gelblich und vordere Hartstrahlen in Rücken- und Afterflosse schwarz. Die Weibchen sind wesentlich matter in den Farben und ihre Flossen abgerundet.
Haltung: Gehört als Aquarienfisch zu den nur selten gehaltenen Arten. Pflege- und Zuchttemperatur 24–26° C.

Apistogramma ortmanni

Vorkommen: Westliches Guayana und Mittleres Amazonasgebiet.
Länge: 7 cm.
Kennzeichen: Körperform gedrungen und seitlich stark zusammengedrückt. Grundfärbung braungelb, zum Rücken hin in Schwarzbraun übergehend. Die sieben Querbinden und ein schmales Längsband sind nicht immer zu erkennen. Ein stets deutlich sichtbares Band verläuft von der Kehle durch das Auge bis zum Nacken. Beim Männchen auf dem Kiemendeckel einige blaugrüne Streifen und Flecken. Erster Bauchflossenstrahl bei beiden Geschlechtern orangefarben. Rückenflosse beim Männchen während der Fortpflanzungsperiode gelblich bis orange und mit brauner Kante. Die Schwanzflosse wirkt hinten wie gerade abgeschnitten, doch kann sie bei älteren Männchen auch zu kurzen Spitzen ausgezogen sein. Während der Brutpflege sind die Weibchen gelb mit deutlich hervortretender Zeichnung.
Haltung: Eine leicht zu haltende Art, die sich bei zusagenden Bedingungen willig vermehrt. Die Weibchen sind sehr zuverlässige Brutpfleger. Die Pflege- und Zuchttemperatur sollte 24–26° C betragen.

Apistogramma pertense

Vorkommen: Im Amazonasgebiet zwischen Manaos und Santarem.
Länge: 5 cm, Weibchen etwas kleiner.
Kennzeichen: Körper mäßig lang und seitlich abgeplattet. Grundfärbung braungrau, während der Fortpflanzungsperiode gelblich-orange und beim Männchen mit grünlichem Glanz. Schuppen auf dem Rücken dunkel umrandet. Die sieben dunklen Querbinden und ein Längsband sind nicht immer zu erkennen. Zwei dunklere Flecken, einer auf der Körpermitte und einer auf der Schwanzwurzel, sind jedoch stets sichtbar. Rücken- und Afterflosse des Männchens im hinteren Teil mit blauen und roten Pünktchen und spitz ausgezogen. Kiemendeckel mit schwarzer Binde und grünblauen Pünktchen. Weibchen gelbbraun und zur Fortpflanzungszeit heller und leicht orangefarben angehaucht.
Haltung: Zucht verhältnismäßig einfach, da die Weibchen zuverlässige Brutpfleger sind. Pflege- und Zuchttemperatur zwischen 24–28° C. Diese Art steht *A. reitzigi* nahe und ist mit ihr gekreuzt worden.

Apistogramma pleurotaenia

Vorkommen: Weit verbreitet vom Amazonasgebiet bis zum Stromgebiet des Rio de La Plata im Süden.
Länge: Männchen bis 7,5 cm, Weibchen bis 5 cm.
Kennzeichen: Bedeutende Unterschiede in Form und Färbung kommen bei dieser Art vor. Körper mäßig langgestreckt und seitlich zusammengedrückt. Grundfärbung gelbgrau bis ockerfarbig, zum Rücken hin dunkler und unter dem Bauch heller. Ein Längsband verläuft vom Kiemendeckel bis zur Schwanzwurzel. Die sechs Querbinden sind nicht immer zu erkennen. Der Augenstrich ist stets sichtbar. Kiemendeckel beim Männchen mit blauen Pünktchen. Rückenflosse beim Männchen bogenförmig ausgezogen. Bei beiden Geschlechtern zeigen die weichen Teile der Rücken- und Afterflosse mitunter Streifenmuster. Zeichnung und Färbung sind jedoch bei dieser Art weitgehend von der Stimmung abhängig. Weibchen während der Laichzeit intensiv gelb. Genau wie *A. commbrae* war auch diese Art früher häufiger bei Aquarienfreunden anzutreffen, ist aber anscheinend seit den fünfziger Jahen nicht mehr importiert worden.
Haltung: Hart und anspruchslos. Verträgt auch etwas niedrigere Temperaturen, für Fortpflanzung sind jedoch 23–25° C erforderlich.

Apistogramma ramirezi
Schmetterlingsbuntbarsch

Vorkommen: Weit verstreute Fundstellen im westlichen Venezuela, Kolumbien und Bolivien.
Länge: 7 cm, Weibchen etwas kleiner.
Kennzeichen: Körper hoch und kurz, seitlich stark zusammengedrückt. Rückenflosse mit verlängertem zweiten und dritten Hartstrahl. Besonders bei den Männchen ist diese Verlängerung der Flossenstrahlen stärker ausgeprägt und schon bei halberwachsenen Fischen ein sicheres Geschlechtsmerkmal. Grundfärbung zart rötlich, bei auffallendem Licht in allen Farben des Spektrums schimmernd. Unter der Rückenflosse ein dunkler Fleck, der von grünen Pünktchen umgeben ist. Weitere leuchtende blaue und grüne Punktschuppen verstreut über die Körperseiten. Auf der Bauchmitte ein roter Fleck, der beim Weibchen mehr ausgeprägt ist und besonders während der Fortpflanzungszeit hervortritt. Ein dunkles Band läuft von der Kehle durch das Auge zum Nacken. Augeniris rötlich und in der oberen Hälfte bläulich. Bauchflossen rot, übrige Flossen, mit Ausnahme der Brustflossen, rosa.
Haltung: Mit seinen zarten Pastellfarben ist der Schmetterlingsbuntbarsch einer der schönsten Buntbarsche überhaupt. Die heute im Handel vorkommenden Fische dieser Art stammen meist aus ostasiatischen Massenzuchten und lassen nur wenig von der ursprünglichen Schönheit dieser Fische erahnen. Als Pflegling ist der Schmetterlingsbuntbarsch jedoch anspruchsvoll. Er sollte vorwiegend mit lebendem Futter versorgt werden und ist in grossen Aquarien mit einwandfreien Wasserverhältnissen unterzubringen. Richtig gehalten und gut gefüttert, laichen sie zuverlässig. Das Anfüttern der sehr kleinen Jungfische erfolgt am besten mit Rädertierchen. Sollen sie zu gesunden, normal entwickelten Jungfischen heranwachsen, benötigen sie viel Platz und eine reichliche Versorgung mit lebenden Futtertierchen. Bei weniger guten Aufzuchtverhältnissen entstehen Kümmerformen, die nur einen Bruchteil der normalen Größe erreichen. Zuchttemperatur 25–28° C.

Apistogramma reitzigi
Gelber Zwergbuntbarsch

Vorkommen: Verschiedene Nebenflüsse im Mittellauf des Rio Paraguay.
Länge: 5 cm, Weibchen kleiner.
Kennzeichen: Körper kurz und seitlich stark zusammengedrückt. Grundfärbung beim Männchen grünlich-braun mit blauem Schimmer, unterseits gelblich. Auf der unteren Kiemendeckelhälfte zahlzahlreiche blaue Pünktchen. Bauchflossen lang ausgezogen und mit

orangefarbigen Spitzen. Rücken-und Afterflosse vorne grünlich, hinten gelblich und spitz ausgezogen. Mehrere Flecken greifen vom Rücken auf die Rückenflosse über. Zur Fortpflanzungszeit intensiv blauschimmernd. Weibchen dunkler ohne Blauschimmer und während der Fortpflanzungsperiode intensiv gelb.
Haltung: Eine anspruchslose und leicht zu vermehrende Art. Pflege- und Zuchttemperatur 23–26° C.

Apistogramma taeniatum
Peru Zwergbarsch

Vorkommen: Peru.
Länge: 7,5 cm, Weibchen lediglich 4 cm.
Kennzeichen: Körperform hochrückig und seitlich abgeflacht. Grundfärbung des Männchens weißgelb mit bläulichem Glanz. Weibchen sind gelbbraun, zeigen jedoch dasselbe Zeichnungsmuster wie die Männchen. Eine aus mehreren Teilen zusammengesetzte Binde verläuft von der Stirn durch das Auge bis zur hinteren Rückenkante und endet im hinteren Teil der Rückenflosse. Ein dunkler Strich geht vom Kiemendeckelansatz zum Auge. Die sechs dunkleren Querbinden sind nicht immer sichtbar. Beim Männchen sind die Spitzen von Rücken-, After- und Baumchflossen, sowie die obere und die untere Kante der Schwanzflosse rötlich getönt. Die drei ersten Strahlen der Rückenflosse sind schwarz.
Haltung: Zur Zucht benötigt diese Art größere Aquarien mit zahlreichen Versteckplätzen, weiches Wasser und eine Zuchttemperatur von 23–26° C.

Apistogramma trifasciatum

Vorkommen: Matto-Grossogebiet und das Stromgebiet des Rio Paraguay.
Länge: Männchen 6 cm, Weibchen 3 cm.
Kennzeichen: Körperform langgestreckt und mäßig zusammengedrückt. Grundfärbung des Männchens grau mit leichter Gelbtönung, auf dem Rücken dunkler. Vom hinteren Rand des Auges verläuft längs der Körperseite ein nach hinten breiter werdendes Längsband bis zur Schwanzflosse. Die schönste Zierde der Männchen dieser Art ist die Rückenflosse, die an ihrer Basis blau ist, nach außen hin in weinrot übergeht und mit einem leuchtend roten Saum endet. Dritter bis fünfter Rückenflossenstrahl verlängert. Bauchflossen lang ausgezogen und mit weißen Spitzen. Weibchen gelbbraun mit gleicher Grundzeichnung wie die Männchen. Eine Beteiligung an der Brutpflege durch das Männchen soll bei dieser Art vorkommen.
Eine Unterart von *Apistogramma trifasciatum* ist:
Apistogramma trifasciatum haraldschultzi. Sie unterscheidet sich von *A. t. trifasciatum* durch eine bläulichere Grundfärbung mit dunkel umrandeten Schuppen. Die Bauchflossen sind sehr lang ausgezogen, gelb und mit roten Spitzen. Weibchen olivbraun, zur Laichzeit mehr gelblich. Es kann außerordentlich schwer sein, die Weibchen von denen der Nominatform zu unterscheiden.

Apistogramma weisei

Diese Art soll nach Kullander lediglich ein Synonym für *Taeniacara candidi* sein. Dem steht entgegen, daß weder die Längenangabe (5,5 cm) noch die übrige Beschreibung mit Ahls Angaben und der Beschreibung in „Fremdländische Süßwasserfische", die ebenfalls aus Ahls Feder stammen dürfte, übereinstimmt. Da dieser Fisch jedoch seit Jahrzehnten nicht mehr lebend eingeführt worden ist, sei dies hier lediglich deshalb vermerkt, weil diese Artbezeichnung in zahlreichen aquaristischen Publikationen angewandt worden ist.

Apistogramma wickleri

Vorkommen: Nördliches Südamerika, Fundort nicht genauer bekannt.
Länge: 8 cm, Weibchen kleiner.
Kennzeichen: Körperform mäßig hoch und seitlich nur wenig abgeflacht. Bauch- und

Rückenkante laufen, etwa von der Höhe des Bauchflossenansatzes an, gleichmäßig konisch zur Schwanzwurzel. Grundfärbung graublau, beim Weibchen mehr gelbbraun. Schuppen auf dem Rücken dunkel umrandet. Beim Männchen ist die Schwanzflosse oben und unten zu einer Spitze ausgezogen, beim Weibchen gerundet. Ein dunkler Fleck auf der Körpermitte und ein Fleck auf der Schwanzwurzel treten besonders bei brutpflegenden Weibchen deutlich hervor.
Haltung: Pflege- und Zuchttemperatur 23–26°C. In großen Aquarien bilden ausgewachsene Männchen bei der Brutpflege oft Überreviere mit mehreren Weibchen.
Vereinzelt sind ab und zu noch weitere *Apistogramma*-Arten eingeführt worden, die jedoch meist schnell wieder aus unseren Aquarien verschwunden sind. Oft wurde die Artzugehörigkeit nicht näher bestimmt, und manche sind auch unter Kodenamen wie z. B. *Apistogramma U. I.* und *A. U. II.* oder *A. spec. nov.* (Neue Art) in den Handel gekommen.

Apistogrammoides

Eine nur aus einer Art bestehende Gattung, die *Apistogramma* nahesteht. Von *Apistogramma* unterscheidet sie sich durch eine abweichende Anzahl von Hartstrahlen in der Afterflosse. Während bei *Apistogramma* nur drei oder ausnahmsweise vier solcher Strahlen vorhanden sind, hat *Apistogrammoides* acht. Die einzige bisher bekannte Art:
Apistogrammoides pucallpaensis ist ein unscheinbares graubraunes bis graublaues Fischchen, dessen Männchen lediglich 4 cm lang werden und dessen Weibchen noch kleiner sind. Während der sechziger Jahre wurden diese Fische erstmalig in die USA eingeführt, und während der letzten Jahre sind auch einige Exemplare nach Europa gekommen. Über ihre Eigenschaften als Aquarienfische ist bisher nicht viel bekannt, doch dürften sie wie die Vertreter der Gattung *Apistogramma* zu halten und zu züchten sein.

Astronotus

Eine nur aus zwei Arten bestehende Gattung sehr großer Buntbarsche mit verhältnismäßig hohem und seitlich zusammengedrücktem Körper und fächerförmiger Schwanzflosse. Importiert wurde bisher nur:

Astronotus ocellatus
Pfauenaugenbuntbarsch

Vorkommen: Die Stromgebiete des Amazonas, Parana und des Rio Paraguay, hauptsächlich in Seitengewässern.
Länge: bis 35 cm.
Kennzeichen: Körperform oval und mit zunehmendem Alter höher werdend. Maulöffnung groß und Maul tief gespalten. Augenlage hoch am Kopf, dicht unter der Stirn. Alle Flossen abgerundet, Schwanzflosse fächerförmig. Färbung, je nach Herkunft und Stimmung, überaus variabel. Heranwachsende Jungfische machen eine förmliche Farbmetamorphose durch. Vor allem bis zu einer Größe von 8–10 cm sind sie besonders schön, mit scharf voneinander abgegrenzten Farbfeldern und -flecken. Geschlechtsreife Fische haben auf olivbraunem bis grünlichem Grund gelbe bis rotgelbe Bänder und Flecken, die unregelmäßig verteilt sind und stellenweise in die Flossen übergreifen. Ein auffallend hell umrandeter Augenfleck auf der Schwanzwurzel gab der Art ihren deutschen Namen. Geschlechtsunterschiede lassen sich nur am Aussehen der Genitalpapille feststellen. Schon mit einer Länge von 10–12 cm können junge Pfauenaugenbuntbarsche geschlechtsreif werden. Aber auch im Aquarium kann diese Art eine Länge von 30 cm erreichen. Für eine Haltung sind nur sehr große Aquarien geeignet. Als Einrichtung erhalten sie Bodenlager aus sauberem Grus, Gras, Steine und Wurzeln sowie Schwimmpflanzen. Als Wassertemperatur sind 22°C ausreichend, zur Zucht werden 25–28°C benötigt. Nur bei gut und reichlich gefütterten Fischen kommt es zur Laichabgabe. Lebendes Futter in Form von Insektenlar-

ven, Regenwürmern und kleinen Fischen fördert die Bildung von Geschlechtsprodukten. Ihre Zucht ist jedoch nicht ganz einfach, obwohl sie, wenn sie erst einmal gelaicht haben, gute Brutpfleger sind. Mit anderen, etwa gleichgroßen Buntbarschen kann man Pfauenaugenbuntbarsche gut vergesellschaften.

Chaetobranchopsis

Eine nur aus drei Arten bestehende Gattung mittelgroßer Fische mit hohem und seitlich abgeplattetem Körper. Brustflossen lang ausgezogen, Schwanzflosse fächerförmig. Sie sollen Offenbrüter sein; im Aquarium jedoch anscheinend bisher noch nicht nachgezüchtet. Nur die folgende Art ist bisher häufiger importiert worden.

Chaetobranchopsis bitaeniatus

Vorkommen: Amazonasgebiet.
Länge: 13 cm.
Kennzeichen: Grundfärbung graugrün und mit metallischem Glanz. Schuppen auf dem Rükken dunkel und nach den Seiten hin golden umrandet. Ein breites dunkleres Längsband läuft vom Augenhinterrand bis zum hinteren Ansatz der Rückenflosse, und eine schmalere Binde erstreckt sich vom Brustflossenansatz bis zur Schwanzwurzel. Rücken- und Afterflosse sehr groß, bei Wohlbefinden mit leicht rötlicher Tönung. Augeniris rot. Geschlechtsunterschiede sind nicht bekannt.
Haltung: Eine äußerst friedliche Art, die nicht wühlt, aber recht wärmeliebend ist und bei 25–28° C gehalten werden sollte.

Cichla

Eine Gattung großer und räuberischer Arten, deren Körperbau stark an echte Barsche erinnert. Man beschreibt ihre Körperform am besten, indem man sie mit unseren einheimischen Fluß-oder Kaulbarschen vergleicht. Es sind langgestreckte Fische mit sehr kleinen Schuppen. Ihr Kopf erscheint im Verhältnis zum Körper klein, und das Maul ist tief gespalten. Der stachelige Teil der Rückenflosse ist genau wie bei den echten Barschen (Percidae) deutlich vom weichen Teil getrennt. Die größte Art der Gattung wird gut 60 cm lang und ist damit der größte amerikansiche Buntbarsch.

Cichla ocellaris

Südamerikanischer Kaulbarsch

Vorkommen: Weit verbreitet im tropischen Südamerika.
Länge: 60 cm.
Kennzeichen: Nach Herkunft und Alter Grundfärbung sehr variabel, doch meist graugrün. Der Augenfleck auf der Schwanzwurzel ist auch bei kleinen Jungfischen immer deutlich zu sehen. Ältere Exemplare zeigen bei Wohlbefinden eine Reihe gelbumrandeter schwarzer Flecken entlang der Körpermitte. Zeitweise können sie auch Querstreifen aufweisen. Typischer Offenbrüter.
Haltung: Im Aquarium nicht nachgezüchtet, doch ist ihr Brutpflegeverhalten durch Feldstudien gut bekannt. Für eine Aquarienhaltung kommen nur Jungfische in Frage. Wassertemperatur 22–24° C.

Cichlasoma

Ist mit bisher über fünfzig beschriebenen Arten die größte Gattung amerikansicher Buntbarsche. Sie ist in allen subtropischen und tropischen Gebieten Amerikas verbreitet. Ihr nördlichster Vertreter kommt in Nordamerika vor. Endemische Arten leben auf den Antillen. Die Fische dieser Gattung sind meist mittelgroß und ihre Körperlänge schwankt zwischen 8–25 cm. Es gibt jedoch auch größere Arten; *Cichlasoma dovii* aus dem Nicaraguasee wird 40 cm, und die aus dem gleichen See stammende Art *Cichlasoma citrinellum* über 30 cm lang. Ihre Körperform ist meist längsoval und seitlich zusammengedrückt. Manche Arten werden mit zunehmendem Alter noch hochrückiger. In vieler Hinsicht ähneln die *Cichlasoma*-Arten den Vertretern der Gattung *Aequidens*, unterscheiden sich jedoch von diesen u. a. in der Anzahl der Hartstrahlen in der Afterflosse. Außerdem sind die meisten *Cichlasoma*-Arten weniger verträglich als *Aequidens*-Arten und graben auch stärker im Bodengrund. Obwohl manche von ihnen bisweilen in Höhlen oder Steinspalten ablaichen, muß man sie dennoch alle zu den Offenbrütern zählen; sie benötigen nämlich keine Höhlen und können ihre Eier genauso gut auf flachen Steinen absetzen. Abweichend bei der Laichabgabe verhält sich *Cichlasoma festivum*. Diese Art setzt ihre Eier auf Blättern oder Pflanzenstengeln ab. Bei manchen Arten sind die Geschlechter nur schwer zu unterscheiden. Meist wachsen jedoch die Männchen mit zunehmendem Alter über die Weibchen hinaus und werden oft erheblich größer. Oft sind auch die Rücken- und Afterflossen bei den männlichen Tieren länger ausgezogen. Von den regelmäßig als Aquarienfische gehaltenen Arten ist es lediglich bei *Cichlasoma festivum* und *Cichlasoma severum* problematisch das Geschlecht zu bestimmen, eindeutig meist nur an der Form der Genitalpapillen. Beide, verhältnismäßig große Arten sind sehr verträglich, lassen den Pflanzenwuchs in Frieden und können selbst mit wesentlich kleineren Fischen zusammen gehalten werden. Bei anderen Arten können, insbesondere bei paarweiser Haltung, die Geschlechtspartner zeitweise recht unverträglich sein. Dagegen kommen, wenn sie in größerer Anzahl zusammengehalten werden, kaum Streitereien vor.

Cichlasoma arnoldi

Vorkommen: Südliche Zuflüsse des unteren Amazonas.
Länge: 13 cm.
Kennzeichen: Körper oval und ziemlich langgestreckt, seitlich zusammengedrückt. Grundfärbung schwarzbraun mit dunklen Strichen auf dem Kiemendeckel. Zwei schwarze Flekken an der Rückenflossenbasis und einer auf der Schwanzwurzel. Flossen grau mit dunkleren Zeichnungen im weichen Teil von Rücken und Afterflosse. Schwanzflosse mit schwarzem Saum.
Haltung: Nur selten eingeführt und heute kaum als Aquarienfisch anzutreffen.

Flossen- und Schuppenformeln der wichtigsten *Cichlasoma*-Arten:

	D	A	mLR	P
C. arnoldi	XV/11	V/9	28–31	
C. aureum	XV–XVII/9–12	VI–VIII/7–8	29–32	
C. bimaculatum	XIV–XVI/9–11	IV–V/8–9	26–27	13–14
C. biocellatum	XIX/9	VIII/8	31	13
C. crassa	XVI–XVII/9–12	VI–VII/7–8	29–30	
C. cutteri	XVIII–XIX/10	IX/8	32–33	15
C. cyanoguttatum	XV–XVIII/10–12	V/8–9	27–30	
C. fascetum	XV–XVII/9–11	VI–VIII/7–9	26–28	13–14
C. fenestratum	XVII–XVIII/11–13	VI–VII/8–9	31–33	
C. festivum	XIV–XVI/10–12	VIII–IX/10–12	27–29	11–12
C. haitiensis	XII–XIV/11–13	III–IV/9–10	32–38	
C. meeki	XV–XVI/9–10	VIII–IX/7–8	28–32	12–13
C. nigrofasciatum	XVII/7–8	IX/6	29–30	13–14
C. severum	XVI–XVIII/13–14	VII–VII/12–13	28–30	14
C. spilurum	XVIII/8–10	VIII–X/7–8	28–29	

Cichlasoma aureum
Goldbuntbarsch

Vorkommen: Südliches Mexiko und Guatemala.
Länge: 15 cm.
Kennzeichen: Körperform ziemlich hochrükkig und seitlich zusammengedrückt. Grundfärbung gelblich mit rosafarbigem Schimmer. Auf der Körpermitte ein großer und auf der Schwanzwurzel ein kleinerer dunkler Fleck. Auf dem Kiemendeckel befindet sich eine Anzahl grünblau irisierender Punkte. Lippen blau angehaucht. Rückenflosse sehr groß und mit rotem Saum, beim Männchen spitz ausgezogen. Afterflosse grün und rötlich getönt. Bauchflossen ziemlich lang und spitz ausgezogen. Offenbrüter.
Haltung: Wurde bereits vor dem ersten Weltkrieg erstmalig eingeführt und bald darauf auch im Aquarium vermehrt. War dann viele Jahre verschwunden und ist erst neuerdings wieder eingeführt worden. Wassertemperatur 22–25° C, zur Zucht einige Grade mehr.

Cichlasoma bimaculatum
Zweipunktbarsch

Vorkommen: Im ganzen nordöstlichen Südamerika einschließlich der Insel Trinidad, stellenweise sehr häufig.
Länge: Bis 20 cm.
Kennzeichen: Körperform oval, seitlich stark zusammengedrückt. Ältere Tiere haben eine sehr hohe Körperform und oft auch eine deutlich gewölbte Stirn. Grundfärbung nach Herkunft und Stimmung sehr unterschiedlich, zwischen gelblich und braun bis blaugrau. Schuppen auf Körperseiten und Rücken dunkel umrandet. Kiemendeckel mit blaugrünlichen Punkten und Flecken. Auf der Seitenmitte und in der oberen Hälfte der Schwanzwurzel je ein dunkler Fleck. Rücken- und Afterflosse grünlich schimmernd und beim Männchen spitz ausgezogen.
Haltung: Eine harte und anspruchslose Art. Unempfindlich auch gegen niedrige Temperaturen bis 17° C. Pflegetemperatur 20–23° C, zur Zucht ein paar Grade mehr.

Cichlasoma biocellatum

Vorkommen: Mittleres Amzzonasgebiet.
Länge: 18 cm.
Kennzeichen: Körperform mehr langgestreckt, weniger abgeplattet und mit flacherer Stirn als bei anderen *Cichlasoma*-Arten. Bei Wohlbefinden ist die Grundfärbung blauschwarz, und die sonst sichtbaren sieben oder acht Querbinden verschwinden. Auf jeder Schuppe entlang der Körperseiten und auf dem Rücken befindet sich ein leuchtend grünblauer Fleck. Unter dem Auge und auf dem Kiemendeckel treten blaue Punkte hervor. Die Färbung kann sich bei diesem Fisch in mehreren Phasen steigern und erreicht während der Fortpflanzung ihren Höhepunkt.
Haltung: Ohne Zweifel einer der prachtvollsten Buntbarsche überhaupt. Untereinander sind diese Fische oft unverträglich, doch gegenüber anderen Buntbarschen fast immer friedlich. Auseinandersetzungen zwischen gleichwertigen Männchen haben stark rituellen Charakter. Amerikanische Aquarienfreunde nennen diesen Fisch „Jack Dempsey“; gemeint ist damit, daß er wie der legendäre Boxweltmeister über die Runden geht. Obwohl diese Art zum eisernen Bestand der Aquarienfreunde gehört, hat sie bisher keinen deutschen Namen, der allgemein akzeptiert wird. Als Brutpfleger sind sie äußerst zuverlässig. Zuchttemperatur 24–28° C.

Cichlasoma citrinellum
Zitronenbuntbarsch

Vorkommen: Nicaragua.
Länge: Bis 34 cm, bleibt jedoch im Aquarium meist kleiner.
Kennzeichen: Körperform sehr hoch und seitlich abgeplattet, ältere Männchen mit buckeliger Stirn. Rücken- und Afterflosse spitz auslaufend, Schwanzflosse abgerundet. Bei dieser Art stoßen wir nun auf die eigentümliche Er-

scheinung des Polymorphismus, d.h., daß es innerhalb derselben Art verschiedene Formen gibt. Polymorphismus hat aber nichts mit den sonst gerade bei Buntbarschen häufig auftretenden Unterschieden von Lokalformen zu tun. Im Gegensatz zu Lokalformen, die stets örtlich einheitlich vorkommen, findet man bei Polymorphismus unterschiedliche Exemplare nebeneinander auf gleichem Raum. Bei *C. citrinellum* äußert sich diese Verschiedenartigkeit in der Färbung (Polychromatismus). Neben Fischen mit normaler Grundfärbung, die graugelblich ist, mit sieben mehr oder weniger hervortretenden Flecken an den Körperseiten, kommen Fische vor, die einfarbig gelb, weißgelb oder rotgelb sind. Diese Farben bilden sich jedoch erst bei zumindest halbwüchsigen Exemplaren aus. Andere färben erst später, und sehr viele überhaupt nicht um. Als Aquarienfische sind natürlich die Farbformen besonders geschätzt.
Haltung: Erfordert große Aquarien und gute Futterversorgung. Abgesehen von diesen Forderungen ist der Zitronenbuntbarsch jedoch ein harter und anspruchsloser Fisch. Pflegetemperatur 22–24°C, zur Zucht einige Grade mehr.

Cichlasoma crassa
Rotgrüner Prachtbarsch

Synonym: Cichlasoma hellabrunni
Vorkommen: Mittleres und oberes Amazonasgebiet.
Länge: Bis 30 cm.
Kennzeichen: Körper mäßig gestreckt und seitlich abgeplattet. Rückenlinie deutlich stärker gewölbt als Bauchlinie. Rücken- und Afterflosse bei erwachsenen Fischen lang ausgezogen. Schwanzflosse gerundet. Grundfärbung je nach Herkunft recht unterschiedlich, braun bis grünbraun und mit rötlichem Schimmer. Augeniris leuchtend rot. Eine Längsbinde erstreckt sich vom Auge bis zur Schwanzwurzel. Auf der oberen Rückenhälfte ein dunkler Fleck. Dieser Fleck kann, genau wie die Längsbinde mehr oder weniger hervortreten und zeitweise ganz verschwinden. Unpaarige Flossen rötlich oder blaurötlich. Bei Wohlbefinden ist die ganze Unterseite des Fisches violett gefärbt. Geschlechtsunterschiede sind nur schwer festzustellen. Beim Männchen soll angeblich die Afterflosse länger ausgezogen sein. Offenbrüter.
Haltung: Nur für sehr große Aquarien geeignet. Soll entsprechend seiner tropischen Herkunft bei 24–28°C gehalten werden.

Cichlasoma cutteri
Weinrotflossiger Buntbarsch

Vorkommen: Honduras.
Länge: 12 cm.
Cichlasoma cutteri ist sowohl mit *C. nigrofasciatum* wie auch mit *C. spilurum* nahe verwandt, und manche Autoren rechnen sie als Unterarten derselben Art. Es bestehen jedoch gewisse Unterschiede, besonders in der Färbung jüngerer Exemplare, und gegenüber *C. spilurum* auch im Verhalten (s. dort).
Kennzeichen: Körperform länglich oval und seitlich zusammengedrückt. Rücken- und Afterflosse beim Männchen deutlich länger ausgezogen, Afterflosse abgerundet. Grundfärbung ein lichtes Blaugrau bis Olivgrün. Sieben oder acht unregelmäßige dunkle Querbinden. Unpaarige Flossen, vor allem beim Männchen weinrot angehaucht. Brust und Bauchflossen weißgelb, Augeniris leuchtend grün. Offenbrüter.
Haltung: Eine dankbare und verhältnismäßig friedliche Art. Leicht zu züchten und sehr produktiv. Vorübergehend vertragen sie auch niedrige Temperaturen bis herab zu 17°C. Wassertemperatur 22–26°C, die auch für die Vermehrung ausreichend ist.

Cichlasoma cyanoguttatum
Perlbuntbarsch

Recht allgemein wird dieser Fisch in Liebhaberkreisen unter der Gattungsbezeichnung

Herichthys geführt, eine Bezeichnung, die entsprechend modernerer Systematik nicht korrekt ist.
(Synonyme: Neetroplus carpintis und Herichthys cyanoguttatus)
Vorkommen: Nördliches Mexiko und Texas.
Länge: Bis 30 cm.
Kennzeichen: Körperform oval und seitlich zusammengedrückt. Mit zunehmendem Alter werden beide Geschlechter höher im Rücken, und die Männchen bekommen oft einen Buckel auf der Stirn. Einer der schönsten Buntbarsche. Grundfarbe perlgrau und mit leuchtend grünblauen Flecken übersät. Eine Querbinde etwa in der Mitte des Körpers ist meist nur angedeutet, zwei dunklere Flecken auf der Körpermitte sind fast immer zu erkennen. Rücken-, After- und Schwanzflosse gleichfalls mit grünblauen Flecken. Außerhalb der Fortpflanzungsperiode sind die Weibchen weniger intensiv gefärbt und es fehlt der für die Männchen typische Perlmutterglanz. Brutpflegende Weibchen sind jedoch genau so intensiv gefärbt wie die Männchen. Wird schon mit 10–12 cm Länge fortpflanzungsfähig.
Haltung: Im Aquarium untereinander unverträglich. Wühlen während der Fortpflanzungszeit viel im Bodengrund. Äußerst zuverlässige Brutpfleger und sehr produktiv. Entsprechend seiner Herkunft gegen vorübergehende Temperaturabfälle unempfindlich, für die Vermehrung sind jedoch Temperaturen von 23–26° C angebracht. Der Perlbuntbarsch ist nur für große Aquarien geeignet.

Cichlasoma erythraeum gehört zusammen mit zwei weiteren Arten zu den sogenannten Lippenbuntbarschen, die im Managuasee in Nicaragua beheimatet sind. Typisch für diese Fische sind tiefschwarz gefärbte Lippen. Es kommen ähnlich wie bei *Cichlasoma citrinellum* mehrere polychromatische Formen vor. Als Aquarienfische werden diese Arten bisher kaum gehalten, sollen hier jedoch auf Grund ihrer biologischen Eigenheiten, die denen zahlreicher Malawibuntbarsche ähnlich sind, erwähnt werden.

Cichlasoma facetum
Chanchito

Vorkommen: Sowohl das südliche Brasilien, Paraguay, Uruguay und das nördliche Argentinien.
Länge: 30 cm.
Kennzeichen: Körperform mäßig gestreckt und längsoval. Kopf etwas mehr zugespitzt als bei den meisten anderen *Cichlasoma*-Arten, doch wird auch beim Chanchito mit zunehmendem Alter die Stirn steiler. Färbung wenig hervortretend. Grundfärbung grau bis gelb und mit unregelmäßigen dunklen Querbinden. Die Querbinden sind zu gewissen Zeiten kaum zu sehen, können aber auch deutlich ausgeprägt sein. Männchen und Weibchen unterscheiden sich kaum, und sicher ist das Geschlecht nur an der Form der Genitalpapille zu erkennen. Während der Fortpflanzungsperiode werden die Fische messinggelb mit rot angehauchten Flossen.
Haltung: In Aquarium mit reinem Grusboden und mit Schwimmpflanzen, Steinen und Wurzeln, da die Fische stark graben. Hart und anspruchslos. Für die Zucht von Chanchitos sind jedoch Temperaturen von 23–25° C erforderlich. Wurde bereits 1889 als Aquarienfisch nach Frankreich eingeführt und gelangte 1894 nach Deutschland.

Cichlasoma fenestratum

Vorkommen: Mexiko, weit verbreitet und häufig.
Länge: 22 cm.
Kennzeichen: Ähnelt in der Körperform *C. facetum*, doch ist der Kopf etwas spitzer und die Bauchlinie gerader. Grundfärbung graublau bis grünblau. Auf den Kiemendeckeln befinden sich grünlich schillernde Flecke und Striche. Acht dunkle Querbinden und ein Band längs der Körpermitte können je nach Stimmung stark hervortreten oder fast verschwinden. Ein schwarzer Fleck auf der Schwanzwurzel ist immer zu erkennen. Lippen blau, Flossen blaugrün, durchscheinend und mit rötli-

chen Kanten an Rücken- und Bauchflosse. Während der Fortpflanzungsperiode färbt sich die Unterseite der Fische blutrot; beim Männchen ist dies stärker ausgeprägt. Andere Geschlechtsunterschiede unbedeutend.
Haltung: Gegenüber niedrigen Temperaturen unempfindlich, für die Fortpflanzung sind jedoch 22–25°C erforderlich. Wurde bereits 1913 nach Deutschland eingeführt und als Aquarienfisch gehalten und nachgezüchtet. War dann jahrzehntelang verschwunden und kam erst neuerdings wieder aus den USA zu uns.

Cichlasoma festivum
Flaggenbuntbarsch

(Synonym: *Mesonauta insignis, Cichlasoma insignis)*
Vorkommen: Amazonasgebiet und Guayana. Typischer Bewohner langsam fliessender und stehender Gewässer mit oft dichter Vegetation von Sumpf- und Wasserpflanzen und grossen Mengen von im Wasser liegendem Fallholz. Kommt mitunter vergesellschaftet mit Segelflossern vor und ist stellenweise recht häufig.
Länge: 15 cm.
Kennzeichen: Körperform längsoval mit auffallend spitzem Kopf. Bei älteren Fischen ist jedoch die Stirnpartie stärker vorgewölbt, und die Kehle mitunter etwas nach innen eingebuchtet. Die Bauchflossen sind sehr lang und spitz ausgezogen. Afterflosse sehr groß und fast so lang wie die Rückenflosse. Grundfärbung graugrün bis gelbgrau. Ein breites Längsband geht vom Mundwinkel durch das Auge bis in den weichen Teil der Rückenflosse. Dieses Band ist stets zu erkennen, und die durch das Band begrenzte obere Körperhälfte ist immer dunkler als die darunter liegende. Die obere Körperhälfte kann bräunlich und auf dem Rücken schwarzbraun sein, oder auch ein marmoriertes Muster mit helleren Flecken aufweisen. Bei jüngeren Exemplaren zeigt auch die untere Körperhälfte ein marmoriertes Muster. Die Zeichnungen auf der unteren Körperhälfte verblassen jedoch mit zunehmendem Alter und machen einem fast einfarbigen Weißgelb oder Messinggelb Platz. Stets zeigt sich auch ein dunkler Fleck, umgeben von einer helleren Zone, auf der oberen Hälfte der Schwanzwurzel.
Haltung: Der Flaggenbuntbarsch ist ein ruhiger und friedlicher Fisch, der sich auch gut für eine Haltung in ganz normal bepflanzten Aquarien eignet. Er kann gut mit Segelflossern vergesellschaftet werden. Mit robusteren Buntbarschen dagegen sollte man ihn nicht zusammen halten. Frißt außer dem üblichen Futter auch Algen und andere zarte Pflanzenkost. Im Aquarium erfolgt die Laichabgabe fast immer auf größeren Blättern. Eiablage auf anderen Gegenständen kommt in der Regel nur dann vor, wenn geeignete Pflanzen fehlen. Geschlüpfte Jungfische werden bis zum Freischwimmen an Blattkanten aufgehangen. Diese Art ist wärmeliebend und sollte bei Temperaturen zwischen 25–30°C gehalten werden.

Cichlasoma haitiensis

Vorkommen: Auf der Insel Haiti endemisch vorkommend.
Länge: Bis 14 cm.
Kennzeichen: Ihre Grundfärbung ist einfarbig gelbgrau mit einem unregelmäßigen Muster dunkelbrauner Tupfen. Dieses Tupfenmuster erstreckt sich auch auf die Rücken- und Schwanzflosse.
Haltung: Wurde bereits importiert, ist aber heute als Aquarienfisch wieder vollständig verschwunden. Nach Beobachtungen von Roloff ist möglicherweise das Weibchen alleiniger Brutpfleger.

Cichlasoma meeki
Feuermaul oder Feuermaulbuntbarsch

Vorkommen: Guatemala und die Halbinsel Yukatan.
Länge: Bis 15 cm.
Kennzeichen: Körperform ziemlich hoch und seitlich abgeplattet. Kopf ziemlich spitz, obere

Profillinie stärker nach außen ausgebuchtet, untere gerader. Grundfärbung graublau, unterseits mit bläulich schimmerndem Anflug, unter dem Bauch rot. Kehle und untere Kiemendeckelhälfte leuchtend rot. Augeniris grünblau. Auf den Körperseiten befinden sich fünf oder sechs undeutliche Querbinden und eine aus mehreren aneinandergesetzten Flekken bestehende Längsbinde. In der Regel sind von dieser Längsbinde nur die vorderen Flekken zu erkennen. Rückenflosse bläulich durchscheinend, mit grünlichen Tupfen und rotem Saum. Weitere grünliche Tupfen befinden sich im vorderen Teil der Schwanzflosse und im hinteren Teil der Afterflosse. Offenbrüter und sehr zuverlässiger Brutpfleger.
Haltung: Der Feuermaulbuntbarsch ist ein sehr beliebter Aquarienfisch und einer der am häufigsten gehaltenen Buntbarsche. Verhältnismäßig friedlich und gräbt nur wenig im Bodenlager, so daß sich im Aquarium robustere Pflanzen halten lassen. Der während der letzten Jahrzehnte beobachtete Rückgang der Rotfärbung ist in erster Linie auf die ständig gesteigerte Verwendung von Kunstfutter zurückzuführen. Das meiste Kunstfutter ist arm an Farbstoffen, und gerade die Intensität der Farben im roten Bereich ist in erster Linie nahrungsbedingt. Um sich davon zu überzeugen, braucht man nur einmal Feuermaulbuntbarsche über eine längere Zeit mit großen Mengen roter Daphnien und roten Mückenlarven zu füttern; die alte Prachtfärbung ist dann bald wieder hergestellt.

Cichlasoma nigrofasciatum
Zebrabuntbarsch

Vorkommen: Die beiden Seen Amatitlan und Atitlan in Guatemala.
Länge: Männchen bis 15 cm, Weibchen kleiner.
Kennzeichen: Körperform ähnlich *C. meeki*, doch etwas gedrungener. Besonders alte Männchen sehen oft direkt bullig aus. Grundfärbung hellgrau bis blaugrau, bisweilen in Olivbraun übergehend. Quer über den Körper ziehen sich sieben vollständige und zwei unvollständige schwarze Bänder. Das dritte Band von vorne ist lediglich durch einen Flecken unter den ersten Strahlen der Rückenflosse angedeutet. Unpaarige Flossen grünlich und mit metallischem Glanz. Rücken- und Afterflosse bei manchen Exemplaren mit rötlichem Saum. Während der Fortpflanzungsperiode verschwinden die Querbinden mehr oder weniger, und die ganze Färbung wird dunkler. Gegenüber anderen Buntbarschen meist friedlich, gegen Artgenossen oft jedoch unverträglich. Obwohl diese Art für eine erfolgreiche Vermehrung nicht auf Höhlen angewiesen ist, zieht sie solche falls vorhanden bei der Laichabgabe eindeutig vor. Wir haben es hier mit einem der zahlreichen Grenzfälle zwischen Offenbrütern und Versteckbrütern zu tun. Auch der ungewöhnliche Größenunterschied zwischen den Geschlechtern, sonst typisch für Höhlenbrütern, unterstreicht, daß hier eine Entwicklung von Offenbrütern zu Höhlenbrütern im Gange ist. Diese Tendenz können wir noch bei einigen anderen mittelamerikanischen *Cichlasoma*-Arten beobachten.
Haltung: Der Zebrabuntbarsch ist ein zuverlässiger Brutpfleger; bei Gesellschaftshaltung in größeren Aquarien verteidigt er seine Jungen aufopfernd. Sind im Bodenbelag Steine mit zahlreichen engen Zwischenräumen vorhanden, kann eine erstaunlich große Anzahl von Jungfischen, selbst in Gesellschaft mit anderen Fischen, heranwachsen. Pflege- und Zuchttemperatur 22–25°C.

Cichlasoma octofasciatum

Vorkommen: Yukatan, Guatemala und Honduras.
Länge: Bis 20 cm.
Kennzeichen: Erinnert im Aussehen so sehr an *C. biocellatum,* daß man beide Arten bei flüchtiger Betrachtung leicht miteinander verwechseln kann. Grundfärbung graubraun; Der ganze Körper, mit Ausnahme von Stirn, Brust- und Bauchflossen, ist mit grünlichen Tüpfelchen übersät. Die acht dunklen Querbinden

sind nur bei Jungfischen deutlich sichtbar, bei älteren Fischen meist nicht zu erkennen. Stimmt nicht nur im Aussehen, sondern auch in Benehmen und Brutpflegeverhalten weitgehend mit *C. biocellatum* überein. In Gesellschaft anderer Fische meist unverträglich, besonders gegenüber Artgenossen.

Cichlasoma salvini
Salvins Buntbarsch

Vorkommen: Mexiko, Guatemala und Honduras.
Länge: Bis 15 cm.
Kennzeichen: Körperform längsoval, Kopf ziemlich zugespitzt, beide Profillinien gleichmäßig gebogen. Seitlich nur mäßig zusammengedrückt. Grundfärbung olivgelb-grün bis grün. Ein sich nach hinten verbreitendes Band führt vom Auge bis zur Schwanzwurzel. Dieses Band ist an zwei Stellen unterbrochen, und der dazwischen liegende Teil bildet auf der Körpermitte einen runden Fleck. Oberseits dunkler mit hellumrandeten Schuppen. Ein Augenfleck befindet sich auf. dem oberen Teil der Schwanzwurzel. Kiemendeckel, Rückenflosse und hinterer Teil der Afterflosse mit blaugrünen Tupfen. Rücken- und Afterflosse sollen beim Männchen stärker ausgezogen sein. Offenbrüter.
Haltung: Gegen niedrige Temperaturen unempfindlich.

Cichlasoma severum
(Synonym: Heros spurius)
Augenfleckbuntbarsch

Vorkommen: Nördliches Amazonasgebiet und Guayana.
Länge: Bis 20 cm.
Kennzeichen: Körper sehr hoch und seitlich abgeflacht. Obere Profillinie des Kopfes stärker ausgebogen als die untere. Die Färbung kann je nach Stimmung, Hälterungsbedingungen und Temperatur sehr unterschiedlich sein. Die Grundfärbung ist meist gelbbraun bis hellbraun, kann aber auch in ein dunkles Blaugrün übergehen. Zwischen diesen Farben können alle Zwischenfarben vorkommen. Jüngere Exemplare zeigen oft acht oder neun dunkle Querbinden, von denen jedoch mit Sicherheit nur die drittletzte immer zu erkennen ist. Diese Binde endet oben und unten in einem Augenfleck in der Rücken- bzw. Afterflosse. Auch bei älteren Fischen sind dieses Band und die beiden Augenflecken stets zu sehen. Kiemendeckel braunrot mit grünlichen Strichen. Auf den Körperseiten zahlreiche rötliche Tüpfelchen, die zeitweilig erschwinden können. Rükkenflosse grünlich bis dunkelbraun, Afterflosse vorne braun und nach hinten in Grün übergehend. Schwanzflosse durchscheinend grünlich, Bauchflossen braun. Augeniris rot. Offenbrüter.
Haltung: Der Augenfleckbuntbarsch ist ein majestätischer und schöner Fisch, der sich gemessen und ruhig verhält. Trotz seiner Größe ist er einer der friedlichsten Buntbarsche und behelligt auch wesentlich kleinere Fische nicht. Selbst mit Artgenossen verträgt er sich fast immer. Seine Pflege erfordert jedoch große Behälter, die man aber ruhig mit robusten Pflanzen ausstatten kann. Eignet sich auch zur Vergesellschaftung mit Segelflossern und Flaggenbuntbarschen. Als Brutpfleger ist er äußerst zuverlässig, und auch einzeln gehaltene Paare pflegen Eier und Jungfische meist gut. Die Augenfleckbuntbarsche sind sehr produktiv, und ein Gelege ausgewachsener Fische kann 500 und mehr Eier umfassen. Normalerweise laichen jedoch diese großen Fische während einer Fortpflanzungsperiode nur einmal. Entfernt man aber das Gelege (bei künstlicher Aufzucht), so kommen mehrere Eiablagen kurz hintereinander zustande. Pflege- und Zuchttemperatur 24–28 °C.

Cichlasoma spilurum

Vorkommen: Guatemala.
Länge: 10 cm, Weibchen jedoch wesentlich kleiner.
Kennzeichen: Körperform gleicht der von *C. nigrofasciatum*. Jungfische haben ein Muster

von Querbändern, welches an die Zeichnung von *C. nigrofasciatum* und *C. cutteri* erinnert. Bei den Weibchen ist diese Zeichnung auch bei ausgewachsenen Exemplaren gut zu erkennen. Erwachsene Männchen dagegen verlieren diese Zeichnung meist vollständig und werden einfarbig gelbgrau bis blaugrau. Ihre Stirn wird steil und hat oft einen kräftigen Buckel. Im Vergleich zum Körper ist der Kopf heller gefärbt. Je nach Stimmung kann bei einzelnen Tieren eine schwach angedeutete Zebrazeichnung sichtbar sein. Bei den Weibchen ist die Grundfärbung grauer mit dunkelblauen Punkten auf der Körpermitte. Bei ihnen treten die Querbinden besonders während der Fortpflanzungszeit deutlich hervor. Diese Art ist unzweifelhaft sowohl mit *C. nigrofasciatum* als auch mit *C. cutteri* nahe verwandt.
Haltung: Vertreter dieser drei Arten lassen sich ohne Schwierigkeiten miteinander verpaaren. Die Nachzuchttiere aus solchen Kreuzungen sind jedoch allem Anschein nach steril. Bei der Laichabgabe werden eindeutig Höhlen, Spalten und ähnliche Hohlräume vorgezogen. Die Eier werden auch in Hohlräumen mit sehr enger Eingangsöffnung abgesetzt. Manche Paare können auch beim Laichgeschäft in lange Röhren eindringen. Bei solchen Gelegenheiten kommt das Weibchen meist erst wieder zum Vorschein, wenn die Jungfische bereits schwimmen.

Cichlasoma tetracanthus
Kuba-Buntbarsch

Vorkommen: Die Inseln Kuba und Barbados, wird stellenweise auch in Brackwasser gefunden.
Länge: Bis 20 cm.
Kennzeichen: Körperform mäßig hoch und seitlich abgeplattet. Kopf ziemlich spitz, und Stirn weniger steil als bei den meisten anderen *Cichlasoma*-Arten. Ihre Grundfärbung ist graugelb mit einem Muster dunklerer Streifen und Flecken. Diese Art kann jedoch sowohl ihre Grundfärbung wie ihre Zeichnung schlagartig wechseln.
Haltung: Wurde in den dreißiger Jahren häufiger gehalten und auch regelmäßig im Aquarium vermehrt, ist aber heute kaum noch als Aquarienfisch anzutreffen.

Cichlasoma trimaculatum

Vorkommen: Guatemala und südliches Mexiko.
Länge: Bis 30 cm.
Kennzeichen: Körperform hoch und seitlich stark zusammengedrückt. Der Kopf ist verhältnismäßig spitz und hat bei älteren Fischen oft eine eingebuchtete Stirnlinie. Grundfärbung hellgrau bis grüngrau mit einem aus unregelmäßigen Flecken bestehenden Längsband. Auf dem Nacken und auf der oberen Hälfte der Schwanzwurzel je ein deutlich abgegrenzter dunklerer Fleck. Flossen blaugrau bis bräunlich, meist mit dunklerer Tönung als die Körperfärbung. Brustpartie rötlich, Augeniris orangefarbig bis rot. Offenbrüter.
Haltung: Als Aquarienfisch ist diese Art recht neu, und über ihr Verhalten liegen kaum Beobachtungen vor. Rücken- und Afterflosse sollen beim Männchen länger ausgezogen sein.

Crenicára

Eine nur aus drei Arten bestehende Gattung kleiner Buntbarsche mit maximal 10 cm Körperlänge. Es handelt sich um ungewöhnlich schlanke Fische mit fließenden und eleganten Bewegungen. Die Stirn ist stark gewölbt und das Maul deutlich unterständig. Ihre Grundzeichnung besteht aus einem Muster von Rautenflecken, das besonders bei den Jungfischen hervortritt. Diese Zeichnung hat den Fischen ihren deutschen Namen, Schachbrettbuntbarsche, eingebracht. Über ihr Vorkommen in der Natur liegen nur äußerst spärliche Angaben vor. Sie dürften jedoch ohne Zweifel aus Gewässern mit sehr niedrigem Mineralgehalt stammen. Bei ihrer Haltung im Aquarium hat sich gezeigt, daß sie sich in weichem Wasser am wohlsten fühlen und sich darin auch gut ver-

mehren lassen. Ihre Eier sind hochempfindlich gegen Verpilzungen, eine Eigenheit, die bei vielen Fischen vorkommt, die aus ausgesprochen weichem Wasser mit sauren pH-Werten stammen. Bei Haltung und Zucht stellen sie an die Wasserhygiene hohe Ansprüche und sind gegen allzu viel Abfallprodukte im Wasser empfindlich. Häufige, teilweise Wasserwechsel sind vor allem bei der Aufzucht von Jungfischen angebracht. Entgegen manchen Angaben in der Fachliteratur treten die *Crenicára*-Arten in der Regel als Offenbrüter auf. Die Eier werden nicht nur auf Steinen oder Wurzeln abgesetzt, sondern häufig auch auf Pflanzenblättern. Die Gelege bestehen je nach Alter und Größe des Weibchens aus 50–100 Eiern. Diese schlüpfen bei einer Temperatur von 25–26° C nach ca. drei Tagen, und nach weiteren vier Tagen schwimmen die Jungfische frei. Ihre Anfütterung erfolgt am besten mit Rädertierchen. Das Weibchen scheint alleiniger Brutpfleger zu sein und verjagt das Männchen nach erfolgter Laichabgabe meist aus der Nähe des Geleges. Da im Aquarium die Weibchen meist schlechte Brutpfleger sind, wurden bisher die meisten Jungfische künstlich aufgezogen. Wirklich sichere Beobachtungen über das Brutpflegeverhalten liegen daher kaum vor. Bei der künstlichen Aufzucht von *Crenicára*-Arten bringen manche Züchter das Gelege in ständig zirkulierendem Frischwasser unter.
Eingeführt und im Aquarium nachgezüchtet wurden bisher die zwei anschließend beschriebenen Arten. Eine dritte Art wurde unter dem Namen *Crenicára punctulata* im Handel angeboten. Die Artidentität dieser Fische ist jedoch äußerst unsicher.

Crenicára filamentosa

Vorkommen: Stammt aus dem mittleren Amazonasgebiet, der genauere Fundort ist jedoch nicht bekannt.
Länge: Bis 8,5 cm.
Kennzeichen: Körperform sehr schlank und Körperquerschnitt fast rund. Bauchflossen lang ausgezogen. Rücken- und Afterflosse beim Männchen spitz, die Schwanzflosse oben und unten zu einer Spitze ausgezogen. Junge Exemplare zeigen auf einem grüngrauen bis grauen Grund ein Schachbrettmuster auf der oberen Körperhälfte. Die Körperform ist beim Jungfisch zunächst eher gedrungen und wird erst mit zunehmendem Alter langgestreckter. Ausgewachsene Männchen sind oberseits graubraun, unterseits gelbbraun. Ein Längsband läuft durch das sehr große Auge von der Schnauzenspitze zur Schwanzwurzel. Rückenflosse mit roten Tupfen und blauer oberer Kante. Schwanzflosse blau und braunrot gesäumt. Afterflosse blau mit roten oder braunroten Strichen und Punkten. Erwachsene Weibchen mit roten Bauchflossen, die übrigen Flossen abgerundet.

Crenicára maculata

Vorkommen: Mittleres Amazonasgebiet.
Länge: Bis 10 cm.
Kennzeichen: Die Körperform ist der vorherigen Art ähnlich, doch ist die Grundfärbung gelblicher. Jungfische haben ein ausgeprägtes Schachbrettmuster, das bei älteren Fischen nur angedeutet ist und zeitweise vollständig verschwinden kann. Männchen und Weibchen recht unterschiedlich in Form und Färbung. Beim Männchen sind Rücken- und Afterflosse lang ausgezogen und mit einem Muster, bestehend aus roten Tupfen, und mit braunroten Flossensäumen versehen. Brustflossen orangefarbig. Beim Weibchen ist die Jugendzeichnung teilweise erhalten, die Flossen sind gelblicher und besonders die Bauchflossen sind während der Fortpflanzungszeit intensiv gelb gefärbt.

Crenicichla

Eine in den tropischen Teilen Südamerikas weit verbreitete artenreiche Buntbarschgattung, die mit dem deutschen Namen Kammbarsche belegt wurden. Es sind gestreckte Fische mit fast rundem Körperquerschnitt,

Flossen- und Schuppenformeln der wichtigsten *Crenicichla*-Arten:			
	D	A	mLR
C. dorsocellata	XX–XXIII/10–13	III/8	62–65
C. geayi	XXII/11	III/8	57
C. lepidota	XVII–XVIII/13–14	III/8–10	45–60
C. notophthalmus	XX–XXII/10–13	III/8–11	54–60
C. saxatilis	XVII–XX/13–16	III/8–10	50–62

spitzem Kopf, tiefgespaltenem Maul und von räuberischer Natur. Typisch für ihr Aussehen ist die sehr lange Rückenflosse und die kleine und kurze Afterflosse. Die Schwanzflosse ist abgerundet. Die *Crenicichla*-Arten sind echte Raubfische, die in Wasserpflanzen und Fallholz versteckt auf Beute lauern. Kleinere Fische werden im Stoß ergriffen und mit dem Kopf voraus verschlungen. Als Aquarienbewohner sind sie nur für Spezialisten und öffentliche Aquarien von Interesse. Bei der Zusammenstellung von Zuchtpaaren ist es angebracht, die Partner sich selbst finden zu lassen. Bei willkürlichem Zusammensetzen kommt es sonst leicht zu Raufereien, oft mit tragischem Ausgang für den schwächeren Partner. Kleinere Arten wie z. B. *C. lepidota, C. dorsocellata* und einige andere, können jedoch gut in Gesellschaft anderer größerer Buntbarschegehalten werden. Gegenüber Fischen, die zu groß sind, um als Nahrung dienen zu können, sind sie sogar ausgesprochen friedlich. Aquarien für *Crenicichla*-Arten sollten gut bepflanzt sein und zahlreiche Versteckplätze aufweisen. Als Jungfische werden verschiedene *Crenicichla*-Arten häufiger zusammen mit anderen Fischen importiert und sind von Zeit zu Zeit im Handel erhältlich.
Einige Arten sind auch schon im Aquarium vermehrt worden. Die *Crenicichla*-Arten sind Offenbrüter, die in Laichgruben oder auf Steinen laichen.

Crenicichla dorsocellata
Fleckenkammbarsch

Vorkommen: Mittleres Amazonasgebiet.
Länge: Bis 20 cm.

Kennzeichen: Grundfärbung grüngrau, während der Fortpflanzungsperiode in grünblau übergehend. Jungtiere haben sieben oder acht dunklere Querbinden, die bei älteren Fischen verschwinden. Während der Brutpflege sind diese Querbinden jedoch auch bei den erwachsenen Fischen sichtbar. Bei erwachsenen Tieren befinden sich in der Rückenflosse ein bis drei dunkle Punkte. Diese Punkte liegen am Anfang eines langgestreckten roten oder braunroten Feldes, das sich bis zum Ende der Rückenflosse erstreckt. Weicher Teil der Rükkenflosse und die Afterflosse mit schwarzem Saum. Innerhalb ihres großen Verbreitungsgebietes ist jedoch diese Art variabel, und es können bedeutende Abweichungen in Färbung und Zeichnung vorkommen.
Haltung: Laichen in offenen Gruben, wobei angeblich das Männchen bei der Brutpflege der aktivere Teil sein soll. Benötigt, um in Laichverfassung zu kommen, kräftiges Futter, nach Möglichkeit auch kleinere Futterfische.

Farbtafel 9:
Oben: Haplochromis moorii
Unten: Haplochromis fuscotaeniatus

Crenicichla geayi

Vorkommen: Weit verbreitet in Brasilien, Guayana und Venezuela.
Länge: Bis 20 cm.
Kennzeichen: Grundfärbung grüngrau, Jungfische mit neun oder zehn Querbinden, welche bei älteren Fischen nur selten zu sehen sind. In der oberen Hälfte der Schwanzflosse befindet sich ein Augenfleck. Rücken- und Afterflosse mit rotbraunen Tupfen, Bauchflossen rötlich. Geschlechtsunterschiede nicht bekannt.

Crenicichla lepidota
Pfauenaugenkammbarsch

Vorkommen: Weit verbreitet in Südamerika, vom Stromgebiet des Amazonas bis zum Stromgebiet des Rio de La Plata.
Länge: 20 cm.
Kennzeichen: Diese Art ist seitlich ein wenig zusammengedrückt und nicht ganz so rund im Körperquerschnitt wie ihre Verwandten. Junge Fische, bis etwa zu einer Länge von 10 cm, haben eine graugrünliche Grundfärbung und ein Längsband von der Schnauzenspitze bis zur Schwanzwurzel. Neun oder zehn Querbinden erstrecken sich über die obere Körperhälfte und enden im Längsband. Ein Pfauenaugenfleck befindet sich auf der Basis der Schwanzflosse und ein halbmondförmiger Fleck in der Mitte am hinteren Schwanzflossenrand. Bei älteren Fischen verblassen die Querbänder und der hintere Teil des Längsbandes. Lediglich zwischen Auge und einem Schulterfleck ist das Längsband auch bei älteren Fischen zu sehen. Die Flecken in der Schwanzflosse können zeitweilig ebenfalls verschwinden. Die Grundfärbung erwachsener Fische ist grüngrau mit zahlreichen silbrigen Tupfen und Flecken. Rückenflosse mit rötlichem Saum, Basis der Schwanzflosse rötlich. Offenbrüter und sehr produktiv.
Haltung: C. lepidota ist schon öfter erfolgreich im Aquarium vermehrt worden.

Crenicichla notophthalmus

Vorkommen: Amazonasgebiet.
Länge: Bis 15 cm.
Kennzeichen: Eine verhältnismäßig kleine Art von sehr gestrecktem Körperbau. Jungfische mit sieben bis acht dunklen Querbinden. Bei älteren Fischen verschwindet diese Bindenzeichnung und macht einer einheitlichen Grundfärbung Platz. Diese ist je nach Stimmung grün bis grünblau, zum Rücken hin dunkler und in ein dunkles Graugrün übergehend und an den Flanken bläulich schimmernd. Rückenflosse grünviolett mit brauner Kante und mit einem Pfauenaugenfleck etwa in der Mitte. Afterflosse graugrün mit rotbraunem Saum. Schwanzflosse im oberen Teil mit braunen Tupfen. Augeniris rot. Bei brutpflegenden Fischen vertiefen sich alle Farben und außerdem zeigen sich erneut die Querbänder des Jugendkleides. Offenbrüter.
Haltung: Wahrscheinlich die Art, die sich noch am ehesten für das Liebhaberaquarium eignet. Bereits im Aquarium nachgezogen. Wassertemperatur 23–25°C. Zur Zucht eher noch etwas wärmer, da diese Art sehr wärmeliebend ist.

Crenicichla saxatilis

Vorkommen: Weit verbreitet im östlichen Südamerika, von Venezuela bis in das südliche

---

Farbtafel 10:
Oben: Haplochromis lubochilus
Unten: Hemichromis bimaculatus

Brasilien. Kommt ebenfalls auf Trinidad vor.
Länge: Bis 35 cm.
Kennzeichen: Kann wie die vorherigen Arten sowohl in Färbung wie Zeichnung, je nach Herkunft und Befindenden, sehr verschieden sein. Jungfische können leicht mit Jungfischen anderer Arten verwechselt werden, besonders mit Jungfischen von *C. lepidota.* Nach Sterba unterscheidet ein dunkler braunroter Fleck, der von einem hellgelben Band umgeben ist und sich im vorderen oberen Teil der Schwanzflosse befindet, diese Art sicher von *C. lepidota.* Ausgewachsene Fische sind einfarbig graugrün bis ockerfarbig. Jungfische haben eine dunkelbraune Längsbinde, die von der Schnauzenspitze bis zur Schwanzwurzel führt.
Haltung: Von dieser Art, die recht groß wird, können nur Jungfische vorübergehend im Zimmeraquarium gehalten werden. Ausgewachsene Exemplare sind schöne Schaustücke für öffentliche Aquarien.
Mit Importfischen aus Südamerika kommen ab und zu Streuexemplare verschiedener *Crenicichla*-Arten als Jungfische nach Europa. Eine sichere Artbestimmung ist jedoch häufig am lebenden Fisch nicht möglich.

Geophagus

Eine im östlichen Südamerika weit verbreitete Buntbarschgattung, deren Vorkommen sich von Guayana im Norden bis nach Argentinien im Süden erstreckt. Die beiden Arten *G. brasiliensis* und *G. australe* kommen stellenweise auch in Brackwasser vor. Die meisten Arten dieser Gattung werden 25–30 cm lang und sind als Speisefische geschätzt. Ihre Körperform ist hochrückig und seitlich abgeplattet. Am Kopf ist die obere Profillinie bedeutend stärker gekrümmt als die untere. Bei manchen Arten ist die Schnauze lang ausgezogen und der Sitz des Auges hoch. Vorgeschobenes Maul und hochstehende Augen sind zu einem gewissen Grade Anpassung an die besondere Art der Nahrungsaufnahme, die für diese Fische typisch ist. Der Gattungsname *Geophagus* bedeutet „Erdfresser", und tatsächlich nehmen diese Fische Erde oder richtiger gesagt Bodensubstrat mit dem Maule auf. Besonders häufig kann man dies bei Arten wie *G. jurupari, G. surinamensis* und *G. steindachneri* beobachten. Unter eifrigen Kaubewegungen wird aus dem aufgenommenen Bodensubstrat alles Genießbare herausgesiebt. Ungenießbare feinere Teile werden durch die Kiemenspalten abgeblasen und die gröberen Reste ausgespuckt.
Das Fortpflanzungsverhalten dieser Gattung ist besonders interessant. Man findet hier fließende Übergänge zwischen Offenbrütern und Maulbrütern.
Zu Unrecht stehen die *Geophagus*-Arten in dem Ruf, Raufbolde und Pflanzenzerstörer zu sein. Ihre Unverträglichkeit erstreckt sich doch allenfalls auf Artgenossen, um andere Fische kümmern sie sich kaum. Einige der maulbrütenden *Geophagus*-Arten gehören sogar unzweifelhaft zu den friedlichsten Großcichliden überhaupt. Aquarien für *Geophagus*-Arten sollten eine leistungsfähige Filterung besitzen, und Bodengrund sollte zumindest stellenweise aus feinem Sand bestehen. Bei den meisten Arten ist es durchaus möglich, das Aquarium mit robusteren Wasserpflanzen auszustatten. Die Pflanzen werden zunächst in Blumentöpfe gesetzt und die Töpfe dann in das Bodenlager eingegraben. Rings um die Pflanzen wird der Bodengrund mit größeren Steinen abgesichert, so daß es für die Fische unmöglich ist, in unmittelbarer Nähe der Pflanzen zu buddeln. Die feineren Sandpartien des Bodengrundes werden, durch das ständige Durchkauen ihrer obersten Schicht, nach und nach vollkommen waagrecht eingeebnet.
Im Futter sind die *Geophagus*-Arten nicht wählerisch und fast jede Nahrung wird angenommen. Sie fressen auch kleine Futtertierchen wie z. B. Wasserflöhe gerne. Will man jedoch größere Fische zum Laichen bringen, so benötigen sie kräftigeres Futter, am besten Insektenlarven. Manche Arten fressen auch Algen und andere zartere Pflanzenkost. Ihre Temperaturansprüche sind je nach Herkunft

Flossen- und Schuppenformeln der wichtigsten *Geophagus*-Arten:

	D	A	mLR
G. acuticeps	XII–XIV/11–12	III/7–8	30–31
G. australe	XII–XIV/10–11	III/8	25–27
G. brasiliensis	XIV–XVI/10–13	III/8–9	27–30
G. cupido	XV/9–10	III/9	29–31
G. gymnogenys	XIII–XIV/10–11	III/8–9	27–30
G. jurupari	XV–XVI/9–10	III/6–7	29–30
G. steindachneri	XIII–XV/9–10	III/5–7	28–32
G. surinamensis	XVII–XIX/11–12	III/7	33–36

recht unterschiedlich. Tropische Arten sollten bei Temperaturen zwischen 24–28° C gehalten werden, dagegen sind Arten wie *G. gymnogenys* und *G. australe,* die aus dem Süden des Verbreitungsgebietes stammen, unempfindlich gegen niedrige Temperaturen. Vorübergehend vertragen diese Fische sogar Temperaturen bis herab zu 12–14° C, und man kann sie während der Sommermonate in Mitteleuropa in Gartenteichen halten.

Geophagus acuticeps
Perlmutterfisch

Vorkommen: Amazonasgebiet.
Länge: Bis 25 cm.
Kennzeichen: Körperform hoch und seitlich stark zusammengedrückt. Kopf groß und mit auffällig tiefer Maulspalte. Grundfärbung gelblich-grün. Schuppen mit wundervollem silbern-grünlich irisierendem Glanz. Auf der hinteren Körperhälfte zwei dunkle Flecken, einer etwa in der Mitte des Körpers, der zweite etwa in der Mitte zwischen dem ersten Fleck und der Schwanzflossenbasis. Auf der Schwanzwurzel ein schwarzer gelbumrandeter Augenfleck. Auf der unteren Kiemendeckelhälfte befinden sich grünglänzende Punkte. Rückenflosse grünlich und mit dunkelbraunem Saum. Afterflosse an der Basis grüngelb und nach außen braunrot. Bauchflossen sehr lang ausgezogen. Bei älteren Fischen kommen verlängerte Weichstrahlen in der Rückenflosse vor, es steht jedoch nicht fest, ob dieses Merkmal geschlechtsgebunden ist. Jungfische werden schon bei 10–12 cm Länge geschlechtsreif. Offenbrüter, dessen Brutpflege stark an *Cichlasoma*-Arten erinnert.

Geophagus australe

Vorkommen: Das Stromgebiet des Rio de La Plata, auch im Brackwasser.
Länge: 20 cm.
Kennzeichen: Ähnelt *G. acuticeps,* doch steigt bei *G. australe* die Stirnlinie in einem gleichmäßig gerundeten Bogen an. Grundfärbung graugrün. Jungfische haben sieben oder acht dunklere Querbänder, die jedoch mit zunehmendem Alter verblassen und bei älteren Fischen nur mitunter andeutungsweise zu sehen sind. Meist läßt sich lediglich ein unregelmäßiger, dunklerer Fleck auf der Mitte des Körpers erkennen. Eine kurze Augenbinde, die vom Nacken durch das Auge bis zum unteren Rande des Kiemendeckels verläuft, ist meist sichtbar. Grundfärbung graugrün und zum Rücken hin in ein dunkleres Graubraun übergehend. Flanken metallisch glänzend. Auf dem Kiemendeckel und den unpaarigen Flossen grünlich schimmernde Flecken. Offenbrüter.
Haltung: Eine nur selten gehaltene Art.

Geophagus brasiliensis
Brasil-Perlmutterfisch

Vorkommen: Die gesamte Küstenregion Brasiliens, sehr häufig. Auch im Brackwasser.
Länge: Bis 28 cm.

Kennzeichen: Körperform oval, mit zunehmendem Alter höher werdend und seitlich stark abgeplattet. Der Kopf erscheint weniger spitz als bei den vorherigen Arten, und seine Profillinien sind gleichmäßiger gekrümmt. Grundfärbung gelb bis gelbbraun, bei Wohlbefinden dunkler. An den Kopfseiten und auf den Kiemendeckeln große „Perlmutterflekke". Über den Körper ziehen sich einige Reihen leuchtender blaugrüner Schuppen. Rükken-, Schwanz- und Afterflosse rotbraun und gleichfalls mit perlmutterschimmernden Flekken und Punkten. Bauchflossen bläulich und mit schwarzen Strahlen. Rücken- und Afterflosse beim Männchen länger ausgezogen. Ist schon mit 8–10 cm Länge fortpflanzungsfähig. Offenbrüter mit äußerst intensiver Brutpflege und sehr produktiv.
Haltung: Gräbt leider während der Fortpflanzungszeit viel im Bodengrund, so daß eine Bepflanzung bei großen Paaren oft nicht möglich ist.

Geophagus cupido

Vorkommen: Guayana und mittleres Amazonasgebiet.
Länge: 13 cm.
Kennzeichen: Körperform hoch und seitlich stark zusammengedrückt. Am Kopf läuft die obere Profillinie steil in einem gleichmäßig gekrümmten Bogen bis zum Ansatz der Rückenflosse. Untere Profillinie ist gerader. Rückenlinie fällt vom Rückenflossenansatz in sanft geschwungenem Bogen bis zur deutlich abgesetzten Schwanzwurzel. Grundfärbung gelbbraun, zum Rücken hin in Braun oder Braungrün übergehend. Auf der hinteren Körperhälfte befindet sich unter dem weichen Teil der Rükkenflosse ein hellumrandeter schwarzer Fleck. Vom Nacken ausgehend verläuft eine scharf abgegrenzte Binde durch das Auge zum unteren Kiemendeckelrand. Über die Fortpflanzung dieser Art besteht noch Unklarheit. Im Freiland gefangene Fische sollen Jungfische im Maule getragen haben. Dieser Beobachtung stehen Aquarienbeobachtungen gegenüber, nach denen diese Art als Höhlenbrüter auftreten soll. Derartige Beobachtungen brauchen nicht notwendigerweise widersprüchlich zu sein; bei maulbrütenedden *Geophagus*-Arten muß man mit allen denkbaren Zwischenstadien rechnen. Es kann z. B. durchaus sein, daß die Jungfische erst fast schwimmfertig ins Maul genommen werden, und diese kurze Maulbrutphase im Aquarium übersehen wird. Da diese Art während der letzten Jahre wiederholt eingeführt worden ist, kann damit gerechnet werden, daß ihre Fortpflanzungsweise in absehbarer Zeit geklärt wird. Von manchen Autoren wird diese Art als eine monotypische Gattung (Gattung mit nur einer Art) unter dem Namen *Biotodoma cupido* geführt.

Geophagus gymnogenys
Dunkler Perlmutterfisch

Vorkommen: Südliches Brasilien, Uruguay, nördliches Argentinien.
Länge: 21 cm.
Kennzeichen: Körperform gestreckter als bei den vorherigen Arten. Stirnlinie älterer Fische meist etwas nach innen eingebuchtet. Grundfärbung graubraun bis braun. Auf der Körperseite ein dunkler, von einem helleren Rand umgebener Fleck. Schuppen perlmutterglänzend und mit dunklem Rand. Auf den Kiemendeckeln grünleuchtende Tüpfelchen. Unpaarige Flossen rotbraun und in ihren weichen Teilen mit zahlreichen Perlmutterflecken. Bauchflossen grünlich und mit schwarzen Strahlen. Eine stark wühlende Art, die häufig auch in Höhlen ablaicht. Färbung während der Fortpflanzung äußerst intensiv. Rückenflosse beim Männchen stärker ausgezogen.
Haltung: Eine harte und äußerst unempfindliche Art.

Gophagus jurupari
Teufelsangel

Vorkommen: Guayana und nordöstliches Brasilien.
Länge: Bis 25 cm.

Kennzeichen: Körperform gestreckt und seitlich stark zusammengedrückt. Obere Profillinie des Kopfes steil, untere fast gerade. Grundfärbung hell-olivgrün bis gelbgrün. Flanken mit grünlichem Schimmer, jede Schuppe an der Basis mit einem leuchtenden Pünktchen. Ein mit zunehmendem Alter verblassendes Längsband verläuft vom Kiemendeckelrand zur Schwanzwurzel. Jungfische zeigen außerdem acht bis zehn dunkle Querbinden. Auf dem Oberkiefer befinden sich vor dem Auge braune und gelbe Streifen, die schräg von unten nach oben verlaufen. Erwachsene Fische haben auf der unteren Hälfte des Kopfes silbrig-grüne Flecken. Flossen graugrün und mit helleren Flecken und Strichen. Hartstrahlen der Rückenflosse bei älteren Fischen oft mit fast schwarzen Spitzen.
Haltung: Seinem etwas grimmigen Aussehen zum Trotz ist die Teufelsangel ein äußerst friedfertiger Fisch, der auch wesentlich kleinere Arten vollständig unbehelligt läßt. Sichert man die Bepflanzung mit einem Lager gröberer Kieselsteine, so kann man Aquarien mit Teufelsangeln auch bepflanzen. Robustere Arten wie z.B. *Echinodorus*-Arten und größere *Cryptocoryne*-Arten lassen sie in Frieden. Das Durchkauen des Bodengrundes besorgt diese Art äußerst systematisch und macht dem Namen Erdfresser alle Ehre. Ihrem Verhalten nach sind die Teufelangeln ruhige Fische. Sie werden schnell zutraulich, lernen ihren Pfleger kennen und nehmen Futterstückchen direkt aus der Hand. Neben Ersatzfutter fressen sie alle Sorten von Futtertierchen, besonders gerne jedoch Mückenlarven, Tubifex und kleine Laubregenwürmer. Die Geschlechtsbestimmung ist oft schwierig. Angaben, daß bei den Männchen der erste Bauchflossenstrahl bzw. gewisse Rückenflossenstrahlen verlängert sind, können zutreffen, brauchen es aber nicht. Besonders bei jüngeren Fischen - diese Art wird schon mit einer Länge von 10–12 cm geschlechtsreif - sind Unterschiede oft kaum festzustellen.
Die Eier werden zunächst wie bei Offenbrütern auf einem harten Substrat abgesetzt und erst im weiteren Brutpflegeverlauf ins Maul genommen. Diese recht ursprüngliche Form der Maulbrutpflege hat sich mit größter Wahrscheinlichkeit erst im Verlaufe einer verhältnismäßig späten Entwicklungsphase herausgebildet und ist noch immer flexibel. Bei den maulbrütenden *Geophagus*-Arten ist, im Gegensatz zu fast allen anderen Maulbrütern, die Paarbildung monogam. Dazu ist der Zeitraum, nach welchem die Eier ins Maul genommen werden, recht unterschiedlich. Manche Paare beginnen schon 24 Stunden nach der Laichabgabe, die Eier von ihrer Unterlage zu lösen und ins Maul zu nehmen. Andere Paare können erst am zweiten oder sogar erst am dritten Tag nach der Laichabgabe damit beginnen. Ob bei diesem unterschiedlichen Verhalten Umweltfaktoren (Störungen) eine Rollen spielen, ist bisher noch nicht klargestellt. Weiterhin ist es bei diesen Fischen auch nicht unbedingt sicher, daß beide Elternfische als Maulbrüter auftreten, auch wenn dies die Regel zu sein scheint. Sicher dagegen ist, daß die Anzahl der vom Weibchen aufgenommenen Eier meist größer ist. Es kann aber auch vorkommen, daß alle Eier zunächst vom Weibchen aufgenommen werden und daß sich die Partner im weiteren Verlauf der Brutpflege beim Tragen der Eier ablösen. Schließlich werden die Jungfische oft schon, bevor sie schwimmfertig sind, vorübergehend aus dem Maul entlassen. Dabei werden die Larven in vorbereitete Gruben gespuckt, in denen sie mehrere Stunden verbleiben können. Es kommt jedoch mitunter vor, daß diese Phase vollständig entfällt. Auch dies ist möglicherweise durch äußere Faktoren (Vorhandensein anderer Fische) bedingt. Die Rollenverteilung an den Brutpflegeaufgaben kann also verschieden sein, und der Brutpflegeablauf kann sich unterscheiden. In allen Stadien der Brutpflege sind jedoch stets beide Elternteile daran beteiligt; ohne Zweifel bildet sie eine echte Elterngemeinschaft. Weiterhin seien in diesem Zusammenhang noch Unterschiede physiologischer Natur zwischen den Eiern von echten Maulbrütern und denen von maulbrütenden *Geophagus*-Arten erwähnt.

Bei der künstlichen Aufzucht von Jungen echter Maulbrüter, die für Forschungszwecke z. B. bei Prägungsversuchen mitunter notwendig ist, benötigt man eine zweckentsprechende Laboreinrichtung. In einem solchen „Schlupfapparat", in welchem man die Eier echter Maulbrüter zur Entwicklung bringt, wird jedes Ei einzeln in ein Röhrchen aus rostfreier Metallgaze gesteckt. Alle Röhrchen werden dann periodisch, mit wenigen Minuten Zwischenraum, durch einen von unten kommenden Wasserstrom bewegt. Ohne diese ziemlich aufwendige Behandlung sterben sonst die Eier echter Maulbrüter schnell ab.

Eier von maulbrütenden *Geophagus*-Arten dagegen, kann man genau so leicht wie Eier substratbrütender Buntbarsche zur Entwicklung bringen. Dabei hat sich gezeigt, daß die Eier bei einer Temperatur von 26°C nach 75 Stunden schlüpfen. Zehn Tage nach der Laichabgabe schwimmt die Brut frei. Sie wird am zweckmäßigsten mit *Artemia*-Nauplien angefüttert. Bei natürlicher Aufzucht durch die Eltern können diese Entwicklungszeiten, auch bei gleichbleibender Temperatur, erheblich voneinander abweichen. Möglicherweise hängen diese Unterschiede mit dem Sauerstoffsättigungsgrad des Wassers zusammen.

Bei maulbrütenden *Geophagus*-Arten wird die Brut von den Eltern anfänglich nur für kürzere Zeiträume aus den Mäulern entlassen. Erst nach einer Woche beginnen die Jungfische sich auch für längere Zeitperioden im freien Wasser aufzuhalten.

Geophagus steindachneri

Vorkommen: Oberes Stromgebiet des Rio Magdalena in Kolumbien.
Länge: 16 cm.
Kennhezeichen: Ähnelt in der Körperform der Teufelsangel, doch ist *G. steindachneri* etwas höher. Ausgewachsene Männchen haben am Übergang zwischen Kopf und Rücken einen kräftigen Buckel von braunroter Färbung. Die Lippen sind kräftig ausgeformt und im Mundwinkel befindet sich bei geschlechtsreifen Männchen ein brauner Fleck. Dieser Fleck, wie auch der Buckel, dürften bei Paarung und Brutpflege als Schlüsselreizfunktionen haben. Grundfärbung im übrigen gelblichbraun. Unterseits mitunter mit einem unregelmäßigen Muster. Rücken-, Schwanz- und Afterflosse mit braunroten und grünlichen Flecken. Rückenflosse mit hellem Saum. Bei Wohlbefinden schimmern die Körperseiten grünlich. Diese Art soll zu den Maulbrütern gehören.

Geophagus surinamensis
Surinam-Perlfisch

Vorkommen: Östliches Guayana und Surinam.
Länge: Bis 25 cm.
Kennzeichen: Körper hoch und seitlich stark zusammengedrückt. Die obere Profillinie des verhältnismäßig großen Kopfes ist steil, die untere flach, fast gerade. Die Rückenlinie fällt vom Rückenflossenansatz gleichmäßig zur Schwanzwurzel ab. Jüngere Tiere sind gelbbraun bis gelbgrün mit einem großen dunklen Fleck auf der Körpermitte. Ältere Exemplare mehr rotbraun bis rötlich, mit roten Längsstreifen und Reihen von gelblich oder orangefarbig leuchtenden Schuppen entlang der Körperseiten. Augeniris rot. Durch das Auge führt eine dunklere Binde vom Nacken zum Kiemendeckelrand. Unpaarige Flossen mit rötlichen und grünlichen Tupfen. Rückenflosse mit orangefarbiger oder roter Kante.
Haltung: In der Fortpflanzung stimmt der Surinam-Perlfisch weitgehend mit der Teufelsangel überein; er ist schon häufiger im Aquarium vermehrt worden. Allem Anschein nach ist das Stadium der eigentlichen Maulbrutpflege bei dieser Art doch kürzer, da nicht die Eier, sondern die bereits geschlüpften Larven ins Maul genommen werden.

Weitere Geophagusarten sind vereinzelt importiert worden, ohne Verbreitung als Aquarienfische gefunden zu haben. Lediglich über *G. balzani* aus Paraguay liegen Beobachtungen vor, die diese Art unter die Maulbrüter einreihen.

Herotilapia

Eine nur aus einer Art bestehende Gattung, die äußerst nahe mit *Cichlasoma* verwandt ist. Sie unterscheidet sich jedoch von dieser durch ihre Bezahnung.

Herotilapia multispinosa

Regenbogenbuntbarsch

Vorkommen: Nicaragua, Costa Rica und Panama.
Länge: 12 cm, Weibchen kleiner.
Kennzeichen: Körperform hoch und seitlich abgeplattet. Kopf verhältnismäßig spitz. Stirn bei älteren Fischen steiler und oft nach innen eingeknickt. Grundfärbung grüngelb bis hellgelb, auf dem Rücken dunkler und in Grün übergehend. Ein Längsband entlang der Körpermitte löst sich auf der hinteren Körperhälfte in mehrere längliche Felder auf. Augeniris leuchtend rot. Rücken- und Afterflosse an der Basis gelblich und nach außen in Grün übergehend. Schwanzflosse gelblich. Bei dieser Art ist die Eigenschaft, die Farbe zu wechseln, stark ausgeprägt; der Grundton kann sich nach rötlich oder bläulich hin ändern. Diese Eigenheit brachte der Art den Namen Regenbogenbuntbarsch ein. Junge Fische haben sechs oder sieben Querbänder. In seinem Verhalten und in der Brutpflege unterscheidet sich *H. multispinosa* nicht von den Angehörigen der Gattung *Cichlasoma*.

Nannacara

Eine kleine, lediglich aus zwei Arten bestehende Gattung, die im nordöstlichen Südamerika bis zum Amazonasgebiet vorkommt. Es sind kleine, maximal 8 cm lange Fische, die von den Aquarienfreunden mit zu den sogenannten Zwergcichliden gerechnet werden. Für ihre Haltung genügen schon kleine Behälter und man kann sie ohne jegliche Einschränkung in bepflanzten Aquarien halten. Im Aquarium tritt in der Regel das Weibchen als alleiniger Brutpfleger auf. In Bezug auf die Ablaichstelle sind sie nicht sonderlich wählerisch; neben den üblichen Laichabgaben in Höhlen kommen zuweilen auch solche auf flachen Steinen oder sogar auf Blättern vor. Nach erfolgter Eiablage wird das Männchen energisch vom Weibchen aus der Nähe des Geleges verjagt. Aus kleinen Aquarien muß man das Männchen entfernen, da es sonst leicht zu Schaden kommt. In größeren Aquarien soll es jedoch auch bei *Nannacara* zur Bildung von männlichen Überrevieren, die mehrere weibliche Unterreviere enthalten, kommen, wie wir es von manchen *Apistogramma*-Arten kennen. Unter solchen Bedingungen ist eine Beteiligung des Männchens an der Führung der Jungfische beobachtet worden.

Nannacara anomala

Gestreifter Zwergbuntbarsch

Vorkommen: Guayana.
Länge: Männchen bis 8 cm, Weibchen kleiner.
Kennzeichen: Körperform gestreckt und seitlich zusammengedrückt. Stirn steil und obere Profillinie des Kopfes kräftig gebogen, untere flacher. Vom Nacken an verläuft die Rückenlinie in einem gleichmäßig geschwungenen Bogen bis zur Schwanzwurzel. Die Bauchlinie ist gerader. Schwanzwurzel deutlich abgesetzt. Grundfärbung beim Männchen olivgrün bis blaugrün, mit metallischem Glanz. Unterhalb des Auges an den Kopfseiten unregelmägßige Flecken von leuchtend grüner Färbung. Rükkenflosse sehr groß, blaulila und mit einem doppelten Farbsaum, von denen der innere hellblau und der äußere braun bis rot ist. Schwanzflosse rötlich. Bauchflossen sehr groß und von leicht bläulicher Tönung, Afterflosse im gleichen Farbton und mit roten Strichen. Das Weibchen ist gelbbraun bis braun. Meist sind zwei dunkle Längsbinden zu sehen, sie können aber auch einem unregelmäßigen Fleckenmuster Platz machen. Zur Fortpflanzungszeit ist die Färbung gelblicher.
Haltung: Pflege- und Zuchttemperatur 23–28° C.

Nannacara taenia
Gebänderter Zwergbuntbarsch

Vorkommen: Amazonasgebiet.
Länge: 5 cm.
Kennzeichen: Recht variabel in der Färbung. Der Unterschied zwischen den Geschlechtern ist nicht so markant wie bei *N. anomala.* Grundfärbung mehr blaugrün bis blau. Alle Schuppen auf dem Rücken und den Körperseiten dunkel umrandet. Schwanzflosse und die weichen Teile der Rückenflosse mit hellblauen Tüpfelchen. Beim Männchen hat die Schwanzflosse an einem Teil des oberen hinteren Randes einen roten Saum. Weibchen blasser in der Färbung und während der Fortpflanzungsperiode mehr gelbbraun und mit einem dunklen Längsband vom Auge bis zur Schwanzwurzel.

Pterophyllum

Eine artenarme Gattung, deren Verbreitung sich auf die Stromgebiete des Orinoco und Amazonas erstreckt. Sie sind typische Bewohner stehender oder langsam fließender Gewässer mit dichten Beständen von Wasser- oder Sumpfpflanzen sowie von Fallholzlagern. Ihre eigentümliche hohe Körperform stellt eine hochgradige Anpassung an diese Lebensverhältnisse dar. Ihre Bewegungen sind ruhig und gemessen, doch können sie, besonders wenn sie erschreckt werden, blitzschnell über eine kurze Strecke fortschiessen. Es sind ausgesprochen friedliche Fische, deren schmale Maulspalten nur die Aufnahme von kleineren Futtertieren zulassen. Nach einer 1967 vorgenommenen Revision umfaßt die Gattung heute nur noch drei Arten. Die Geschlechtsunterscheidung ist bei diesen Fischen schwer. Nach äußeren Merkmalen sind nur sehr routinierte Züchter in der Lage, die Geschlechter zu unterscheiden. Für den weniger routinierten Aquarianer gibt nur die Form der Genitalpapille sichere Auskunft über das Geschlecht. Auf Deutsch werden die Vertreter der Gattung *Pterophyllum* Segelflosser genannt. Sie sollten nur in großen und gut bepflanzten Aquarien gehalten, und hauptsächlich mit lebenden Futtertieren ernährt werden. Gewiß, Segelflosser aus schon lange gehaltenen Zuchtstämmen sind hart und fressen so ziemlich alles, aber ihre Größe und ihr Aussehen sind auch meist dementsprechend. Entgegen einer weit verbreiteten Ansicht ist die schlechte Qualität der meisten Zuchtstämme nicht in erster Linie auf wirkliche Degeneration, sondern auf simple Haltungs- und Aufzuchtschäden zurückzuführen. Nur Fische, die in großen Aquarien bei guten wasserhygienischen Bedingungen und guter Futterversorgung heranwachsen, entwickeln sich zu großen Exemplaren mit einwandfreier Körperform.
Bei der Haltung von Importfischen - die beiden Arten *P. dumerilii* und *P. altum* stehen nur als Importfische zur Verfügung - ist folgendes zu beachten. Derartige Importfische stammen fast ausnahmslos aus mineralarmen Gewässern und sollten nicht in einem allzu harten Wasser gehalten werden. Ausgewachsen importierte Stücke nehmen oft keinerlei Ersatzfutter an. Hat man keinen laufenden Zugang zu lebenden Futtertierchen, so sollte man sich vor einem Einkauf davon überzeugen, daß die Fische Ersatzfutter annehmen. Auch in Bezug auf die Hälterungstemperatur sind Importfische oft empfindlicher und sollten nicht bei Temperaturen unter 24 °C gehalten werden.
Ihrer Fortpflanzungsbiologie nach sind alle Segelflosser Offenbrüter, die Eier werden auf Blättern oder an Pflanzenstengeln abgesetzt.

Pterophyllum altum

Vorkommen: Das Stromgebiet des Orinoco.
Länge: 14 cm.
Kennzeichen: Körperform hoch mit extrem verlängerter Rücken- und Afterflosse. Bauchflossen ebenfalls extrem verlängert und bogenförmig ausgezogen. Obwohl *P. altum* kaum größer wird als der gewöhnliche Segelflosser *P. scalare,* erscheinen die Fische doch häufig durch ihre noch höhere Körperform größer als diese. Durch folgende Merkmale unterschei-

det sich *P. altum* deutlich von anderen Segelflossern. Die Stirnlinie ist etwa halbwegs zwischen Schnauzenspitze und der ersten schwarzen Querbinde deutlich eingeknickt (= Nasenknick). *P. altum* hat zwischen den vier, bei allen Segelflossern vorhandenen Querbinden (eine durch das Auge, eine vom vorderen Ansatz der Rückenflosse ausgehend, eine von der Rückenflosse zur Afterflosse und eine auf der Schwanzwurzel) Zwischenbinden. Diese Binden, drei an der Zahl, laufen zwischen den anderen Binden. Sie sind heller grau, aber immer zu erkennen. Schließlich verjüngt sich die zweite schwarze Binde, die vom vorderen Teil der Rückenflosse zur Aftergegend verläuft, nach unten keilförmig.
Haltung: *P. altum* sind anspruchsvolle Pfleglinge für große Aquarien. Über Nachzuchtresultate ist bisher nichts bekannt geworden.

Pterophyllum dumerilii
Spitzkopfsegelflosser

Vorkommen: Der mittlere Amazonenstrom und dessen Seitengewässer. Soll angeblich auch in einigen Gewässern Guayanas gefunden worden sein.
Länge: 12 cm.
Kennzeichen: Im Vergleich mit den beiden anderen Arten der Gattung wirkt diese Art langgestreckter. Die Profillinien des Kopfes sind nicht gewölbt und verlaufen in gerader Linie. Als sicheres Unterscheidungsmerkmal gilt die erste Querbinde, die bei dieser Art gerade von der Stirn durch das Auge zum Kiemendeckelansatz läuft. Bei den beiden anderen Arten ist diese Linie bogenförmig, beginnt direkt vor dem Rückenflossenansatz und geht unten bogenförmig über den Kiemendeckelansatz hinaus. Während der letzten Jahre ist diese Art öfter importiert worden und wurde auch im Aquarium vermehrt. Ihr fehlt jedoch das majestätische Aussehen der beiden anderen Arten.

Pterophyllum scalare
Segelflosser oder Skalar.

Vorkommen: Das Stromgebiet des Amazonas, meist in Nebengewässern, sehr weit verbreitet.
Länge: 15 cm.
Kennzeichen: Die Spannweite zwischen den Spitzen von Rücken- und Afterflosse kann 22 cm betragen; es sind vereinzelte Stücke aus freien Gewässern bekannt geworden, die 25 cm Flossenspannweite aufwiesen. Aber selbst ohne diese extrem verlängerten Flossen ist der Körper hoch; Körperlänge und Körperhöhe verhalten sich dann zueinander etwa im Verhältnis 1:1,5. Innerhalb ihres großen Verbreitungsgebiets bestehen bei dieser Art bedeutende Unterschiede in Körperproportion und Größe. Abweichende Lokalformen sind schon mehrere Male importiert worden und haben zu Verwirrungen bei der Benennung geführt. So wurde z. B. 1924 eine kleinere Varietät eingeführt, die sogar unter dem Namen *P. eimekei* wissenschaftlich beschrieben wurde. Die damals eingeführten Fische waren unzweifelhaft von einem kleineren Typ und zeichneten sich durch ungewöhnlich lange und schön geschwungene Bauchflossen aus. Da sie sich jedoch ohne Schwierigkeiten mit den schon früher gehaltenen Fischen vermischten, waren nach einiger Zeit keine sichtbaren Unterschiede mehr festzustellen. Nach neueren Untersuchungen sind die mitunter bei *P. scalare* in der Natur vorkommenden Abweichungen durch unterschiedliche Verhältnisse innerhalb des sehr großen Verbreitungsgebietes dieser Art bedingt und nicht Merkmale von Arten bzw. Unterarten. Dementsprechend sind auch alle unsere Aquarienzuchtstämme der Art *P. scalare* zuzurechnen.
Die Profillinie von Kopf und Rücken steigt gleichmäßig an. Nasenknick nur unbedeutend oder vollständig fehlend. Bei älteren Fischen kommt es zuweilen zur Bildung einer breiten und deutlich vorgewölbten Stirn. Grundfärbung silbrig-weiß, zum Rücken hin etwas dunkler. Vier schwarze Querbinden, von denen die erste durch das Auge und die letzte

über die Schwanzwurzel verläuft, können zeitweilig eine etwas graue Färbung annehmen. Bei erwachsenen Fischen ist die Augenriis rot. Bei einzelnen Exemplaren kommen kürzere Zwischenbinden auf der oberen Körperhälfte vor. Diese kurzen und oft nur angedeuteten Binden befinden sich zwischen den vier durchgehenden Querbinden. Die extrem verlängerten Bauchflossen können sehr unterschiedlich gefärbt sein. Zwischen weiß bis weißblau und fast schwarz mit weißen Spitzen kommen alle Zwischenfarben vor. Die Spannweite zwischen den extrem verlängerten Rükken- und Afterflossen ist bei allen im Aquarium nachgezogenen Fischen dieser Art in hohem Maße von den Aufzuchtbedingungen und der Futterversorgung der Jungfische abhängig. Der allergrößte Teil der heute im Handel vorkommenden Fische sind Kümmerformen, die unter unzulänglichen Bedingungen herangewachsen sind. Was die Aufzucht der Jungfische betrifft, so gehören Segelflosser zu den anspruchvollsten Aquarienfischen überhaupt. Nachzucht von Kümmerformen, die von Anfang an unter optimalen Bedingungen gehalten wird, entwickelt sich in den meisten Fällen normal und übertrifft nicht selten nach 8–10 Monaten ihre Eltern um das Doppelte in der Flossenspannweite.

Haltung: In großen und mindestens 50 cm hohen Aquarien mit guter Bepflanzung. Häufiger teilweiser Wasserwechsel trägt sehr zum Wohlbefinden der Fische bei. Vergesellschaftung nur mit sehr ruhigen Fischen wie z.B. Flaggenbuntbarschen. Laichen auf Blättern und ähnlichem. Jungfische werden nach dem Schlüpfen an Blatträndern aufgehangen. Beide Elterntiere beteiligen sich an der Brutpflege. Einzeln gehaltene Paare sind häufig unzuverlässige Brutpfleger; oft werden die Gelege gefressen. Pflegetemperatur 23–25° C, zur Zucht einige Grade mehr.

Symphysodon

Eine kleine Gattung eigentümlicher Buntbarsche von fast kreisrunder Körperform. Sie bewohnen Seitengewässer und Oberläufe zahlreicher zum System des Amazonenstromes gehörender Ströme und Flüsse. Zusammen mit den Segelflossern zählen sie zu den wenigen hochgradig an ihre Lebensverhältnisse angepaßten Buntbarschen Südamerikas. Ihr runder Körper ist scheibenförmig abgeflacht. In der Strahlenverteilung in Rücken- und Afterflosse unterscheiden sie sich von allen anderen Buntbarschen insoweit, daß die Anzahl der Weichstrahlen die der Hartstrahlen in beiden Flossen um das drei- bis vierfache übertrifft (D = VIII–X/29–34, A = VII–IX/26–32). Kopf und Maul sind verhältnismäßig klein; Diskusfische fressen nur kleinere Futtertiere. In der Natur kommen sie ausschließlich in mineralarmem Wasser vor, dessen Gesamthärte in der Regel weniger als 1° dH beträgt und dessen Reaktion mehr oder weniger sauer ist. Bei einer Haltung im Aquarium sollte man zumindest teilweise die heimatlichen Wasserverhältnisse nachzuahmen suchen. Dazu gehört neben der Haltung in weichem Wasser, bei der jedoch so extreme Werte wie in der Natur nicht notwendig sind, eine zeitweise Filterung des Wassers über säuernden Torf. Häufiger, teilweiser Wasserwechsel ist anzuraten. Härte und vor allen Dingen pH-Wert sind laufend zu überwachen. Unbehagen zeigen die Fische sofort durch sehr dunkle Färbung an. Da weiches Wasser schlechte Puffereigenschaften hat, ist es ebenfalls wichtig, daß Aquarien für Diskusfische möglichst groß sind.

Neben den erheblichen Ansprüchen, die sie an die chemische und hygienische Beschaffenheit des Wassers stellen, ergibt sich aus ihrer niedrigen Infektionsschwelle ein weiteres Problem bei der Haltung. Diskusfische sind extrem empfänglich für Infektionen verschiedenster Art, von denen die im Abschnitt über Krankheiten erwähnte Diskuskrankheit nur eine ist. Die hohe Infektionsempfindlichkeit ist zu einem guten Teil wahrscheinlich darauf zurückzuführen, daß diese Fische in der Natur in ihrer unmittelbaren Umgebung nur mit wenigen anderen Fischarten zusammenleben. Die natürlichen Abwehrreaktionen eines Organismus werden jedoch in einem fortlaufenden Kontakt mit Infektionserregern aufgebaut. Dieser Kontakt ist bei wildlebenden Diskusfischen nur gering, und die Abwehrbereitschaft des Organismus daher niedrig. Einfach ausgedrückt: Im Aquarium, bei Importeuren und Händlern, werden Diskusfische leicht von Krankheitserregern, die andere Fische mit sich führen, angesteckt. Diese Krankheitserreger sind häufig für die anderen Fische nicht pathogen, da deren Abwehrreaktionen so gut ausgebildet sind, daß sie ihnen nicht mehr gefährlich werden. Diskusfische, die mit denselben Erregern in Kontakt kommen, erkranken dagegen spontan. Für zahlreiche Todesfälle bei Diskusfischen dürfte die Ursache bei diesen von anderen Fischen übertragenen Infektionen zu suchen sein.

Außer den richtigen Wasserverhältnissen gehört es zum A und O einer erfolgreichen Diskusfischhaltung, diese Fische grundsätzlich nie mit anderen Fischen zu vergesellschaften. Besonders die in der älteren Literatur häufig empfohlene Vergesellschaftung mit Segelflossern ist besonders bedenklich, da gerade Segelflosser oft Träger von Hexamita sind.

Diskusfische werden in erster Linie mit lebenden Futtertieren wie Mückenlarven, Daphnien, einwandfreiem Tubifex usw. gefüttert. Ersatzfutter wird von den meisten Diskusfischen gut angenommen, doch sollte solches immer mit Vorsicht verabreicht werden, da bei Übermaß leicht Verdauungsstörungen auftreten können. Fische, die sich nicht wohlfühlen, verweigern oft die Nahrung.

Entsprechend den Wassertemperaturen ihrer Heimatgewässer sollen Diskusfische bei Temperaturen zwischen 25–30 °C gehalten werden. Wirklich gesunde Diskusfische sind jedoch, entgegen einer weit verbreiteten Auffassung, keineswegs sonderlich temperaturempfindlich. Bei Fischen allerdings, die Infektionsträger sind, kommt eine Erkrankung leicht zum Ausbruch, wenn die Wassertemperatur absinkt.

Diskusfische sind Offenbrüter mit einer hochspezialisierten und auch für Buntbarsche etwas eigentümlichen Brutpflege. Die besondere Eigentümlichkeit dieser Brutpflege besteht darin, daß die Jungfische in der ersten Zeit des Freischwimmens ausschließlich von einem Hautsekret leben, welches von der Haut brutpflegender Diskusfische ausgeschieden wird. Über die entwicklungsmäßige Ausbildung dieser speziellen Ernährungsweise kann man nur Vermutungen anstellen. Dabei muß davon ausgegangen werden, daß wir es hier mit einer weiteren hochgradigen Anpassung an die besonderen Bedingungen der Heimatgewässer der Diskusfische zu tun haben. Diese Gewässer sind äußerst nahrungsarm, und kleinste Futtertierchen sind nur sehr sparsam vorhanden, wenn überhaupt. Da die jungen Diskusfische auf das elterliche Nährsekret angewiesen sind, ist eine künstliche Aufzucht von Diskusfischen nicht möglich, obwohl es nicht an Versuchen gefehlt hat, einen Ersatz für diesen natürlichen Nährstoff zu finden. Alle diese Versuche haben jedoch, soweit bekannt ist, bisher nicht zu einer praktisch anwendbaren künstlichen Aufzuchtmethode geführt. Es hat sich weiterhin gezeigt, daß die Jungfische am besten gedeihen, wenn sie möglichst lange vom Hautsekret der Eltern fressen können. Aus diesem Grunde sollten junge Diskusfische so lange wie möglich bei den Eltern belassen werden. Leider trennen manche Züchter, in dem Bestreben, das Zuchtpaar baldmöglichst wieder zum Ablaichen zu bringen, die Jungfische von den Eltern, sobald die Jungfische beginnen, anderes Futter aufzunehmen. Solche Jungfische bleiben im Wachstum zurück und erreichen nie volle Größe.

Es kommt vor, daß Diskusfische wie Segelflosser auf Blättern laichen, doch ist dies eher eine Ausnahme. Dagegen werden schräggestellte Steinplatten oder Tonkegel gerne als Ablaichstelle angenommen. Zwei bis drei Tage nach dem Laichen werden die Jungfische von den Eltern aus den Eihüllen befreit und ähnlich wie bei Segelflossern an Blättern und ähnlichem aufgehangen. Nach weiteren zwei bis drei Tagen ist ihr Dottersack aufgebraucht, und die Jungfische beginnen, frei zu schwimmen.

Beide Partner lösen sich bei der Brutpflege ab. Die Systematik der Gattung *Symphysoden* ist z.Z. äußerst unklar. Lange war man davon ausgegangen, daß die Gattung *Symphysoden* zwei Arten unfaßt, von denen eine mehrere Unterarten hatte. Diese Auffassung läßt sich nach neueren Untersuchungen kaum noch aufrecht erhalten. Felduntersuchungen ihrer Heimatgewässer haben ergeben, daß Diskusfische in fast jeder geschlossenen Population - und solche gibt es in großer Anzahl - eine andere Färbung haben. Diese Farbunterschiede können mancherlei Ursachen haben, in einzelnen Fällen sind sie unzweifelhaft nahrungsbedingt. Es kann z.B. vorkommen, daß Exemplare einer besonders farbenprächtigen Population im Aquarium nach einiger Zeit ihre typische Färbung verlieren. Es hat sich erwiesen, daß alle Farbformen und alle Typen sich untereinander fruchtbar kreuzen lassen. Das gilt auch für Kreuzungen zwischen den sogenannten „echten Diskusfischen" mit anderen Farbvarietäten. Alles deutet also darauf hin, daß wir es bei Diskusfischen mit einer einzigen Art zu tun haben, einer Art, die die besonders ausgeprägte Eigenschaft hat, lokale Varietäten von unterschiedlicher Färbung hervorzubringen. Varietäten mit unterschiedlicher Färbung kommen häufig sogar übergreifend vor und auch Zwischenformen aller Schattierungen sind bekannt geworden. Interessant in diesem Zusammenhang sind die Diskusfische, die in einer begrenzten Population im Mündungsgebiet des Rio Meta, d.h. im Stromgebiet des Orinoco, gefunden werden. Diese Fische vereinigen Merkmale sowohl des sogenannten „braunen Diskus" wie auch des „echten Diskus". Bei Felduntersuchungen zeigte es sich immer wieder, daß fließende Übergänge überall vorkommen und daß daher den Farbvarietäten nicht der Status von geographischen Rassen zukommt. Es spricht also sehr viel dafür, für alle Diskusfische nur einen Artnamen zu verwenden. Entsprechend der Prioritätsregel also **Symphysodon discus**.

Da jedoch einige der bekanntesten Farbvarietäten den Aquarienfreunden unter Art- bzw. Unterartnamen bekannt sind, werden diese Namen bei der Beschreibung in („") angegeben.

Als man erkannt hatte, daß manche Farbvarietäten durch bestimmte Futterstoffe ausgelöst wurden, begann man diese Eigenarten auch zu nutzen. Besonders ostasiatische Züchter haben durch streng geheimgehaltene Futter- und Hormonzusätze „neue Farbvarianten" geschaffen. Diese oft wundervoll gefärbten Fische verlieren jedoch insbesondere ihre roten Farbtöne, wenn sie die entsprechenden Futterzusätze nicht mehr erhalten. Andere, seriösere Züchter haben durch entsprechende Kreuzungen mit Farbvarietäten, die nicht futterbedingt sind, neue Farbtypen herausgezüchtet, die in der Natur nicht vorkommen.

Die bei der Beschreibung der wichtigsten Farbtypen gemachten Angaben über das Vorkommen sind nur als ungefähre Hinweise zu verstehen, da die Verbreitung der verschiedenen Farbformen eben nicht streng gegeneinander abgegrenzt werden kann.

Echter Diskus

(„S. discus")

Vorkommen: Nebengewässer des Rio Negro und Rio Xingu.

Kennzeichen: Grundfärbung braunrot bis gelbrot. Zwei dunkle Querbinden, eine durch das Auge und eine über die Mitte des Körpers, zwischen denen sich Querbinden befinden. Außerdem sind zwischen der Binde auf der Körpermitte und der Binde auf der Schwanzwurzel weitere drei Querbinden angedeutet. Zeitweilig können, bis auf das mittlere Querband, alle übrigen Querbänder verblassen. Der ganze Körper ist mit blauglänzenden unregelmäßig wellenförmigen Längsstreifen überzogen.

Grüner Diskus

(„S. aequifasciata aequifasciata")

Vorkommen: Nebengewässer des oberen Amazonas (Rio Solimoes) oberhalb von Tefé

bis zum Mündungsgebiet des Rio Ucayali oberhalb von Iquitos.
Kennzeichen: Grundfärbung dunkelblaugrün mit neun gleichmäßigen Querbinden, deren erste durch das Auge, und die letzte über die Schwanzwurzel geht. Diese letzte Binde ist besonders ausgeprägt. Augeniris rot. Die Basis von Rücken- und Afterflosse ist dunkel und die Färbung der Flossen geht nach außen hin in Blau über. Schwanzflosse bläulich durchschimmernd. Ein blaues Streifenmuster bedeckt ähnlich wie beim echten Diskus den ganzen Körper, ist aber auf dem Rücken und zum Bauche hin besonders ausgeprägt.

Brauner Diskus
(„S. aequfasciata axelrodi")

Vorkommen: Fundstellen sind fast im ganzen unteren und mittleren Stromgebiet des Amazonas, von Belem an aufwärts, bis zum Rio Madeira nachgewiesen, hauptsächlich in den Nebengewässern.
Kennzeichen: Grundfärbung gelbbraun bis kaffeebraun. Neuen schmale Querbinden, die zeitweilig verblassen oder auch gänzlich verschwinden können. Lediglich die erste durch das Auge führende Binde ist ständig vorhanden. Kopf, Rückenpartie und untere Bauchpartie mit mehr oder weniger ausgeprägten blauen Strichzeichnungen. Schwanzflosse durchscheinend braun bis blau. Augeniris rot.

Blauer Diskus
(„S. aequifasciata haraldi")

Vorkommen: Besonders im mittleren Amazonasgebiet, von der Einmündung des Rio Negro an aufwärts.
Kennzeichen: Grundfärbung gelbbraun. Neun dunkelblaue Querstreifen. Ein leuchtend blaues Streifenmuster bedeckt fast den ganzen Körper.

Königsblauer Diskus
(„Royal blue")

Vorkommen: Fundstellen sind bisher nur aus dem Gebiet entlang des Rio Puru bekannt geworden.
Kennzeichen: Ähneln dem blauen Diskus, doch ist die Blaufärbung leuchtender und farbintensiver.

Rote Diskus

sind Fische von roter Grundfärbung. Als Wildfänge sind sie äußerst selten und bisher immer nur sporadisch gefunden worden. Das rote Farbelement soll sich bei diesen Fischen angeblich rein weitervererben. Rote Wildfänge sind daher von Züchtern sehr begehrt und erzielen sehr hohe Preise. Es kommen jedoch auch „rotgefärbte" Diskusfsiche aus asiatischen Zuchtbetrieben in den Handel, die ihre rote Farbe unter gewöhnlichen Aquarienbedingungen aber bald verlieren.

Türkisdiskus

ist eine wunderschöne blaugrüne Farbvariante, die in jahrzehntelanger planmäßiger Zuchtarbeit von dem amerikanischen Züchter Wattley entwickelt wurde.

Uaru

Eine nur aus einer Art bestehende Gattung, die in mineralarmen und sauren Gewässern in Guayana und dem Amazonasgebiet verbreitet ist.

Uaru amphiacanthoides
Keilfleckbuntbarsch

Länge: 25 cm.
Kennzeichen: Körperform kurz und hoch, seitlich stark zusammengedrückt. Mit zunehmendem Alter werden die Fische noch höher im Rücken und bekommen oft einen Fettbuckel.

Die Färbung ist, da die Jungfische eine Farbmetamorphose durchmachen, je nach Alter recht unterschiedlich. Jungfische bis etwa 3 cm Länge sind dunkelbraun bis schwarz. Schwanzflosse und die weichen Teile von Rücken- und Afterflosse farblos durchsichtig. In der darauf folgenden Farbphase sind die Jungfische gelblich mit unregelmäßigen dunkleren Tupfen an den Körperseiten, Flossen mit braunem Anflug. Erwachsene Fische sind gelbbraun mit einem großen keilförmigen Fleck auf der Körperseite. Je ein kleinerer dunkler Fleck befindet sich hinter dem Auge und auf der Schwanzwurzel. Flossen an der Basis dunkelbraun und nach außen in gelb übergehend. Offenbrüter. *Haltung:* In großen Aquarien mit aus Wurzeln gebildeten Verstecken und Höhlen. Aquariennachzuchten sind selten. Allgemein wird der Keilfleckbuntbarsch als ein etwas empfindlicher und anspruchsvoller Pflegling angesehen. Voraussetzung für eine erfolgreiche Haltung und Vermehrung dieser prächtigen Fische, sind Wasserverhältnisse, die in etwa denen ihrer Heimatgewässer entsprechen. Keilfleckbuntbarsche fühlen sich auf die Dauer nur in einem weichen und etwas sauren Wasser wohl. Es ist jedoch nicht notwendig, weder bei der Haltung noch bei der Zucht, die Wasserhärte unter eine Gesamthärte von 6 dH zu senken; in Wasser mit diesem Härtewert haben sich Keilfleckbuntbarsche nachweislich vermehrt. Pflege- und Zuchttemperatur 26–30°C. Recht infektionsempfindlich und nicht zur Vergesellschaftung geeignet.

Afrikanische Buntbarsche

Insgesamt gesehen sind die Lebensbedingungen der afrikanischen Buntbarsche vielgestaltiger als die ihrer amerikanischen Verwandten. Im tropischen Bereich Afrikas gibt es Wassersysteme, die denen der südamerikansichen Ströme ähneln, wenn sie auch nicht ganz deren Mächtigkeit erreichen. Als Heimatgewässer für Buntbarsche spielen dennoch solche Gewässer, wie beispielsweise die Stromgebiete von Kongo, Niger und Sambesi, nicht dieselbe überragende Rolle. Zwar kommen auch hier eine Anzahl Buntbarschformen vor, doch ist ihre Anzahl geringer als in vergleichbaren südamerikansichen Gewässern. In größerer Anzahl findet man flußlebende Buntbarsche hauptsächlich in Westafrika, wo sie im Küstenbereich auch im Brackwasser vorkommen.
Weit verbreitet in afrikanischen Gewässern kommen Angehörige der Gattung *Tilapia* vor. Tilapien sind nämlich als geschätzte Speisefische an vielen Stellen ausgesetzt worden, sie gehören daher oft nicht zur ursprünglichen Fauna.

Nicht die Ströme und Flüsse, sondern vor allem seine gewaltigen Seen haben Afrika zum wichtigsten Kontinent der Buntbarsche werden lassen. In diesem vergleichsweise eher trockenen Kontinent gibt es riesige von Süßwasser bedeckte Areale. Seen wie der Tanganyikasee mit einer Oberfläche von 31 900 km² oder der Malawisee mit 30 800 km² sind jeder für sich fast so groß wie Sibiriens gewaltiger Bajkalsee (33 000 km²). Afrikas größter Binnensee, der Victoriasee, ist mit einer Oberfläche von 68 800 km² fast so groß wie Bayern (70 238 km²). Selbst „kleinere" Seen in Ost- und Zentralafrika wie z. B. der Albertsee mit 4250 km² oder der Mwerusee mit 4920 km² sind immerhin noch acht- bis neunmal so groß wie der Bodensee (538 km²). In diesen Seen und See-Systemen lebt die überwiegende Anzahl afrikanischer Buntbarsche, sehr oft als endemische Arten.

Am markantesten sind Artenreichtum und Vielgestaltigkeit im Malawisee. Verteilt auf über 20 Gattungen findet man hier über 200 verschiedene Buntbarscharten, von denen mehr als 180 endemisch sind. Die Vielgestaltigkeit ist jedoch noch weitaus größer als man an Hand der Artenanzahl annehmen könnte. Häufig kommen nämlich bei den Buntbarschen des Malawisees polymorphe Formen vor; bei manchen Arten ist der Polychromatismus sogar in stärkstem Maße vorhanden. Es ist gar nicht selten, daß innerhalb einer Art mehrere verschiedene Farbformen (Farbmorphen) vorkommen.

Aber damit noch nicht genug: Manche dieser Farbformen können außerdem geschlechtsgebunden sein, so daß es innerhalb derselben Art unterschiedliche männliche und weibliche Farbformen gibt. Geschlechtsgebundenheit von Farbanlagen läßt sich genetisch damit erklären, daß die Erbanlage, welche die Färbung bestimmt, an das entsprechende Geschlechtschromosom gebunden ist und daher nur im gleichen Geschlecht vererbt werden kann.

Wie es zur Aufspaltung der Malawisee-Buntbarschfauna gekommen ist, läßt sich zumindest teilweise mit dem ungewöhnlich hohen geologischen Alter dieses Sees erklären. Im Laufe der Entwicklung trocknete er mehrere Male teilweise aus, und die so entstandenen Restseen hatten keine Verbindung mehr miteinander. Auch nachdem der See seinen heutigen Wasserstand erreicht hatte, war er weitgehend von anderen Wassersystemen isoliert. Das Vorhandensein äußerst unterschiedlicher Biotope innerhalb des Sees, mit abwechselnden Fels-, Geröll- und Sandstränden usw., ist ein weiterer Faktor, der die Aufspaltung begünstigt hat. In größerer Tiefe (125 m) ist das Wasser allerdings auf Grund hohen Schwefelwasserstoffgehaltes frei von Fischen. Für die Buntbarsche ist dies jedoch kaum von Bedeutung, sie leben fast ausschließlich in den oberen Wasserschichten und ihre Anzahl nimmt schon ab 8–10 m Tiefe schnell ab. Ihr Vorkommen ist häufig an eine mehr oder weniger schmale Strandzone gebunden. Die Entstehung mancher Formen läßt sich nur mit der Gebundenheit dieser Fische an bestimmte Zonen, wie die der Geröllküstenabschnitte, erklären, die entsprechende Versteckmöglichkeiten bieten. Als typisches Beispiel dafür seien hier die Mbunas herausgegriffen. Der Name Mbuna ist der Sprache der einheimischen Fischer entliehen und bezeichnet nicht irgend eine bestimmte Gattung, sondern Fische mit einer bestimmten Lebensweise, und zwar ausnahmslos kleinere Arten (bis ca. 15 cm), die einer größeren Anzahl von Gattungen angehören. Sie sind die typischen Bewohner stark veralgter Geröllstrandabschnitte. Ihre Nahrung besteht zu einem guten Teil aus diesen Algen (Aufwuchsfresser) und dem zwischen den Algen lebenden Kleingetier. Besonders bemerkenswert ist ihre Reviertreue; ausgewachsene Männchen trifft man stets am selben Standort. Der Umfang des beanspruchten Reviers ist jedoch gering, und die Dichte innerhalb der Vorkommen groß. Mitunter können je Quadratmeter Geröllufer bis zu zehn Fische angetroffen werden. Obwohl diese Fische in der Natur hauptsächlich von Algen leben und oftmals für diese Art der Nahrungsaufnahme besonders ausgeformte Lippen besitzen, lassen sie sich im Aquarium ohne Schwierigkeiten mit anderen Futterstoffen ernähren.

Viele der im Malawisee vorkommenden Arten haben ausgeklügelte Eigenheiten entwickelt, um bestimmte Nahrungsnischen auszunutzen und sind zu Algenabschabern, Bodenaussiebern, Molluskenfressern, Plaktonfressern und Fischräubern geworden. Wirklich eigentümlich an dieser Entwicklung ist jedoch, daß diese Fische trotz ihrer besonders ausgeformten Freßwerkzeuge (Lippen, Bezahnung, Mundform) nie zu einseitigen Spezialisten wurden. Auch wenn sie sich hauptsächlich auf bestimmte Futterstoffe bzw. Futtertiere spezialisiert haben, sind sie weiterhin in der Lage, auch andere Futterstoffe aufzunehmen und zu verwerten.

Als Beispiel dafür, daß auch weitgehende Nahrungsspezialisierung nicht einseitige Ernährungsweise bedeuten muß, seien die Angehörigen der Gattungen *Genyochromis* und *Corematodus* erwähnt. Diese Fische leben davon, daß sie anderen Fischen buchstäblich die Haut und die Schuppen abraspeln, und bei *Corematodus* geht die Spezialisierung so weit, daß diese Gattung sich auch im Aussehen weitgehend an ihre wichtigsten Wirtsfische, die *Sarotherodon*-Arten angepaßt hat. Bei Versu-

Farbtafel 11:
Oben: Julidochromis malieri
Unten: Pelvicachromis pulcher

chen im Aquarium hat sich jedoch selbst hier gezeigt, daß diese Fische durchaus auch andere Nahrung aufnehmen können. Genauso verhält es sich mit den Arten, die sich darauf spezialisiert haben, Eier oder Larven anderer Buntbarsche zu rauben und zu verzehren.
Ausgesprochene Fischräuber, die der Gattung *Haplochromis* angehören, bevorzugen als Biotope eher Sandböden und Bestände mit höheren Wasserpflanzen.
Soweit bisher bekannt, sind alle im Malawisee vorkommenden Buntbarsche Maulbrüter.
Ähnliche Verhältnisse wie der Malawisee, und eine ebenfalls sehr reiche Buntbarschfauna, weist auch der geologisch noch ältere Tanganyikasee auf. Insgesamt wurden dort bisher ca. 140 Arten, verteilt auf 40 Gattungen, gefunden. Von wenigen Ausnahmen abgesehen, sind auch die im Tanganyikasee lebenden Arten endemisch. Von ihrem Äußeren her sind die Buntbarsche des Tanganyikasees unterschiedlicher, als die, trotz ihrer Arten- und Formenfülle, recht einheitlichen Buntbarsche des Malawisees. Auch in Bezug auf ihre Ernährung sind sie differenzierter als ihre Verwandten im Malawiesee; unter ihnen gibt es einige echte Nahrungsspezialisten. Äußerst eigenartig, zumindest für Buntbarsche, ist es, daß sich einige Arten zu typischen Bodenfischen der Brandungszone entwickelt haben und ihre Brustflosse als Stützorgane benutzen *(Eretmodus)*. Genau wie im Malawisee sind auch im Tanganyikasee die tieferen Wasserschichten auf Grund hohen Gehaltes an Schwefelwasserstoff für Fische unbewohnbar. Einige Buntbarsche haben sich jedoch den Verhältnissen in größeren Wassertiefen, mit geringem Sauerstoffgehalt und begrenzten Sichtverhältnissen, angepaßt und finden sich auch noch in verhältnismäßig großer Tiefe. Vertreter der Gattungen *Trematocara* und *Bathybates* hat man noch in Tiefen bis zu 200 m festgestellt. In den freien Wasserzonen leben mehrere Buntbarscharten, die ausgesprochene Raubfische sind und wie unsere einheimischen Flußbarsche im Rudel jagen. Unter diesen Fischen ist *Boulengerochromis microlepis* mit einer Gesamtlänge von gut 70 cm der größte Buntbarsch überhaupt. Als Aquarienfische sind die Buntbarsche des Tanganyikasees nicht so begehrt, da sie meist nicht so kräftige Farben aufweisen wie die Malawi-Buntbarsche. Die meisten von ihnen sind unansehnlicher, grau oder graubraun gefärbt. Polychromatismus ist bisher nur bei einer einzigen Art bekannt. Außer Maulbrütern kommen in Tanganyikasee auch einige Substratbrüter vor. Unter den Maulbrütern findet man Arten mit ungewöhnlich großen Eiern und sehr langen Entwicklungszeiten *(Tropheus)*. Vertreter einiger Gattungen der Tanganyika-Buntbarsche sind jedoch äußerst begehrte Aquarienfische. Das gilt beispielsweise für die substratbrütenden *Julidochromis*-Arten und für die *Tropheus*-Arten, von denen die Jungfische ganz entzückende Zeichnungen aufweisen.
Der dritte und größte der afrikanischen Binnenseen, der Victoriasee, ist, obwohl auch er eine reiche Buntbarschfauna aufweist, aquaristisch nicht ganz so interessant. Gut einhundert Arten sind im Victoriasee bisher eindeutig nachgewiesen, doch ist die ichthyologische Erforschung dieses Sees durchaus noch nicht abgeschlossen. Vieles bereits gefundene Material harrt noch auf seine wissenschaftliche Bearbeitung, und Fachleute schätzen, daß alles in allem etwa 160–170 Arten von Buntbarschen im Victoriasee leben. Abgesehen von drei Ar-

---

Farbtafel 12:
Oben links: Pseudotropheus beim Ablaichen
Oben rechts: Pseudotropheus „chamaeleo“ (eine noch unbestimmte Pseudotropheusart)
Unten: Pseudotropheus auratus, Weibchen

ten sind alle anderen endemisch. Es kommen lediglich acht verschiedene Gattungen vor, von denen vier nur aus einer einzigen Art bestehen, und zwei andere Gattungen im See nur mit einer Art vertreten sind. Von wenigen Ausnahmen abgesehen, gehören alle anderen Buntbarsche der Gattung *Haplochromis* an. Die Gattung *Haplochromis* ist die artenreichste Gattung der Buntbarsche überhaupt, und die meisten ihrer Vertreter leben im Victoriasee. Diese Arten sind sich in ihrem äußeren Erscheinungsbild untereinander oft recht ähnlich und können häufig lediglich an ihrer Bezahnung sicher unterschieden werden. Auch in ihren übrigen Gewohnheiten und ihrer Ernährung stimmen sie innerhalb größerer Artengruppen weitgehend überein. U.a. läßt sich dies damit erklären, daß der Victoriasee geologisch wesentlich jünger ist als die beiden zuvor erwähnten Seen. Im Gegensatz zu diesen beiden Grabenseen (Tanganyikasee mit einer Tiefe von fast 1500 m und Malawisee mit einer Tiefe von 758 m) ist der Victoriasee flach und an seiner tiefsten Stelle nur etwa 90 m tief. Sein Wasser ist mit nahrungsreichen Schwemmstoffen angereichert, und die Sicht unter Wasser schlecht. Es ist daher auch nicht verwunderlich, daß wir sowohl über die Fischfauna wie auch über deren Gewohnheiten schlechter unterrichtet sind als über die Fischfauna der Grabenseen mit ihrem meist klaren Wasser. Die für die Aufgliederung so wichtigen Klippen- und Geröllküsten, die bei den Grabenseen große Uferstrecken ausmachen, kommen an den Stränden des Victoriasees nur spärlich vor; seichte Sandstrände mit langsam abfallendem Boden sind die häufigste Uferformation. Der Bestand von Wasser- und Sumpfpflanzen ist sehr reichlich und deckt große Zonen mit geringem Wasserstand. Vor allem seichte Stellen und zahlreiche Buchten sind oft vollständig mit Schwimmblättern bedeckt.

Unter den dort lebenden Buntbarschen kommen Arten mit typischen Raubfischeigenschaften vor, und manche *Haplochromis*-Arten leben als erwachsene Fische hauptsächlich von anderen Buntbarschen, wobei sie kleinere Artgenossen keineswegs verschmähen. Andere Arten haben sich auf Insekten- bzw. Insektenlarven spezialisiert oder fressen Mollusken (Schnecken und Muscheln). Unter den zahlreichen Pflanzenfressern kommen auch einige Arten vor, die höhere Pflanzen abweiden.

Von den im Victoriasee lebenden Buntbarschen ist lediglich der kleine Maulbrüter *(Pseudocrenilabrus multicolor)* ein altbekannter Aquarienfisch. Doch handelt es sich bei diesem Fisch um eine der wenigen nicht endemischen Arten, die in ganz Ostafrika weit verbreitet ist und auch im Stromgebiet des Nils vorkommt. Von den im Victoriasee endemischen Arten sind nur wenige, oft lediglich als Einzelstücke, mitgebracht worden. *Haplochromis horei* und *Haplochromis obliquidens* sind während der letzten Jahre einige Male im Handel angeboten worden. Eduardsee, Georgsee und Albertsee bilden ein weiteres Seesystem in Ostafrika. Davon steht der nur 270 km^2 große und sehr seichte Georgsee durch die kanalartige Verbindung des Kazinga Channel mit dem gut 2000 km^2 großen Eduardsee in Verbindung. Von 28 Buntbarscharten, die in diesen beiden Seen vorkommen, sind 20 endemisch. Eine dieser Arten ist der als Aquarienfisch gut bekannte *Haplochromis wingati.* Vom Eduardsee besteht eine Abrinnung zum 4300 km^2 großen und 700 m tiefen Albertsee, der ebenfalls rund 10 Buntbarscharten beherbergt, wovon 4 Arten endemisch sind. Schließlich kommen noch weitere Buntbarsche, insgesamt 5 Arten, wovon 2 endemisch sind, im Rudolfsee vor. Der Rudolfsee ist der nördlichste der ostafrikanischen „Buntbarschseen“. Er hat eine Oberfläche von 8600 km^2 und liegt im Norden Kenyas dicht an der Grenze Äthiopiens.

Fließende Gewässer Afrikas, besonders solche im Bereich tropischer Regenwälder, sind häufig sehr mineralarm und leicht sauer. So ergaben Wasseranalysen im oberen Kongo eine Wasserhärte von 1,5–2°dh und einem pH-Wert von 6,5, bei einem Leitvermögen von

70–90 µS. Noch weicheres Wasser weisen Gewässer in Kamerum und Nigeria auf, wo stellenweise so niedrige Härtewerte wie 0,5° dH und ein Leitvermögen von 30–45 µS festgestellt wurden. Die Wasserbeschaffenheit ist jedoch in den fließenden Gewässern Afrikas nicht so einheitlich wie die der Gewässer in großen Teilen Südamerikas. Stellenweise ergeben sich aus den geologischen Gegebenheiten andere Wasserverhältnisse mit höherem Mineralgehalt. Unter den Buntbarschen Afrikas findet man allerdings auch keine Arten, die eine größere Empfindlichkeit gegenüber Wasser höherer Härte zeigen, so daß auch die Zucht im härteren Wasser selten Schwierigkeiten macht. Ganz andere Wasserverhältnisse findet man jedoch in den ostafrikanischen Seen. Die vorliegenden Untersuchungsergebnisse sind zwar recht unterschiedlich und in einigen Punkten sogar widersprüchlich, doch geht aus ihnen eindeutig folgendes hervor: Das Wasser der ostafrikanischen Seen ist sehr mineralreich, häufig mit hohen Anteilen von Kalium- und Natriumkarbonat. Die Härte bewegt sich zwischen 6–18° dH, wobei doch zu beachten ist, daß manche der im Wasser gelösten Mineralstoffe sich nicht in der „Wasserhärte" niederschlagen. Das elektrische Leitvermögen in µS bewegte sich zwischen 600–650 (Tanganyikasee), 220–280 (Malawisee), 100–150 (Victoriasee), 900–1200 (Eduardsee) und 2800–3300 (Rudolfsee). Der pH-Wert war in allen Seen alkalisch zwischen 7,2–9.

Auch bei den Buntbarschen, die aus verhältnismäßig hartem und eindeutig alkalischem Wasser stammen, zeigt es sich bei der Aquarienhaltung, daß sie sich sehr gut auch an sehr weiches Wasser anpassen können. Ganz allgemein kann gesagt werden, daß afrikanische Buntbarsche in Bezug auf den Chemismus des Aquarienwassers weitaus problemloser sind als gewisse südamerikanische Arten wie z.B. Diskusfische oder Keilfleckbuntbarsche.

Eine Sonderstellung unter den Buntbarschen Afrikas nehmen manche der auf Madagaskar (Magalasy) beheimateten Arten ein. Sieht man von den als Speisefischen ausgesetzten Tilapien ab, so leben auf dieser Insel 9 endemische Buntbarscharten, von denen fünf der Gattung *Paretroplus* angehören. Außerdem kommen vier weitere Gattungen mit jeweils einer Art vor. Allem Anschein nach sind bisher noch keine Buntbarsche von Madagaskar lebend nach Europa gekommen. Die dort beheimateten Buntbarsche sind jedoch aus tiergeographischen Gründen hochinteressant und sollen daher kurz erwähnt werden.

Die riesige Insel Madagaskar - sie steht mit einer Fläche von 595 800 km² an dritter Stelle unter den Inseln der Erde und wird nur von Grönland, Neuguinea und Borneo an Größe übertroffen - rechnet man geographisch zu Afrika. Tiergeorgraphisch dagegen bildet sie eine eigene Subregion. Erdgeschichtlich wurde sie sehr früh, wahrscheinlich schon im Oligozän, von den übrigen Festlandmassen getrennt. Ihre Tierwelt hat daher nur wenige Anknüpfungspunkte zu Afrika, und wo solche vorhanden sind, liegen sie entwicklungsgeschichtlich spät, wie z.B. die aus Afrika eingewanderten Vögel. So fehlen auf Madagaskar nicht nur sämtliche für Afrika typischen Großtiere, sondern auch die Affen. Andererseits sind auffällige Verbindungen zur Tierwelt der orientalischen Region festzustellen (Halbaffen und Schleichkatzen). Genau in diesem Zusammenhang muß man auch die Buntbarschgattung *Paretroplus* sehen. Diese Fische weisen kaum gemeinsame Züge mit afrikanischen Buntbarschen auf, stehen aber der indischen Buntbarschgattung *Etroplus* nahe. Gemeinsam stellen diese beiden Gattungen Relikte der Übergangsformen dar, aus denen die Buntbarsche hervorgingen. Formen, die bereits existierten, bevor die Verbindung der Landmassen durch die Kontinentalverschiebung unterbrochen wurden.

Während die übrigen Buntbarsche Madagaskars eindeutige Züge einer nahen Verwandschaft zu den entwicklungsgeschichtlich jüngeren Buntbarschen Afrikas besitzen, gehören *Paretroplus* und *Etroplus* dagegen zu sehr urtümlichen Formen. Die übrigen Buntbarsche

sind mit Sicherheit erst zu einem späteren Zeitpunkt von Afrika eingewandert. Hierbei ist zunächst einmal zu beachten, daß diese Fische auch heute noch gegenüber Seewasser sehr tolerant sind; ihre Vorläufer können sogar Küstenfische gewesen sein, die erst später in Süßwasser eindrangen.
Weiterhin ist in diesem Zusammenhang noch zu beachten, daß in früherer erdgeschichtlicher Zeit der Mosambiksund, der Madagaskar von Afrika trennt, schmaler gewesen ist und mit großer Wahrscheinlichkeit im späten Pliozän auch von einer inzwischen ausgestorbenen Flußpferdart durchschwommen wurde.
Bei den Angehörigen der Gattung *Paretroplus* handelt es sich überwiegend um größere, hochrückige Fische, von denen einige mehr als 40 cm groß werden und in ihrer Heimat geschätzte Speisefische sind. Lediglich die im Innern des nördlichen Madagaskars lebende Art *P. maculatus* bleibt kleiner (15 cm) und könnte eventuell als Aquarienfisch in Frage kommen. Alle *Paretroplus*-Arten sind typische Offenbrüter und manche legen ihren Laich in Gruben ab. Von den übrigen Buntbarschen dieser Insel wäre weiterhin die nur 12 cm lange Art *Oxylapia polli* von aquaristischem Interesse. Es handelt sich um einen für einen Buntbarsch ungewöhnlich schlanken Fisch, mit fast rundem Körperquerschnitt. Auch diese Art soll Offenbrüter sein.
Durch einige Revisionen, die während der letzten Jahre bei verschiedenen afrikanischen Buntbarschgattungen durchgeführt wurden, ergeben sich viele Namensänderungen, auch bei bekannten Aquarienfischen. Um Mißverständnisse zu vermeiden, sind zunächst eventuell vorgenommene Änderungen bei der Gattungsbeschreibung vermerkt, und bei den Artbeschreibungen werden alle früher verwendeten Namen als Synonyme angegeben.

Aristochromis

Eine nur aus einer Art bestehende Gattung, die endemisch im Malawisee vorkommt.

Aristochromis christyi

Länge: Bis 25 cm.
Kennzeichen: Körperform gestreckt mit großem Kopf und tief eingeschnittener Maulspalte. Männchen während der Fortpflanzungsperiode und beim Imponieren leuchtend blau, mit dunkleren Flecken auf dem Rücken und an den Körperseiten. Rückenflosse mit orangefarbigem Saum. Weibchen von gelblichbrauner Grundfärbung. Typischer Höhlenbewohner, Maulbrüter.
Haltung: Es wurden während der letzten Jahre im Handel häufiger Fische unter diesem Namen angeboten, die jedoch wesentlich kleiner blieben. Die Artbestimmung der gehandelten Fische ist zumindest unsicher.

Astatoreochromis

Eine kleine Gattung, deren Vertreter im Victoriasee, Georgsee und Tanganyikasee und deren Zuflüssen vorkommen. Nur eine Art ist mitunter als Beifang mit anderen Tangayika-Buntbarschen importiert worden.

Astatoreochromis straeleni
(Synonym: Haplochromis straeleni)

Länge: Etwa 10 cm.
Kennzeichen: Ein Fischchen, das in seiner Körperform stark an den Kleinen Maulbrüter erinnert. Flossen beim Männchen gelblich angehaucht, in der Afterflosse eine größere Anzahl orangefarbiger Eiflecken.

Astatotilapia

Eine kleine Gattung, deren systematische Stellung unsicher ist; wird von manchen Autoren zu *Haplochromis* gerechnet. Zwei Arten sind als Aquarienfische bekannt geworden.

Astatotilapia moffati

Vorkommen: Angola, Sambia und südliches Zaire.
Länge: 11 cm.
Kennzeichen: Körperform länglich oval und seitlich abgeplattet. Grundfärbung olivgrün, beim Männchen mit hellblauen Pünktchen auf der unteren Körperseite. Kehle beim Männchen während der Fortpflanzungszeit rötlich. Laichen in Gruben, Maulbrüter.
Haltung: Wurde bereits vor dem ersten Weltkriege im Aquarium gehalten und vermehrt, ist jedoch heute wieder verschwunden.

Astatotilapia strigigena
(Synonym: *Haplochromis strigigena)*

Vorkommen: Weit verbreitet in Ostafrika.
Länge: 7 cm.
Kennzeichen: Körperform mäßig gestreckt und seitlich zusammengedrückt. Grundfärbung bei revierhaltenden Männchen blaugrün mit stark irisierendem Glanz. Über den Körper laufen drei oder vier Querbänder, die lediglich angedeutet sind. Bauchflossen schwarz. Unpaarige Flossen haben im weichen Bereich orangefarbige und braune Flecken. Afterflosse dunkel und ohne Eiflecken. Weibchen matter in der Färbung, von mehr graugrüner Grundfärbung und ohne Flecken in den Flossen.
Haltung: Gleich *A. moffati* ein schon länger bekannter Aquarienfisch, der leicht zu halten und zu züchten ist. Wurde erstmalig während der dreißiger Jahre eingeführt und ist Ende der fünfziger Jahre noch einmal importiert worden. Scheint jedoch aus unseren Aquarien wieder verschwunden zu sein.

Aulonocara

Eine im Malawisee endemisch vorkommende Gattung, die sowohl in Höhlen wie auch in tieferen Wasserschichten lebt. Eine besondere Eigenheit dieser Gattung sind die „Sinnesgruben", die man bei den dieser Gattung angehörenden Fischen an der Kopfregion findet. Diese Gruben bilden ein zusätzliches Sinnesorgan, welches ähnlich dem Seitenlinienorgan funktioniert. Bei schlechten Sichtverhältnissen stellt es eine zusätzliche Orientierungshilfe dar. Man erkennt die Sinnesgrübchen am besten bei auffallendem Licht an der vorderen Hälfte des Kiemendeckels. Diese Sinnesgruben ermöglichen eine sichere Unterscheidung zwischen *Aulonocara*-Arten und anderen Buntbarschen des Malawisees. Zwar haben auch die Angehörigen der Gattung *Trematocranus* ähnliche Sinnesgruben, doch haben die *Trematocranus*-Arten auf den Wangen mehrere Schuppenreihen. Bei *Aulonocara* fehlen diese Schuppen vollständig oder sie sind nur in einer einzigen Reihe vorhanden. Es ist also leicht, *Aulonocara*-Arten von anderen Gattungen zu unterscheiden. Dagegen ist es oft fast unmöglich, die verschiedenen *Aulonocara*-Arten gegeneinander abzugrenzen. Bisher wurden lediglich drei Arten dieser Gattung beschrieben. Unter Importfischen aus dem Malawisee findet man jedoch häufig Fische, die unzweifelhaft zur Gattung *Aulonocara* gehören, obwohl deren Artzugehörigkeit nicht sicher bestimmt werden kann. Nur die folgende Art läßt sich in der Regel eindeutig feststellen. Zu beachten ist jedoch, daß auch bei ihr untereinander abweichende Varietäten vorkommen.

Aolonocara nyassae
Kaiserbuntbarsch

Länge: 18 cm.
, bleibt jedoch im Aquarium meist kleiner. Die Größenangabe gilt für das Männchen, die Weibchen sind wesentlich kleiner.
Kennzeichen: Körperform mäßig gestreckt und hochrückig, seitlich stark zusammengedrückt. Ausgefärbte Männchen dieser Art sind äußerst farbintensiv, mit einer Grundfärbung von sattem Blauviolett. Hinter dem Kopf befindet sich eine sich nach unten verbreitende Zone von orangefarbener Tönung, die auch auf die Bauchflossen übergreift. Unpaare Flos-

sen blau, Afterflosse mit orangefarbigen Flekken. Weibchen braungrau mit schwächerem orangefarbigem Schimmer an den Körperseiten und braungrauen Flossen ohne Zeichnung. Je nach Befinden können beide Geschlechter neun dunkle Querbänder zeigen. Maulbrüter.
Haltung: In entsprechend eingerichteten Aquarien kann man den Kaiserbuntbarsch gut mit anderen Buntbarschen aus dem Malawisee zusammen halten. Gut gehaltene Fische laichen regelmäßig. Jungfsiche wachsen jedoch nur heran, wenn sehr viele Versteckplätze in Form von engen Spalten vorhanden sind. Sollte wie alle Malawibuntbarsche bei Temperaturen zwischen 24–28°C gehalten werden.

Aulonocranus

Eine endemisch im Tanganyikasee vorkommende Gattung mit nur einer Art.

Aulonocranus dewindti

Länge: Ca. 12 cm.
Kennzeichen: Genau wie die *Aulonocara*-Arten besitzt auch dieser Fisch an Kopfe Sinnesgruben, die eine Orientierung bei schlechten Sichtverhältnissen begünstigen. Von hohem und zusammengedrücktem Körperbau, großem Kopf und tiefgespaltenem Maul. Grundfärbung gelbgrünlich mit bläulichen Längsstreifen. Revierhaltende Männchen sollen fast schwarz werden und große Laichgruben bauen. Maulbrüter.
Haltung: Mitunter als Beifang in Form halbwüchsiger Jungfische mit anderen Fischen aus dem Tangayikasee importiert.

Callochromis

Eine aus zwei Arten bestehende Gattung, endemisch im Tanganyikasee vorkommend. Sowohl **C. macrops** wie auch **C. pleurospilus** sind schon vereinzelt importiert worden. Diese Fische sind in ihren Heimatgewässern stellenweise recht häufig und gelangen daher zuweilen als Beifang zwischen anderen Fischen aus dem Tanganyikasee zu uns. Weder ihre Färbung noch ihr Aussehen sprechen jedoch dafür, daß sie als Aquarienfische größere Verbreitung finden werden. Es sind verhältnismäßig schlanke Fische, mit großem Kopf und auffällig großen Augen. Ihre Färbung ist unscheinbar braungrau bis braungrün. Länge ca. 15 cm. In der Natur sind sie typische Bewohner flacher Sandstrände. Die *Callochromis*-Arten sind Maulbrüter.

Chilotilapia

Umfaßt nur eine einzige Art, die früher zur Gattung *Haplochromis* gerechnet wurde.

Chilotilapia rhoadesii

(Synonym: Haplochromis rhoadesii)
Vorkommen: endemisch im Malawisee.
Länge: 20 cm.
Kennzeichen: Körperform hochrückig und seitlich abgeplattet. Obere Profillinie des Kopfes steil, oft mit einem kleinen Buckel auf der Stirn. Untere Profillinie dagegen gestreckter. Grundfärbung silberfarben bis gelbgrün, zum Kopf hin in Blaugrün übergehend. Auf der Körperseite zwei dunkle Längsbänder, von denen eines entlang der Körpermitte, das andere zwischen der Körpermitte und dem Rükkenrist verläuft. Weiche Teile von Rückenund Afterflosse mit orangefarbigen Flecken, die Rückenflosse mit orangefarbigem Saum. Weibchen matter in der Färbung.
Haltung: Bisher ist diese maulbrütende Art nur in kleinerer Anzahl importiert worden.

Chromidotilapia

Die Vertreter dieser Gattung, insgesamt vier Arten, wurden früher zur Gattung *Pelmatochromis* gerechnet. Sie sind in den Urwald- und Savannenflüssen Westafrikas beheimatet und zeichnen sich durch eigenartige Brutpflegeformen aus. Bei manchen Arten tritt das Männchen als alleiniger Brutpfleger auf, bei anderen lösen sich beide Geschlechter bei der Maulbrutpflege ab. Genauere Beobachtungen des Brutpflegeverhaltens werden jedoch bei diesen Fischen durch ihre mehr oder weniger versteckte Lebensweise erschwert. Nach einer meist stürmischen Balz werden die Eier zunächst versteckt in Hohlräumen abgesetzt und anschließend vom Männchen bzw. von beiden Geschlechtern ins Maul genommen. Häufig ist in der Einleitungsphase das Männchen alleiniger Brutpfleger und das Weibchen beteiligt sich erst später an der Brutpflege. Auch wenn die Jungfische schon frei schwimmen, werden sie bei Gefahr von beiden Eltern ins Maul genommen; dies gilt für alle Arten. Alle vier Arten sind bereits im Aquarium vermehrt worden. Gegenüber anderen Fischen sind sie meist sehr unverträglich.

Chromidotilapia batesii

Vorkommen: Guinea und Sierra Leone.
Länge: 12 cm. Weibchen kleiner.
Kennzeichen: Körperform mäßig hoch und seitlich zusammengedrückt. Obere und untere Profillinie des Kopfes fast gleichmäßig gewölbt. Grundfärbung braungrau, zum Bauche hin in Gelbgrau übergehend. Meist sind sechs dunkle Querbänder zu erkennen. Auf dem Kiemendeckel ein leuchtender, blauer bis schwarzblauer Fleck. Rückenflosse beim Männchen mit rötlichem Saum. Im oberen Teil der Schwanzflosse eine Anzahl roter Punkte. Beide Elterntiere sind Maulbrüter.
Haltung: Nur selten eingeführt, doch bereits im Aquarium vermehrt.

Chromidotilapia finleyi

Vorkommen: Kamerun.
Länge: 12 cm.
Kennzeichen: Körperform mäßig hoch und seitlich abgeplattet. Färbung beim Männchen rötlich gelb, zum Rücken hin dunkler. Kiemendeckel mit blauem Fleck. Weibchen ähnlich gefärbt, doch deutlich vom Männchen durch eine helle perlmutterglänzende Rückenflosse unterschieden. Beim Männchen befinden sich in der Schwanzflosse blaue Punkte, die beim Weibchen fehlen, ihre Rückenflosse hat einen roten Saum. Nach bisher vorliegenden Beobachtungen werden bei dieser Art die abgelegten Eier zunächst vom Weibchen ins Maul genommen. Im Verlaufe der weiteren Brutpflege sollen sich beide Elterntiere in einem etwa 12stündigen Turnus beim Tragen der Eier ablösen. Auch die weitere Brutpflege übernehmen beide Eltern gemeinsam.
Haltung: Diese Art wurde schon häufiger im Aquarium vermehrt. Die Paare sollen angeblich auch außerhalb der Brutpflegegeriode monogam leben.

Chromidotilapia guentheri

(Synonym: Pelmatochromis guentheri)
Länge: Ca. 15 cm.
Kennzeichen: Körperform mäßig hoch und seitlich stark zusammengedrückt. Lippen bei erwachsenen Fischen breit, markant ausgeformt und von blauschimmernder Färbung. Die Grundfärbung des Körpers ist bei beiden Geschlechtern grüngrau, zuweilen mit schwach hervortretenden Längsbändern. Das sicherste Geschlechtsmerkmal ist ein silbrig perlmutterschimmerndes Längsband in der Rückenflosse des Weibchens. Außerdem ist die Bauchpartie beim Weibchen stärker rötlich gefärbt. Allgemein sind bei dieser Art die Weibchen kräftiger in der Färbung als die Männchen. Die Eier werden in Hohlräumen abgesetzt und nur vom Männchen ins Maul genommen. Die Entwicklungszeit der Eier ist verhältnismäßig lang, sie beträgt zwölf bis vierzehn Tage. Auch bei dieser Art kann es vorkommen, daß die Jungfische im weiteren Brutpflegeverlauf von beiden Eltern ins Maul genommen werden.
Haltung: Leider ist dieser hochinteressante Fisch in seinem Benehmen recht ungestüm und unverträglich, sonst jedoch hart und an-

spruchslos. Bei Temperaturen zwischen 24–28°C zu halten.

Chromidotilapia kingsleyae

Vorkommen: Gabun.
Länge: Bis 25 cm.
Kennzeichen: Ähnelt der vorherigen Art im Aussehen und Brutpflegeverhalten. Die Jungfische beider Arten sind sich zum Verwechseln ähnlich. Erwachsene Fische haben jeddoch in der Afterflosse eine dunkle Fleckenzeichnung, die bei *C. guentheri* fehlt.
Haltung: Bereits im Aquarium nachgezüchtet. Für ein gewöhnliches Zimmeraquarium wird diese Art allerdings reichlich groß und ist außerdem anderen Fischen gegenüber sehr unverträglich.

Cyathochromis

Diese Gattung besteht nur aus einer Art und steht der Gattung *Pseudotropheus* sehr nahe. Sie wird mit zur Gruppe der Mbuna-Buntbarsche gerechnet.

Cyathochromis obliquidens
Gelbkehlmaulbrüter

Länge: Bis 15 cm.
Kennzeichen: Körperform mäßig hoch und seitlich stark abgeplattet. Obere Profillinie des Kopfes mit deutlichem Nasenknick. Färbung wenig auffällig, oberseits dunkler und unterseits heller graugrün. Ein dunkles Längsband tritt je nach Befinden mehr oder weniger deutlich hervor. Zwei Stirnbinden und eine Linie unterhalb der Rückenflosse sind ebenfalls nicht immer sichtbar. Beim Männchen ist die Kehle kräftig gelb gefärbt, und diese Färbung geht zur Brust hin in Gelbgrau über. Flossen grau, bei Wohlbefinden mit gelbichem oder bläulichem Schimmer. Rückenflosse abweichend schwarzblau gefärbt und mit einer gelben Kante. Vordere Bauchflossenstrahlen weiß, Afterflosse mit ein bis drei orangefarbigen Eiflecken. Die für einen Buntbarsch der Mbunagruppe recht unansehnlichen Farben erklären sich dadurch, daß man diese Art, im Gegensatz zu den anderen Arten dieser Gruppe, häufiger über Sandböden und nur selten in der Klipp- und Geröllzone antrifft. Zumindest zu einem Teil ist diese Art jedoch **Aufwuchsfresser** und lebt von pflanzlicher Nahrung. Maulbrüter.
Haltung: Als Aquarienfisch wenig anspruchsvoll und leicht zu halten.

Cyphotilapia

Eine artenarme Gattung mit Vertretern im Tanganyikasee und im oberen Kongo. Typisch für diese Gattung ist der große Buckel, der sich mit zunehmendem Alter auf der Stirn dieser Fische entwickelt. Nach Untersuchungen von Matthes soll dieser Buckel die Aufgabe haben, den Fischen das Verschieben und Herumwälzen von Steinen bei der Nahrungssuche zu erleichtern. Hauptsächlich leben diese Fische von Krebstieren und Mollusken, die sich hauptsächlich unter Steinen aufhalten. Nur die folgende Art ist bisher in kleinerer Anzahl importiert worden.

Cyphotilapia frontosa

Vorkommen: Endemisch im Tanganyikasee.
Länge: Bis 35 cm.
Kennzeichen: Voll ausgewachsene Fische wiegen gut ein halbes Kilo und sind geschätzte Speisefische. Für das durchschnittliche Aquarium werden sie zu groß. Ausgewachsen sind sie jedoch gute Schaustücke für öffentliche Aquarien. Jungfische haben bis zu einer Länge von 12–15 cm eine normale Kopfform. Grundfärbung gelblich bis weißgrau, mit sechs breiten schwarzen Querbändern. Nach Staeck sind ausgewachsene Fische nicht sexualdimorph, die Männchen haben lediglich einen etwas größeren Stirnbuckel. Die Anzahl der bei einer Laichabgabe gelegten Eier beträgt lediglich ca. 50. Diese Art wird, obwohl sie als

Aquarienfisch nur von geringem Interesse ist, hier aus folgendem Grunde erwähnt: Bei vielen ostafrikanischen Maulbrütern, und ganz besonders bei den Maulbrütern des Tanganyikasees, läßt sich eine Entwicklung zu einer geringer werdenden Eianzahl feststellen. Gleichzeitig mit abnehmender Eianzahl werden die Eier allerdings größer und ihre Entwicklungszeiten länger. *Cyphotilapia frontosa* ist eine dieser Maulbrüterarten. In noch stärkerem Maße kann man diese Entwicklung bei anderen Maulbrütern des Tanganyikasees beobachten.

Eretmodus

Eine Gattung mit nur einer, im Tanganyikasee endemisch vorkommenden Art. Zusammen mit den Gattungen *Spathodus* und *Taganicodus* wird *Eretmodus* zu einer Gruppe zusammengefaßt, deren systematische Stellung unklar ist. In ihrer Lebensweise und wahrscheinlich auch im Fortpflanzungsverhalten weisen sie große Ähnlichkeit miteinander auf. Man bezeichnet diese Fische häufig auch als Grundelbuntbarsche. Die hier folgenden Angaben über Vorkommen und Lebensweise stützen sich auf Arbeiten von Staeck. Den Angaben über ihre Vermehrung im Aquarium liegen Berichte von Reinhold und Rasmussen zugrunde.

Anatomisch und morphologisch unterscheiden sich die Grundelbuntbarsche durch mehrere Eigenheiten von anderen Buntbarschen. Die Anzahl der Hartstrahlen in der Rückenflosse ist mit 21–25 größer als bei allen anderen im Tanganyikasee lebenden Buntbarschen. Ihre Schwimmblase ist stark zurückgebildet, und die Fische schwimmen wie Grundeln oder Schleimfische ruckweise, hauptsächlich durch Rudern mit den Brustflossen. In Ruhestellung benutzen die Grundelbuntbarsche sowohl die Bauchflossen wie auch die Brustflossen als Stützorgane.

Sie sind typische Bewohner der Strandzone, wo sie auch in die eigentliche Brandungszone vordringen. Bei allzu starker Wasserbewegung suchen sie zwischen Steinen und in Geröllspalten Deckung.

Grundelbuntbarsche sind Maulbrüter mit monogamer Paarbildung. Die Geschlechter von *Eretmodus cyanostictus* sollen sich nur an den längeren Bauchflossen der Männchen unterscheiden lassen. Eiflecken in der Afterflosse sind nicht vorhanden. Reviere werden von beiden Partnern gegen Artgenossen und andere Fische verteidigt. Häufig wurde vor der Laichabgabe ein typisches Balzgebaren beobachtet, bei dem die Partner, seitlich nebeneinander stehend, mit gespreizten Flossen langsame Schwanzschläge gegeneinander austeilten. Als Laichsubstrat wählten die Fische einen flachen Stein, der vor der Eiablage auf dieselbe Art gereinigt wurde wie wir sie von den Offenbrütern kennen. Bei der Laichabgabe standen die Fische sowohl Kopf an Kopf wie auch Kopf an Schwanz nebeneinander. Die Zahl der abgegebenen Eier betrug 20–28. Die Form der Eier ist oval, sie werden von beiden Elterntieren ins Maul genommen. Ebenso wie beim Laichen spielen beide Elternteile bei der Betreuung der Jungfische eine aktive Rolle.

Unter den ostafrikanischen Buntbarschen hat diese Fortpflanzungsweise, soweit bekannt, keine Paralellen. Ähnliches Verhalten kommt zwar bei manchen westafrikansiischen *Chromidotilapia*-Arten vor, doch erfolgt bei diesen die Abgabe der Eier nicht offen. Es ergeben sich hier also deutliche Anknüpfungspunkte zu den Offenbrütern, so daß die Brutpflegeform der Grundelbuntbarsche wahrscheinlich eine sehr ursprüngliche Maulbrutpflegeform darstellt. Genau wie bei den Offenbrütern sind die Geschlechter nicht sexualdimorph, die Paarbildung monogam und mit gemeinsamer Revierverteidigung. Die Eiabgabe erfolgt auf einem offenliegenden Substrat, und beide Geschlechter teilen die Brutpflegeaufgaben. Es sei hier jedoch ausdrücklich darauf aufmerksam gemacht, daß all diese bisherigen Beobachtungen nur für die folgende Art gelten. Möglicherweise haben die beiden anderen Gattungen ein anderes Verhalten.

Eretmodus cyanostictus
Tanganyikaclown

Vorkommen: Endemisch im Tanganyikasee. Kommt im Strandbereich des gesamten Tanganyikasees in mehreren lokalen Farbformen vor.
Länge: Ca. 8 cm.
Kennzeichen: Typisch für das Aussehen dieses Grundelbuntbarsches sind das stark unterständige Maul und seine sehr großen Brustflossen. Die Körperform ist mäßig gestreckt und im Querschnitt hochoval. Die Färbung kann je nach Befinden und Färbung des Untergrundes verschieden sein, sie bewegt sich zwischen hellbraun und dunkel-olivbraun. Acht oder neun dunkle Querbinden sollen nur bei gewissen Lokalformen vorhanden sein. Lippen während der Fortpflanzungsperiode bei beiden Geschlechtern bläulich. Rücken- und Schwanzflosse mit orangefarbigem Saum, der bei manchen Exemplaren noch eine darüber liegende helle Kante hat. Ungleichmäßig verteilte blaugrüne Glanztupfen befinden sich am Kopf und entlang des Rückens.
Haltung: Bei der Haltung dieser Fische im Aquarium muß man sowohl ihre Lebensgewohnheiten wie auch ihre oft große Unverträglichkeit berücksichtigen. Am besten paarweise Haltung in Aquarien, die zahlreiche Steinbrocken enthalten, und in denen ein kräftiges Pumpfilter für eine Wasserzirkulation sorgt. Wassertemperatur 25–28° C.

Genyochromis

Ist eine endemisch im Malawisee vorkommende Gattung, die sich darauf spezialisiert hat, von der Haut anderer Fische und von Schuppen zu leben. In wildlebendem Zustand soll ein karpfenartiger Fisch, *Labeo cylindricus,* ihre wichtigste Nahrungsquelle sein. Die einzige Art dieser Gattung:

Genychromis mento wird mitunter in Streuexemplaren mit Fischen aus dem Malawisee importiert. Da sie, besonders für ungeübte Augen, der äußerst beliebten Art *Pseudotropheus zebra* gleicht, besteht die Gefahr, daß sie zu einem weniger erfahrenen Aquarienfreund gelangen; im begrenzten Raum eines Aquariums ist dies dann für die anderen Fische meistens tragisch. Bei genauerer Beobachtung kann man im etwas hervorstehenden Unterkiefer eine große Anzahl kleiner Zähne gut erkennen. Die Körperform von *G. mento* ist auch etwas gestreckter als die von *P. zebra.* Es ist noch zu beachten, daß bei dieser Art, genau wie bei *P. zebra*, mehrere Farbmorphen vorkommen.

Haplochromis

Eine äußerst artenreiche Gattung, die über das ganze tropische Afrika verbreitet ist und mit einzelnen Arten auch im subtropischen Bereich vorkommt. Hauptsächlich Bewohner stehender Gewässer. Große Vorkommen von *Haplochromis*-Arten gibt es, außer in den bereits erwähnten ostafrikanischen Seen, auch im Tschadsee. Die meisten von ihnen sind mittelgroße Fische von typisch hochrückiger Barschgestalt. Ihr Kopf ist verhältnismäßig groß, die Lippen sind gut ausgebildet und häufig dick. Rückenflosse meist mit fünfzehn, die Afterflosse immer mit drei Hartstrahlen. Das Ende der Rücken- und Afterflosse ist nur wenig ausgezogen, meist gerundet und manchmal etwas zugespitzt. Ihre Größe bewegt sich in der Regel zwischen 12–25 cm, doch gibt es sowohl kleinere wie auch größere Arten.
Soweit bisher bekannt ist, sind alle *Haplochromis*-Arten Maulbrüter. Die Erforschung ihrer Brutpflegegewohnheiten ist jedoch keineswegs abgeschlossen, so daß von dem hier beschriebenen Fortpflanzungsmodell Abweichungen vorkommen können. Die Geschlechter unterscheiden sich äußerlich deutlich. Die Männchen sind kräftiger gefärbt und besitzen Eiflecken in der Afterflosse, die echten Eiern täuschend ähneln. Eiablage erfolgt meist in Laichgruben, die vom Männchen im Bodensubstrat ausgegraben bzw. ausgefächelt wer-

den. Doch kommen bei manchen Arten Eiablagen auch auf anderem Untergrund vor. Die Zeitigungsdauer der Eier beträgt 12–20 Tage. Weibchen, die Eier im Maule tragen, nehmen während dieser Zeit keine Nahrung zu sich. Ausgeschwommene Jungfische werden in der ersten Zeit nach dem Ausschwimmen während der Nacht oder wenn Gefahr droht wieder ins Maul genommen. Bei der Verständigung zwischen Mutter und Jungfischen spielen neben Schlüsselreizen ruckartige Kopfbewegungen eine große Rolle.

Die kleineren *Haplochromis*-Arten lassen sich auch in normal bepflanzten Aquarien gut halten. Gegenüber anderen Fischen sind sie meist verträglich. Männchen derselben Art dagegen befehden sich hartnäckig. Bei deutlich unterlegenen Männchen verblassen die Farben. Dadurch gleichen sie ihr Erscheinungsbild dem der Weibchen an und werden vom dominierenden Männchen dann nicht mehr angegriffen. Die hier folgenden Beschreibungen sind auf Arten begrenzt, die entweder als Aquarienfische regelmäßiger gehalten werden oder zumindest als Importfische im Handel zu haben sind.

Haplochromis ahli

Vorkommen: Endemisch im Malawisee.
Länge: Ca. 16 cm.
Kennzeichen: Körperform mäßig gestreckt, obere Kopfprofillinie stärker gewölbt als die untere. Männchen leuchtend blau und mit roter Afterflosse. Eine prächtige, doch leider nur selten eingeführte Art.

Haplochromis boadzulu

Vorkommen: Endemisch im Malawisee.
Länge: Ca. 12 cm.
Kennzeichen: Körper hoch und seitlich abgeplattet. Obere Profillinie des Kopfes gleichmäßig gewölbt, untere fast gerade. Männchen während der Fortpflanzungsperiode leuchtend dunkelblau. Zwei Längsstreifen, einer längs der Körpermitte, der andere in halber Rückenhöhe schräg nach oben führend und in der Rückenflosse endend. Neun dunkle Querbänder sind nicht immer erkennbar. Rückenflosse gelblich mit orangefarbigen Flecken und Strichen. Afterflosse mit ähnlichem Flecken- und Streifenmuster. Die Weibchen zeigen auf hellgrauem Grund eine Zeichnung, die aus den Querbändern und den Längsbinden besteht und beim Männchen nicht oder nur unvollständig zu sehen ist.
Haltung: Bisher nur in geringer Anzahl, überwiegend Männchen, importiert.

Diese Art gehört zur sogenannten Utaka-Gruppe. Genau wie bei der Mbuna-Gruppe handelt es sich nicht um eine zoologisch-systematische Einheit, sondern um eine Bezeichnung für Fische von ähnlicher Lebensweise. Der Name Utaka ist der Sprache der einheimischen Fischerbevölkerung entliehen. Alle zur Utaka-Gruppe gerechneten Arten gehören der Gattung *Haplochromis* an. Diese Fische leben von tierischem Plakton, welches sie mit ihrem vorstülpbarem Maule einsaugen. Ihre Größe bewegt sich zwischen 10–15 cm. Alle zu dieser Gruppe gerechneten Arten kommen endemisch im Malawisee vor. Mit ihren prächtigen Farben gehören sie zu den auffallendsten Fischformen dieses Sees. Ihre Weibchen sind unscheinbar gefärbt und können leicht untereinander verwechselt werden.

Haplochromis borleyi

Eine weitere Art der Utaka-Gruppe.
Länge: 13 cm.
Kennzeichen: Körper hochrückig und seitlich abgeplattet. Die Männchen über Kopf und Rücken leuchtend blau, nach hinten und zum Bauch hin orangefarbig. Diese Färbung kommt durch orangefarbige Flecken auf den Schuppen zustande. Die Rückenflosse ist ebenfalls blau mit einem orangefarbigen Saum und hat in ihrem hinteren Teil einige orangefarbige Flecken. Schwanzflosse bläulich und Afterflosse zart orangefarbig getönt. Afterflosse mit weißen Eiflecken. Bauchflossen lang ausgezogen. Weibchen unscheinbar mit drei

schwarzen Flecken auf den Körperseiten. Diese drei Seitenflecken können auch beim Männchen, zumindest angedeutet, vorhanden sein.
Haltung: Wurde wie auch *H. boadzulu* bisher nur in kleinerer Anzahl importiert.

Haplochromis burtoni
Blaumaul-Maulbrüter

Vorkommen: Weit verbreitet in Ost- und Zentralafrika; kommt im Albertsee, Georgsee, Eduardsee, Tschadsee sowie in deren Zu- und Abflüssen vor.
Länge: 12 cm.
Kennzeichen: Körperform mäßig hoch, seitlich abgeplattet. Rückenlinie stärker gewölbt, Bauchlinie gerader. Grundfarbe gelbrötlich mit 8–9 schwarzblauen oder blauen Querbändern, welche zusammen mit drei Längsbändern eine fensterartige Zeichnung ergeben. Diese Bänderzeichnung kann jedoch mehr oder weniger verschwinden. Lediglich das erste Querband, welches durch das Auge führt, ist immer zu erkennen. Flossen grünlich bis blau und mit orangefarbigeStrichelzeichnungen. Afterflosse mit 5–7 dunkelumrandeten orangefarbigen Eiflecken. Weibchen trägt auf lehmgelbem Grund dasselbe Bindenmuster wie das Männchen.
Haltung: Eine harte und äußerst anspruchslose Art, die bei Temperaturen zwischen 22–30° C gehalten werden kann.

Haplochromis chrysonotus
Gelbrückenmaulbrüter

Vorkommen: Endemisch im Malawisee
Länge: 15 cm.
Kennzeichen: Körperform hochrückig und seitlich stark abgeplattet. Die Färbung ist stark vom Befinden abhängig. Erwachsene Männchen mit prächtigem blaugrünem Glanz, der sich bis zum tiefen Schwarzblau steigern kann. Ein gelbes leuchtendes Band streckt sich, in Nasenhöhe beginnend, über Stirn und Nacken bis zur Rückenflosse und setzt von dort als oberer Saum auf der Rückenflosse fort. Die Flossen sind dunkel. Weibchen graubraun, mit neun bis zehn dunklen Querstreifen. Legt auf sandigem Grund Laichgruben an.
Haltung: Zucht auch im Aquarium schon gelungen.

Haplochromis compressiceps
Messerbuntbarsch

Vorkommen: Endemisch im Malawisee.
Länge: Bis 25 cm.
Kennzeichen: Der Messerbuntbarsch ist eine der merkwürdigsten Erscheinungen unter den Buntbarschen. Sein Aussehen wirkt auf den ersten Anblick fast grotesk. Fast ein Drittel seiner gesamten Körperlänge entfallen auf den großen, keilförmigen Kopf, bei dem sich das Auge dicht unter der oberen Kante befindet. Das Maul ist breit, tiefgespalten und deutlich oberständig. Bei erwachsenen Fischen befindet sich am äußersten Ende des Unterkiefers eine nach unten weisende „Kinnspitze“, die, zusammen mit den übrigen Merkmalen, dem Kopf dieses Fisches ein äußerst eigenartiges Profil verleiht. Der Körper ist nur mäßig gestreckt, jedoch seitlich extrem abgeplattet. Die Färbung erwachsener Männchen ist stark von der Stimmung abhängig. Bei Wohlbefinden ist der Körper bläulich. Der Kopf und die Nackenregion sind intensiv blau. Auf den Körperseiten sind die Schuppenränder deutlich markiert und sowohl zum Bauch wie auch zum Rücken hin erscheint die Körperfärbung etwas heller. Rückenflosse bläulich mit orangefarbigem Saum und orangefarbigen Tupfen im weichen Teil. Schwanzflosse bläulich durchschimmernd und mit leuchtenden hellblauen Tupfen, die untere Spitze orangefarbig. Afterflosse an der Basis blau und nach außen kräftig orangefarbig mit blauen Tupfen. Die Bauchflossen sind weit nach hinten angesetzt und haben einen kräftig blau gefärbten ersten Strahl. Die Weibchen sind hellbraun bis graubraun und an den Körperseiten silberfarbig. Eine Längsbinde, die am Ende der Maulspalte beginnt, führt durch das Auge und läuft von dort

längs der Körpermitte bis zur Schwanzwurzel. Eine zweite Binde führt vom oberen Kiemendeckelrand, längs der oberen Rückenhälfte, und vereinigt sich auf der Schwanzwurzel mit einem dritten Band, welches entlang der Rükkenkante verläuft. Jungfische sind den Weibchen ähnlich, doch verraten sich die jungen Männchen schon frühzeitig durch gelbe bis orangefarbige Spitzen an den harten Rückenflossenstrahlen.
Haltung: Diese Art zählt zu den ausgesprochenen Raubfischen, die mit schräg nach unten gerichtetem Kopf zwischen den Wasserpflanzen kleineren Fischen auflauert. Einheimische Fischer behaupten, daß dieser Fisch darauf spezialisiert sei, anderen Fischen die Augen herauszureißen. Gewisse Untersuchungen deuten darauf hin, daß *H.compressiceps* dazu in der Lage ist. Dennoch dürfte dies nur selten vorkommen. Magenuntersuchungen ergaben nämlich keinen Anhaltspunkt für eine solche Ernährungsweise. Ich selbst habe diese Fische durch Jahre hindurch mit anderen Buntbarschen aus dem Malawisee im gleichen Aquarium gehalten, ohne daß ein einziger derartiger Übergriff auf andere Fische erfolgt wäre.
Im Aquarium füttert man die Messerbuntbarsche mit kleinen Fischen und Insektenlarven. Sie nehmen aber auch ohne weiteres Ersatzfutter aller Art an. Bei reichlicher Fütterung vermehren sie sich auch unter Aquarienbedingungen.

Haplochromis desfontainesii
Blauschwarzer Maulbrüter

Vorkommen: Im ganzen östlichen und nördlichen Afrika weit verbreitet. Nach Norden bis Syrien und nach Westen bis Tunesien anzutreffen. Lebt auch in Wasseransammlungen der Oasen, in artesischen Brunnen und wird auch im Nil gefunden.
Länge: Bis 15 cm, Weibchen etwas kleiner.
Kennzeichen: Körper nur mäßig gestreckt und seitlich kaum abgeplattet. Grundfärbung grünlichblau, bei auffallendem Licht mit irisierendem Glanz. Neun verwaschene Querbinden und zwei Längsbinden sind nur zeitweilig zu sehen. Auf dem Kiemendeckel ein schwarzer goldumrandeter Fleck. Vom Nacken führt ein dunkler Strich durch das Auge zum Mundwinkel. Rückenflosse mit orangefarbigem Saum. Weicher Teil der Rückenflosse, wie auch die Schwanzflosse, mit roten Tupfen. Beim Männchen befinden sich in der Afterflosse 4–8 orangefarbige, von einem blaugrauen Rand umgebene Eiflecken. Während der Fortpflanzungsperiode nehmen die Männchen eine dunkel-grünblaue Färbung an, die an Kehle und Vorderrücken in Schwarzblau übergeht.
Haltung: Als Aquarienfisch äußerst anspruchslos, leicht zu halten und zu vermehren. Wassertemperatur zwischen 22–30° C.

Haplochromis euchilus
Sauglippenbuntbarsch

Vorkommen: Endemisch im Malawisee.
Länge: Bis 20 cm.
Kennzeichen: Körper mäßig hoch und seitlich stark abgeplattet. Kopf ziemlich groß, Rükkenlinie und Bauchlinie fast gleichmäßig zur Schwanzwurzel zusammenlaufend, so daß der Körper fast keilförmig erscheint. Typisch für das Aussehen dieser Art sind die wulstigen Lippen, die in ähnlicher Form auch bei *Melanochromis labrosus* vorkommen. Die Weibchen und die Männchen sind außerhalb der Fortpflanzungsperiode unscheinbar gelbgrau gefärbt. Zur Laichzeit verfärben sich die Männchen gelblich-orange. Die Unterseite des Kopfes wird leuchtend gelb und die obere Kiemendeckelhälfte intensiv blau. Rücken, Schwanz- und Afterflosse mit einem Muster aus orangefarbigen Strichen und Flecken, welches insbesondere in der Schwanzflosse deutlich hervortritt. Zwei kräftige schwarze Längsbänder, von denen das eine vom Auge bis zur Schwanzwurzel, das andere längs des Rückens direkt unterhalb des Rückenflossenansatzes verläuft, vervollständigen die Zeichnung. Neben kleinen Futtertierchen fressen Sauglippenbuntbarsche viel vegetabilisches Futter, vorwiegend Algen.

Haplochromis fuscotaeniatus
Leopardmaulbrüter.

Vorkommen: Endemisch im Malawisee.
Länge: Ca. 20 cm.
Kennzeichen: Körperform mäßig gestreckt und nicht besonders hochrückig. Ältere Fische sind jedoch hochrückiger. Körper seitlich stark zusammengedrückt. Grundfärbung grünlichgrau, mitunter ins gelbliche übergehend. Große Teile der Körperfläche sind von einem, in der Form, unregelmäßig erscheinenden Fleckenmuster bedeckt. Das längs der Körperseiten in vier Reihen geordnet ist. Die oberste Reihe führt entlang der oberen Rückenhälfte, die zweite etwas entlang der Körpermitte. Von den darunter liegenden Reihen geht die untere meist in eine zusammenhängende Fläche über. Diese Fleckenzeichnung kann äußerst variabel sein. Zur Fortpflanzungszeit wird der Kopf der Männchen bläulich, und auch die Körperseiten zeigen einen bläulichen Glanz. Flossen braungrau mit orangefarbigen Flecken. Rückenflosse beim Männchen mit orangefarbigem Saum, und Afterflosse mit hellgelben Eiflekken. Diese Art wird häufig mit dem sehr ähnlichen *H. polystigma* verwechselt.
Haltung: H. fuscotaenintus ist ein ausgesprochener Raubfisch und nur wirklichen Spezialisten zu empfehlen.

Haplochromis horei

Vorkommen: Tanganyikasee.
Länge: 13 cm.
Kennzeichen: Körperform wenig hochrückig, ziemlich gestreckt und mit einem verhältnismäßig großen Kopf. Grundfärbung graugrün, zum Bauche hin heller werdend und ins Gelbliche übergehend. Längs der Körperseiten ziehen sich sieben Reihen hellroter Punkte. Ein Band führt im Bogen über die Stirn und verbindet, durch beide Augen laufend, die Mundwinkel. Auf der Stirn unregelmäßige dunklere Flecken. Lippen leicht bläulich, Kiemendeckel mit grünem Flecken und mit rotem Anflug im unteren Teil. Rückenflosse mit gelbem Saum und roten Pünktchen. Afterflosse beim Männchen mit gelben Eiflecken. Die Weibchen sind matter in der Färbung, bei ihnen ist meist ein dunkles Längsband gut zu erkennen.
Haltung: Wurde schon öfter importiert und hat sich auch schon im Aquarium vermehrt. Laichen in Gruben, die vom Männchen ausgefächelt werden.

Haplochromis jacksoni

Vorkommen: Endemisch im Malawisee.
Länge: 18 cm.
Kennzeichen: Ist ein weiterer Maulbrüter der Utaka-Gruppe. Es handelt sich um einen ziemlich hochrückigen Fisch mit seitlich markant abgeplattetm Körper. Grundfärbung beim Männchen grau bis graublau. Kopf und Rückenpartie mit bläulichem Schimmer, welcher sich beim balzenden Männchen zu einem intensiven hellblau vertieft. Schuppenräder an den Körperseiten deutlich markiert. Auge auffällig groß und mit dunkler Iris. Rückenflosse hellgrau, mit dunklen Flecken an der Basis. Schwanzflosse an der Basis dunkel, nach außen bläulich-weiß. Afterflosse graublau mit orangefarbigen Strichen und orangefarbigem Saum. Je ein dunkler Fleck auf der Körpermitte und auf der Schwanzwurzel sind beim Männchen oft nur andeutungsweise zu erkennen. Weibchen blasser, mit geringem oder ohne Blauschimmer und mit deutlich markierten Körperflecken. *Haltung:* Eine erst während der letzten Jahre importierte Art, über die kaum Aquarienerfahrungen vorliegen.

Haplochromis johnstoni

Vorkommen: Malawisee.
Länge: 20 cm.
Kennzeichen: Eine der prächtigsten *Haplochromis*-Arten. Körperform hoch und seitlich stark zusammengedrückt. Jungfische haben auf silber- bis messingfarbigem Grund sechs deutliche Querbänder. Diese Zeichnung ver-

liert sich mit zunehmendem Alter und ist lediglich andeutungsweise, vor allem bei den Weibchen, zu erkennen. Ausgewachsene Männchen haben eine blaugrüne Grundfarbe, die besonders deutlich am Kopf und der Nackenpartie hervortritt. Alle Schuppen an den Körperseiten haben auf blaugrünem Grund einen orangefarbigen Tupfen. Die Rückenflosse ist ebenfalls blaugrün, mit orangefarbigem Saum. In ihrem weichen Teil befinden sich orangefarbige Flecken. Die Strahlen der Schwanzflosse sind rötlich, ihre Zwischenhäute bläulich-durchschimmernd. Afterflosse gelbich-rot mit orangefarbener Kante und hellen Eiflecken.
Haltung: Bereits im Aquarium vermehrt.

Haplochromis livingstonii

Vorkommen: Malawisee.
Länge: Bis 20 cm.
Kennzeichen: Die Körperform dieser Art verrät einen Fisch von räuberischer Natur. Der Körper ist nur mäßig hoch, der Kopf spitz und mit tiefer Maulspalte. Auf cremefarbigem Untergrund zeigen die Fische ein Muster teilweise ineinander übergreifender, bräunlicher Flekken. An der Rückenkante heben sich vier halbrunde Felder deutlich von der sonst braunen Rückenzeichnung ab. Drei dieser Felder befinden sich am Anfang, in der Mitte und am Ende der Rückenflossenbasis, das vierte auf der Oberseite der Schwanzwurzel. Zwei dunkelbraune Binden laufen, von Mundwinkel zu Mundwinkel und von Kiemendeckel zu Kiemendeckel, kreuzweise durch das Auge. Kehle dunkel-braungrau. Rückenflosse grau, mit hellen Flecken und orangefarbiger Kante. Schwanzflosse grau und mit einem Muster geordneter rotbrauner Flecken. Afterflosse rotbraun und mit hellem Rand. Während der Fortpflanzungszeit wird die Grundfärbung der Männchen blauschimmernd. In Ruhestellung pflegen sich diese Fische auf die Seite zu legen.
Haltung: In der Natur besteht ihre Nahrung hauptsächlich aus kleineren Fischen, im Aquarium sind sie jedoch gleichgroßen Arten gegenüber verträglich.

Haplochromis lubochilus

Länge: Bis 18 cm.
Kennzeichen: Körperform mäßig gestreckt und seitlich abgeplattet. Obere Kopfprofillinie gleichmäßig ansteigend, untere fast gerade. Lippen deutlich ausgeprägt. Grundfärbung beim Männchen leuchtend hellblau, zum Bauche hin in Gelb übergehend. Rückenflosse mit gelbem Saum. Rücken und Afterflosse mit einem feinen Muster orangefarbiger Striche und Punkte. Afterflosse mit zahlreichen gelblichen Flecken. Weibchen unscheinbar blaugrau.
Haltung: Nur selten importiert, doch bereits im Aquarium vermehrt.

Haplochromis moorii
(Synonym: Cyrtocara moorii)
Beulenkopfmaulbrüter

Vorkommen: Kommt endemisch im Malawisee vor.
Länge: Dieser Fisch kann fast 25 cm groß werden, doch bleibt er im Aquarium meist kleiner.
Kennzeichen: Der Beulenkopfmaulbrüter ist mit seinem merkwürdigen Kopfprofil und seiner wundervollen blauen Färbung einer der schönsten und charakteristischsten Buntbarsche des Malawisees.
Der Körper ist hochrückig und seitlich abgeplattet. Auf der Stirn haben beide Geschlechter einen beulenförmigen Buckel. Bei gleichaltrigen Fischen ist dieser Buckel beim Männchen größer. Aber auch alte Weibchen können sehr große Stirnbuckel bekommen. Nach Meulengracht-Madsen sind Weibchen mit sehr großem Stirnbuckel oft steril, und der große Buckel eine Folge von übermäßiger Produktion von männlichem Geschlechtshormon bei den alten weiblichen Tieren. Der Buckel besteht aus Fett und Bindegewebe und scheint lediglich ein, bei beiden Geschlechtern in unterschiedlicher Größe vorhandenes, sekundäres Geschlechtsmerkmal zu sein. Bei Fischen unbekannten Alters kann es jedoch schwierig sein, die Geschlechter allein an Hand der Bukkelgröße zu unterscheiden. Das sicherste Ge-

schlechtsmerkmal ist die Länge der Spitzen an Rücken- und Afterflosse. Beim Weibchen reichen die Spitzen dieser Flossen nicht weiter als bis etwa zur Mitte der Schwanzflosse, beim Männchen sind sie deutlich länger. Die Grundfärbung erwachsener Fische ist einfarbig hellblau. Nach Fryer findet man diese Art im ganzen Malawisee auf sandigem Untergrund, und die lichtblaue Färbung stellt dort eine gute Schutzfärbung dar. Oft werden sie in Gesellschaft von *H. rostratus* angetroffen.
Die Männchen legen im Sandboden flache Laichgruben an. Gelingt es dem Männchen, ein laichreifes Weibchen zur Laichgrube zu locken, schwimmen beide Fische zunächst einige Runden um den Rand der Laichgrube, das Weibchen zuerst, das Männchen direkt dahinter, mit seinem Maul etwa in der Höhe der Afterflosse des Weibchens. Bei großen Weibchen kann die Anzahl der gelegten Eier bis ca. 100 betragen. Ihre Entwicklungszeit ist bei einer Temperatur von 26–28°C 16–17 Tage. Beim Verlassen des Maules sind die Jungfische etwa 12 mm lang, sandfarbig mit dunkleren Tupfen. Die Jungfische werden vom Weibchen noch längere Zeit geführt und bei Gefahr ins Maul genommen. Sie sind sehr raschwüchsig und verfärben sich in Graublau und später in Blau. In seinem Verhalten ist der Beulenkopfbuntbarsch friedlich und kann gut mit anderen Buntbarschen vergesellschaftet werden. Er lebt hauptsächlich von kleineren Futtertierchen und nimmt auch Ersatzfutter aller Art ohne weiteres an.

Haplochromis rostratus
Fünffleckmaulbrüter
(Synonym: Haplochromis macrorhynchus)

Fünffleckmaulbrüter
Vorkommen: Endemisch im Malawisee.
Länge: Bis 25 cm.
Kennzeichen: Körperform hochrückig und seitlich abgeplattet. Kopf spitz, untere Profillinie fast gerade. Maul groß und tief gespalten. Grundfärbung gelblich, beim Männchen in Balzstimmung an den Körperseiten, am Rücken und an der Stirn in Blau übergehend. Schwanz- und Afterflosse blaugrau bis schwarzgrau. Weibchen und Jungtiere haben auf den Körperseiten eine Zeichnung, die aus regelmäßigen dunklen Flecken besteht. Ihre Grundfärbung ist hellmessinggelb. Die Flecken auf den Körperseiten können sich zeitweilig ausdehnen und zu einem Muster von undeutlichen Querbinden zusammenlaufen.
Haltung: Eine recht räuberische Art, die für das normale Zimmeraquarium etwas zu groß wird. Kann nur ausgesprochenen Spezialisten empfohlen werden.

Haplochromis venustus
Pfauenmaulbrüter

Vorkommen: Endemisch im Malawisee.
Länge: Bis 23 cm, bleibt im Aquarium jedoch kleiner.
Kennzeichen: Körperform hoch und seitlich zusammengedrückt. Rücken- und Bauchlinie gleichmäßig gewölbt, Schwanzwurzel deutlich abgesetzt. Grundfärbung hellgelb, mit einem Muster großer dunkler Flecken. Vier dreieckige Flecken auf dem Rücken verbinden sich, mit ihren nach unten deutenden Spitzen, mit vier rhombischen Flecken entlang der Körpermitte. Nach unten wird diese Zeichnung durch zwei unregelmäßige Flecken ergänzt. Ein dunkles Band führt vom Nacken durch das Auge zum Mundwinkel. Die Rückenflosse ist

---

Farbtafel 13:
Oben: Pseudotropheus, spec., noch unbestimmt
Unten: Pseudotropheus macrothalmus

an ihrer Basis gelbbraun, wird nach außen hin heller und hat eine fast weiße Kante. Obere Hälfte der Schwanzflosse durchscheinend, untere Hälfte gelb, Afterflosse und Bauchflossen ebenfalls gelb. Die Grundfärbung nimmt beim Männchen während der Balz eine in allen Regenbogenfarben schimmernde Tönung an. Diese Farbtönune sind zwar nicht ganz so intensiv wie bei manchen anderen *Haplochromis*-Arten, in ihren zarten Pastelltönen gehören die Pfauenmaulbrüter jedoch zu den schönsten Arten dieser Gattung. Der Kopf, mit Ausnahme der Stirn, verfärbt sich blau. Das Fleckenmuster der Körperseiten nimmt orangefarbige und blaue Farbnuancen an. Die Schuppen der Körperseiten haben an ihrer Basis einen orangefarbigen Flecken und einen deutlich markierten Rand. Mit Ausnahme der Bauchflossen haben alle Flossen wundervoll zartblaue Säume.
Haltung: Nur für große Aquarien geeignet.

Haplochromis wingati

Vorkommen: In Ost- und Zentralfafrika weit verbreitet.
Länge: Bis 12 cm.
Kennzeichen: Ähnelt *H. burtoni* und wird oft mit dieser Art verwechselt. Ein sicheres Unterscheidungsmerkmal ist nach Wickler die Lage der Eiflecken. Der vorderste Eifleck beginnt bei *H. wingatii* beim achten Flossenstrahl, bei *H. burtoni* bereits am fünften. Während bei *H. wingatii* die Eiflecken kleiner sind und zwischen den Flossenstrahlen liegen, sind sie bei *H. burtoni* größer und reichen über mehrere Strahlen. Bei *H. wingatii* ist die Zeichnung in der Rückenflosse lediglich angedeutet oder fehlt ganz. Im übrigen wie *H. burtoni.*
Außer den hier beschriebenen Vertretern sind eine Anzahl weiterer Arten der Gattung *Haplochromis* sporadisch eingeführt worden. Von ganz wenigen Ausnahmen abgesehen, handelt es sich um Arten, die sehr groß werden und oft von ausgeprägter Raubfischnatur sind. Die Vermehrung dieser großen Arten ist meist nicht schwierig, doch ist eine erfolgreiche Vermehrung weitgehend eine Platzfrage und von der guten Futterversorgung mit großen Insektenlarven und kleinen Fischen abhängig.

Hemichromis

Eine nur aus zwei Arten bestehende Gattung, die über weite Gebiete Afrikas verbreitet ist. Es sind große bis mittelgroße Fische von mäßig gestreckter Gestalt, mit seitlich abgeplattetem Körper. Systematisch stehen sie der Gattung *Haplochromis* nahe, sind aber im Gegensatz zu diesen typische Offenbrüter mit monogamer Paarbildung. Die Geschlechter sind äußerlich nicht zu unterscheiden. Ihre Brutpflege ist selbst für Buntbarsche ungewöhnlich intensiv und erstreckt sich über einen langen Zeitraum. Sie wird erst beendet, wenn die Jungfische bereits mehrere cm lang sind. Zur Vergesellschaftung mit anderen Buntbarschen eignen sie sich nur begrenzt, da sie häufig unverträglich und aggressiv sind. Starke Wühler, die oft die Aquarieneinrichtung entsprechend ihren eigenen Wünschen „umgestalten".

Hemichromis bimaculatus

Roter Buntbarsch oder Roter Cichlide

Vorkommen: Fast in ganz Afrika mit Ausnahme des Nordwestens und Südens weit verbreitet.

Farbtafel 14:
Oben: Pseudotropheus zebra, hellblaue Morphe
Unten: Pseudotropheus zebra, orangefarbige Morphe

Länge: Bis 15 cm, schon knapp halbwüchsig geschlechtsreif.
Kennzeichen: Bauch und Rückenlinie fast gleichmäßig gewölbt, so daß die Körperform ein symmetrisches Längsoval bildet. Grundfärbung olivbraun, zum Bauche hin heller. Flossen gelbbraun mit bläulichen Tupfen und einem mattblauen Saum längs der Rückenflosse und dem oberen Teil der Schwanzflosse. Bei brutpflegenden Fischen geht die Körperfärbung in ein intensives Rot über, aus dem sich an Kopf und Hinterkörper eine Anzahl leuchtend blauer Punkte hervorhebt. Die Rückenflosse wird weinrot bis braunrot, mit einer Doppelreihe leuchtend blauer Punkte und hellblauem Saum. Bauchflossen und Afterflosse hellrot, letztere mit blauen Tupfen im weichen Teil. Bei manchen Paaren ist das Weibchen während der Brutpflege intensiver gefärbt als das Männchen. Die Variationsbreite der Färbung ist bei dieser Art jedoch sehr groß; neben Fischen mit leuchtend roter Färbung kommen auch solche vor, die während der Brutpflegeperiode eine eher braunrote Färbung zeigen.
Haltung: In seinen Pflegeansprüchen ist der Rote Buntbarsch sehr bescheiden, liebt aber Wärme und sollte bei Temperaturen über 25° C gehalten werden.

Hemichromis fasciatus

Vorkommen: Weit verbreitet in Westafrika, kommt auch in Brackwasser vor.
Länge: Bis 30 cm, im Aquarium jedoch meist kleiner bleibend.
Kennzeichen: Körperform beim Jungfisch gestreckt und mit spitzem Kopf. Ältere Fische hochrückiger und seitlich abgeplattet. Kopf mit eingebuchteter Stirnlinie und auffällig großen Augen. Grundfärbung messinggelb mit fünf Querbändern. Das erste Querband beginnt unterhalb des Rückenflossenansatzes, das letzte läuft über die Schwanzwurzel. Diese Querbänder können zeitweilig verblassen, so daß nur längliche Flecken auf den Körperseiten zu sehen sind. Auf dem Kiemendeckel befindet sich ein blaugrüner Fleck. Kehle dunkelgrau, Bauch weißgrau. Unpaarige Flossen grünlich bis gelb. Auch diese Art verfärbt sich während der Brutpflegeperiode; die Seiten werden dann rötlich und zum Bauche hin intensiv rot, die Kehle nimmt eine tiefblaue Färbung an und auf den Körperseiten bildet sich auf jeder Schuppe ein hellroter bis braunroter Tupfen. Diese Art ist in der Färbung je nach Herkunft äußerst variabel, und es kommen mehrere Farbtypen vor. Bei einer von diesen wird während der Fortpflanzung die Kehle nicht blau, sondern leuchtend rot.
Haltung: Leider gehört diese prächtige Art zu den aggressiveren Buntbarschen und eignet sich nur für paarweise Haltung in sehr großen Aquarien.

Julidochromis

Eine kleine im Tanganyikasee endemisch vorkommende Gattung von sehr gestreckter Körperform. Rückenflosse sehr lang, mit mindestens 20 Hartstrahlen. Schwanzflosse abgerundet. Körperquerschnitt ein hohes Oval. Rückenlinie gewölbt, Bauchlinie fast gerade. Kopf klein, Stirn über den Augen nach außen gewölbt. Die *Julidochromis*-Arten sind typische Bewohner von spaltenreichen felsigen Uferzonen bzw. Geröllgrund. In ihren Bewegungen erinnern sie stark an die marinen Lippfische. Ihrem Brutpflegeverhalten nach sind sie typische Höhlenbrüter. Die Eier werden in Grotten abgesetzt und von beiden Elterntieren versorgt. Die Jungfische haben Schleimdrüsen und werden nach dem Schlüpfen unter dem Grottendach aufgehangen.
Obwohl die verschiedenen *Julidochromis*-Arten sich gut an äußeren Merkmalen unterscheiden lassen, sind sie untereinander nahe verwandt. Die bisher im Aquarium gehaltenen Arten bastardieren ohne nennenswerten Schwierigkeiten miteinander, und auch aus der Natur sind Zwischenformen bekannt, die wahrscheinlich Bastarde sind. Soweit man bisher weiß, sind jedoch Kreuzungstiere zwischen

verschiedenen *Julidochromis*-Arten nicht fortpflanzungsfähig.
Im Aquarium sollten für diese Fische zahlreiche Versteckmöglichkeiten in Form von Spalten und Höhlen vorhanden sein. Eine größere Anzahl solcher Versteckplätze mildert unzweifelhaft die oft sehr starke Aggressivität dieser Fische. Allerdings ist gerade bei *Julidochromis*-Arten die Aggressivität von Fall zu Fall sehr unterschiedlich und schwer vorauszusagen. Zwischen Fischen, die längere Zeit dasselbe Aquarium teilen, kommt es nicht selten zu einer Art Waffenstillstand, der aber sofort außer Kraft gesetzt wird, wenn irgendeine Veränderung eintritt; es genügt dann mitunter, daß ein einziger neuer Fisch in das Aquarium kommt, oder daß ein Fisch entfernt wird. Auch das Vorhandensein größerer Buntbarsche im selben Aquarium fördert zweifellos die Verträglichkeit von *Julidochromis* untereinander. Jungfische aus aufeinander folgenden Bruten können sich im elterlichen Revier aufhalten. Sonderlich produktiv sind diese Arten nicht, und ein Gelege besteht in der Regel aus 50–100 Eiern. Am wohlsten fühlen sich *Julidochromis*-Arten in einem etwas härteren Wasser, bei Temperaturen über 24°C. An ihre Futterversorgung stellen sie keine speziellen Ansprüche und fressen alle Futtertierchen und Ersatzfutter in entsprechender Größe.
Da die verschiedenen *Julidochromis*-Arten in Bezug auf Herkunft, Verhalten und Brutpflegegewohnheiten weitgehend übereinstimmen, wird bei den anschließenden Artbeschreibungen lediglich die Färbung gekennzeichnet.

Julidochromis dickfeldi

Länge: Bis 8,5 cm.
Kennzeichen: Körperform schlank, langgestreckt und von fast rundem Körperquerschnitt. Körperfärbung recht variabel, je nach Umgebung zwischen gelb und braun. Zwischen Maul und Rückenflossenansatz mehrere dunklere Querstreifen. Ein dunkles Längsband läuft entlang der Körpermitte. Zwei schmalere Längsbänder entlang der oberen Rückenhälfte, das obere davon direkt unterhalb der Rückenflosse. Flossen grau und bei auffallendem Licht mit fein bläulich getönten Säumen. Unpaare Flossen, bei manchen Exemplaren mit dunkleren Flecken.

Julidochromis marlieri
Schachbrett-Schlankcichlide

Länge: 12 cm.
Kennzeichen: Grundfärbung schwarzbraun. Eine Anzahl hellerer Flecken sind entlang der Körperseite in drei Längsreihen geordnet. Ein weiteres, aus hellen Flecken bestehendes Längsband läuft entlang des unteren Teiles der Rückenflosse. Schwanzflosse mit hellen Flekken, nach hinten mit einem lichtblauen Streifen, den ein schwarzbrauner Saum abschließt. Afterflosse mit hellen Tupfen. Bauchflossen lang ausgezogen und gelbbraun.

Julidochromis ornatus
Gelber Schlankcichlide

Länge: Männchen 7 cm, Weibchen 6 cm.
Kennzeichen: Grundfärbung hellgelb bis goldgelb. Drei scharf abgegrenzte schwarzbraune Längsbinden auf der oberen Hälfte jeder Körperseite. Die unterste dieser Binden führt von der Stirn durch das Auge und von dort entlang der Körpermitte bis zur Schwanzwurzel. Die obere folgt im Bogen laufend der Rückenlinie und endet an der Schwanzwurzel. Die mittlere beginnt oberhalb des Auges, läuft parallel zur unteren und vereinigt sich mit der oberen Binde unterhalb des weichen Teiles der Rükkenflosse. Rückenflosse gelblich mit bläulichem Saum. Schwanzflosse abgerundet, mit schwarzem Fleck an der Basis. Im übrigen gelb und nach hinten durch einen blauen Streifen begrenzt, an den sich ein schwarzblauer Saum anschließt. Afterflosse gelb mit bläulicher Spitze. Bauch- und Brustflossen gelb. Während der Brutpflege werden die Farben besonders intensiv und nehmen bei manchen Exemplaren eine orange-gelbliche Tönung an. Die am häufigsten gehaltene Art dieser Gattung.

Julidochromis regani

Länge: Bis 11 cm.
Kennzeichen: Ähnelt der vorherigen Art, jedoch ist ihre Grundfärbung nicht so kräftig orangefarben sondern gelblicher, mitunter auch mit einem leicht grünlichen Anflug. In Längsrichtung laufen über den Körper vier braune Bänder, von denen das untere etwas verwaschen wirkt. Rückenflosse ebenfalls mit braunem Längsband, welches sich im hinteren Teil der Rückenflosse teilt. Schwanzflosse mit vier dunkelbraunen Rändern und einem äußeren bläulichen Querband. Afterflosse mit dunkelbraunem Saum. Die sehr großen Bauchflossen wirken bläulich angehaucht.

Julidochromis transcriptus
Schwarzweißer Schlankcichlide

Länge: 8 cm.
Kennzeichen: Obere Körperhälfte schwarz mit fünf oder sechs hellen Flecken unterhalb der Rückenflosse. Auf dem Nacken und an den Kopfseiten je ein lang-schmaler gelblicher Fleck. Untere Körperhälfte gelbweiß. Von der Stirn ausgehend führt eine dunkle Binde unterhalb des Auges bis hinter den Kiemendekkel und endet dort in einem runden Flecken. Daran schließt sich eine Reihe von sechs oder sieben runden Flecken an, von denen der letzte in der Schwanzflosse liegt. Rückenflosse schwarzbraun mit blauem Saum. Schwanzflosse dunkelgrau mit blauem Band und einer fast schwarzen Kante. Afterflosse gelblich mit bläulicher Kante. Bauchflossen fast durchscheinend und mit bläulich-weißem vorderen Strahl. Brustflossen gelblich.

Labeotropheus

Eine kleine, im Malawisee endemisch vorkommende Familie, von der bisher zwei Arten beschrieben wurden. Im allgemeinen zählt man diese Gattung mit zur Mbuna-Gruppe. Typisch für ihr Aussehen ist die überhängende fleischige Oberlippe, die fast wie eine Nase wirkt, sowie das stark unterständige Maul. Sie sind Aufwuchsfresser; die eigenartige Ausformung ihres Maules ist eine Anpassung an ihre hauptsächliche Nahrungsaufnahme. Trotz dieser hochgradigen Anpassung sind diese Fische keineswegs nur einseitige Nahrungsspezialisten. Sie nehmen fast alle Formen von Nahrung auf und sind als Aquarienfische leicht zu ernähren. Ihre Körperform ist seitlich nur wenig abgeplattet, was ihrem Körperbau ein recht gedrungenes Aussehen gibt. Gegenüber anderen Fischen sind sie verträglich. Bei den Weibchen kommen innerhalb beider Arten verschiedene Farbvarietäten vor. Sie sind Maulbrüter.

Labeotropheus fuelleborni
Schabemundbarsch

Länge: 12 cm.
Kennzeichen: Grundfärbung beim Männchen, einschließlich der Flossen, blau. Die zehn bis zwölf dunkleren Querbinden sind nicht immer zu erkennen. Spitzen von Rücken- und Afterflosse leicht rötlich getönt. Afterflosse mit zwei bis fünf gelben Eiflecken. Bauchflossen zum Körper hin rot, mit blauschwarzem äußersten Strahl. Bei manchen Exemplaren ist eine Gesichtsmaske zu erkennen, die aus zwei oder drei schwarzen Binden besteht, die sich von Auge zu Auge ziehen. Mehrere geographische Formen mit abweichenden Farben in der Rükken- und Schwanzflosse kommen vor. Bei den Weibchen gibt es zwei verschiedene Farbvarietäten. Die häufigste gleicht farblich dem Männchen, jedoch erscheint das Blau als matteres Blaugrau. Die Eiflecken der Afterflosse können fehlen oder sind kleiner als beim Männchen. Das Vorhandensein von Eiflecken ist jedoch bei dieser Art kein sicheres Geschlechtsmerkmal. Die andere Farbvarietät hat eine organgefarbige Grundfärbung mit einer Fleckenzeichnung, bestehend aus unregelmäßigen braunen Flecken. Diese Farbmorphe wird auch als OB-Weibchen bezeichnet (OB = orange blotch).

Flossen- und Schuppenformeln bei *Labeotropheus:*

	D	A	mLR
.L. fuelleborni	XVI–XVIII/7–10	III/7–8	31–33
L. trewavasae	XVIII–XIX/7–8	III/7–8	33–34

Haltung: Die Zucht dieser Art ist nicht schwer. Große Weibchen können bis zu 60 Eier ablegen. Die Entwicklungszeit der Eier beträgt bei einer Temperatur von 25–28° C 19–25 Tage.

Labeotropheus trewavasae
Gestreckter Schabemundbarsch

Kennzeichen: L. fuelleborni ähnlich, jedoch von gestreckterem Körperbau. Die Färbung ausgewachsener Männchen ist außerdem leuchtender blau als bei *L. fuelleborni.* Rükkenflosse vorne orangefarben, im weichen Teil bläulich und mit gelben Flecken. Wie auch bei der vorherigen Art kommen auch hier geographische Formen vor, die sich hauptsächlich durch die Färbung der Rückenflosse unterscheiden. Eine solche Form mit blutroter Rükkenflosse soll aus dem südlichsten Teil des Malawisees kommen. Bei den Weibchen sind bisher fünf verschiedene Farbvarietäten bekannt geworden. Die am häufigsten vorkommende sieht dem Männchen ähnlich, ist aber farblich erheblich matter. Von dieser Farbmorphe kommen Exemplare vor, die kleine Eiflecke in der Afterflosse haben. Die zweite Farbmorphe trägt auf lichtorangefarbigem Grund schwarze unregelmäßige Flecken. Die dritte Farbmorphe hat eine braungelbe Grundfärbung mit einer Zeichnung, bestehend aus sehr kleinen orangefarbigen Flecken. Außerdem kommen noch Weibchen mit rein weißer Färbung vor sowie solche, die nur orangefarben getönt sind. Vermehrung wie bei der vorherigen Art.

Labidochromis

Eine artenarme Gattung, die endemisch im Malawisee vorkommt. Es wurden bisher fünf Arten beschrieben. Sie werden mit zur Mbuna-Gruppe gerechnet. Es handelt sich um kleine Fische von etwa 10 cm Länge und meist bläulicher Grundfärbung. Diese Fische sind nicht sexualdimorph, doch tragen die Männchen im hinteren Teil der Afterflosse Eiflekken. Ihre Färbung ist häufig stark von der Stimmung abhängig. Zwei Arten wurden bisher regelmäßiger als Aquarienfische gehalten. Während der letzten Jahre wurden weitere Fische aus dieser Gattung eingeführt und, unter oft wissenschaftlich klingenden Phantasienamen, in den Handel gebracht. Eine Artbestimmung war nicht möglich; es kann sich möglicherweise um wissenschaftlich noch nicht beschriebene Arten handeln. Von anderen, ähnlichen kleinen Buntbarschen unterscheidet man die Vertreter der Gattung *Labidochromis* leicht an den spitzen Zähnen, die sich gut zu erkennen geben, wenn man die Fische von vorne betrachtet. *L. vellicans* hat sich, in großen Aquarien mit zahlreichen Verstecken, bereits vermehrt, jedoch liegen genauere Angaben über Eianzahl und Entwicklungsdauer, soweit bekannt, bisher nicht vor.

Labidochromis caeruleus
Hellblauer Spitzkopfmaulbrüter

Länge: 9 cm.
Kennzeichen: Körperform mäßig lang, hochrückig und seitlich stark zusammengedrückt. Kopf spitz, obere Profillinie im Bogen ansteigend, untere gerader. Die Körperfärbung ist weißblau bis hellblau, es kommen jedoch mehrere Farbnuancen vor. Unpaarige Flossen und Bauchflossen leuchtend blau, mit fast schwarzen Säumen. Die Männchen haben im hinteren Teil der Afterflosse orangefarbige Eiflecken.

Labidochromis vellicans
Dunkler Spitzkopfmaulbrüter

Kennzeichen: Ähnelt der vorherigen Art, jedoch ist der Körper etwas gestreckter, der Kopf gleichmäßiger zugespitzt und die Stirn weniger steil. Die Körperfärbung variiert auch bei dieser Art je nach Stimmung, aber möglicherweise auch nach Herkunft, und es kommen Fische mit unterschiedlichen Farbnuancen und Zeichnungen vor. Bei manchen Exemplaren sind acht Querbänder und zwei Längsbänder, die an den Körperseiten ein Muster bilden, deutlich zu erkennen. Andere Exemplare sind einfarbig blaugrau oder braungrau und zeigen bei Wohlbefinden einen bläulichen Glanz. Lippen und Kehle grünlich schimmernd. Unpaare Flosse und die Bauchflossen dunkelblau, mit gelben oder orangefarbigen Säumen. Afterflosse beim Männchen mit 2–5 orangefarbigen Eiflecken.

Lamprologus

Eine gut 35 Arten umfassende Gattung. Die meisten ihr zugehörenden Arten leben endemisch im Tanganyikasee. Weitere Arten kommen im Kongo und dessen Zuflüssen vor. Das ursprüngliche Verbreitungszentrum dieser Gattung ist jedoch unzweifelhaft der Tanganyikasee. Das Vorkommen von *Lamprologus*-Arten im Kongo, bzw. der Verbindung zwischen diesem Strom und dem Tanganyikasee, durch Lukuga und Lualaba, ist entwicklungsgeschichtlich jüngeren Datums.
Wie es bei der Verschiedenartigkeit ihrer Lebensbedingungen zu erwarten ist, sehen die *Lamprologus*-Arten recht unterschiedlich aus. Neben typischen Seeformen enthält die Gattung auch Arten, die in so extremem Lebensmilieu wie in den Stromschnellen des Kongo zu Hause sind. Aber auch die im Tanganyikasee lebenden Arten haben so gut wie alle in diesem Gewässer vorkommenden Biotope besiedelt. Es gibt Arten, die man hauptsächlich, oder sogar ausschließlich, an Klipp- oder Geröllufern antrifft. Andere findet man vorzugsweise auf sandigem Untergrund. Weitere Arten haben unter Wasser liegende Grotten besiedelt, und einzelne kommen sogar noch in beträchtlichen Tiefen vor. So konnte nach Staeck beispielsweise *L. ornatipinnis* noch in Tiefen von 100 m nachgewiesen werden. Daher ist es auch nicht verwunderlich, daß ihre Körperformen recht unterschiedlich sind. Neben kürzeren, seitlich abgeplatteten Formen kommen auch solche mit langgestrecktem Körperbau und fast rundem Körperquerschnitt vor. Ihre Größe kann zwischen 4–5 cm und 25–30 cm schwanken. Die kleinsten Vertreter der Gattung zwischen 3,5–5 cm lang, gehören zu den kleinsten Buntbarschen überhaupt.
Als Aquarienfische sind bisher nur eine geringere Anzahl von Arten gehalten worden. Nicht zuletzt durch ihre Unverträglichkeit ist ihre Haltung etwas problematisch. Dieser Unverträglichkeit kann man jedoch durch eine zweckentsprechende Einrichtung des Aquariums entgegenwirken. Es handelt sich bei den *Lamprologus*-Arten um streng reviergebundene Fische, die innerhalb ihres Revieres keinen gleichgeschlechtlichen Artangehörigen dulden. Was der einzelne Fisch jedoch als „sein Revier" auffaßt, ist weitgehend eine Frage der freien Sicht. Teilt man also ein größeres Aquarium durch Steinaufbauten, Schieferplatten oder ähnliches in mehrere visuell getrennte Zonen ein, können mehrere Paare gleichzeitig nebeneinander gehalten werden. Einzelne Paare lassen sich meist ohne Schwierigkeiten in größeren gemischten Gesellschaften von Tanganyika- und Malawi-Buntbarschen halten.
Soweit bekannt, sind alle *Lamprologus*-Arten Höhlenbrüter, die ihre Eier in Grotten und ähnlichen Hohlräumen ablegen und zumindest teilweise die notwendigen Ablaichstellen selber ausgraben. Exaktere Beobachtungen des Brutpflegeverhaltens liegen jedoch nur über die Arten vor, die bereits im Aquarium vermehrt werden konnten. Sicher ist, daß sowohl monogame Paarbildung (z.B. bei *L. leleupi*), wie auch die Bildung männlicher Überreviere

mit Haremsfamilienbildung (z.B. bei *L. congolensis*), vorkommen kann.
Alle Arten sollten bei Temperaturen von mindestens 24°C gehalten werden. In Bezug auf ihre Ernährung sind sie nicht anspruchsvoll, doch schätzen einige von ihnen auch pflanzliche Kost.

Lamprologus brichardi
(Synonym: Lamprologus savoryi elongatus.)
Gabelschwanzbuntbarsch oder „Prinzessin von Burundi"

Vorkommen: Endemisch im Tangayikasee.
Länge: 9 cm.
Kennzeichen: Körperform mäßig lang und seitlich abgeplattet. Grundfärbung graubraun bis grünbraun. Kleine orangefarbige Tupfen finden sich, ungleichmäßig verteilt, auf der unteren Kopfpartie und auf der Schwanzwurzel. Charakteristisch ist die tiefgegabelte Schwanzflosse mit lang ausgezogenen Spitzen. Alle Flossen erscheinen zart grünlich durchscheinend und haben, wenn die Fische sich wohlfühlen, blaue Säume. Die Unterscheidung der Geschlechter ist schwierig, am besten läßt man die Paare sich selber finden. Trotz ihres eleganten und fast zarten Aussehens ist diese Art gegenüber Artgenossen und nahe verwandten Arten unverträglich und streitsüchtig. Der Laich wird in Höhlen abgesetzt und hauptsächlich vom Weibchen versorgt. Die Jungfische schlüpfen drei bis vier Tage nach der Laichabgabe, schwimmen aber erst nach weiteren sechs bis sieben Tagen frei. Im Verhältnis zu ihren verwandten Arten ist *L. brichardi* recht produktiv; 120–150 Jungfische aus einer Brut sind keine Seltenheit.

Lamprologus compressiceps

Vorkommen: Endemisch im Tanganyikasee.
Länge: Bis 13 cm.
Kennzeichen: Körperform hoch, Rückenlinie stark gewölbt, Bauchlinie fast gerade. Körper seitlich extrem abgeplattet. Maul groß, schräg eingeschnitten mit kräftig ausgebildeten Lippen. Die lange und sehr hohe Rückenflosse wird meist angelegt getragen. Die Körperform dieser Art ist eine Anpassung an Vorkommen und Nahrungserwerb in engen Spalten von Felsenufern. Innerhalb des Tanganyikasees kommen mehrere unterschiedlich gefärbte Formen vor. Die am häufigsten importierte Form hat auf graugelbem Grund acht bis neun dunklere Querbänder, von denen die ersten drei als Doppelbänder ausgeformt sind. Die unpaaren Flossen sind grüngrau mit helleren Tupfen. Andere Formen haben eine gelblichere Grundfärbung und ein deutlich erkennbares Band vom Mundwinkel zum Auge. Bei diesen Fischen sind die weichen Teile von Rücken- und Afterflosse orange getönt. Bei einer dritten Form kommen, über den ganzen Körper verteilt, irisierende Flecken vor. Nach neueren Untersuchungen von Staeck sollen von dieser Art auch polymorphe Farbformen vorkommen.
Haltung: Neuimporte sind im Aquarium zunächst sehr scheu. Zum Wohlbefinden benötigen sie Versteckplätze wie z.B. Steinspalten. Über Aquariennachzuchten ist bisher nichts bekannt geworden.

Lamprologus congolensis
Kongo-Grundcichlide

Vorkommen: Im Kongo, hauptsächlich im Abschnitt zwischen Matadi und Bomba mit seinen zahlreichen Stromschnellen.
Länge: Männchen bis 15 cm, Weibchen erheblich kleiner.
Kennzeichen: Körperform sehr langgestreckt und seitlich nur mäßig abgeplattet. Schwanzflosse deutlich abgesetzt, kräftig und von fast längsovaler Form. Grundfärbung bei beiden Geschlechtern gleich, gelbgrün bis sandfarben. Fünf dunklere Querbinden sind meist nur undeutlich zu erkennen. Auf dem Kiemendeckel ein Fleck von grünlichgelber Färbung. Die Männchen tragen an den Körperseiten zahlreiche goldglänzende Schuppen. Diese Glanzschuppen treten besonders bei revierhaltenden Männchen hervor. Bei den Weibchen verän-

dert sich die Grundfärbung während der Fortpflanzung in Dunkelgrau bis fast Schwarz. Innerhalb seines Reviers gräbt das Männchen mehrere Laichhöhlen. Dabei entwickelt es sehr große Energie und kann selbst größere Steine vollständig unterwühlen. Taucht ein Weibchen im Revier auf, wird es sofort angebalzt, wobei sich das Männchen mit gespreizten Flossen quer vor das Weibchen stellt. Ist das Weibchen im laichreifen Zustande, erfolgt bald danach die Eiablage in einer der vorhandenen Höhlen. Im anderen Falle wird das Weibchen aus dem Revier vertrieben. Bei der Laichabgabe werden die Eier von den Fischen in Rückenlage unter dem Dach der Höhle abgesetzt, und die weitere Brutpflege wird vom Weibchen alleine verrichtet. Die Jungfische schlüpfen nach drei Tagen und schwimmen weitere fünf bis sechs Tage später frei. Taucht kein weiteres Weibchen auf, kehrt das Männchen wieder zu seinem normalen Verhalten zurück, verliert einen Teil seiner Balzfärbung und begnügt sich damit, die Grenzen seines Reviers gegen männliche Artgenossen zu verteidigen. Sind aber mehrere Weibchen vorhanden, so laicht das Männchen auch mit diesen in anderen Höhlen ab. Im weiteren Verlauf der Brutpflege sind die Jungfische streng sowohl an ihre Mutter wie auch die Bruthöhle gebunden, in die sie fliehen, wenn irgendeine Gefahr droht. Wird das Überrevier von mehreren Weibchen mit Jungfischen gleichzeitig bewohnt, so sind die Weibchen in der Lage, eigene Jungfische von fremden Jungfischen zu unterscheiden; fremde Jungfische werden aus dem eigenen Jungfischschwarm vertrieben. Das Männchen ist gegenüber allen seinen Nachkommen friedlich und vergreift sich nicht an den Jungfischen. Interessant ist auch das Verhalten der Jungbrut führenden Weibchen gegenüber dem Männchen. Das Männchen wird von diesen Weibchen nicht beachtet, selbst dann nicht, wenn es sich mitten im Jungfischschwarm befindet. Sobald die Jungfische eine Größe von etwa 2 cm erreicht haben, werden sie vom Männchen aus dem Überrevier verjagt.

Lamprologus leleupi
Tanganyika-Goldcichlide

Vorkommen: Endemisch im Tanganyikasee.
Länge: Bis 10 cm.
Kennzeichen: Körper langgestreckt und nur mäßig zusammengedrückt. Kopf spitz, mit einer fast geraden unteren Profillinie. Bei älteren Männchen ist die Stirnlinie oberhalb des Auges häufig nach innen eingebuchtet. Die Grundfärbung dieses Fisches ist einfarbig, leuchtend gelb, mit leicht bläulichen Flossensäumen. Diese, für einen wildlebenden Fisch eigenartige Färbung tragen jedoch nur die ausgewachsenen Fische. Die Jungfische sind wesentlich dunkler, von bräunlicher Grundfarbe, lediglich mit gelb getönten Flossen. Wildlebend kommen auch erwachsene Fische vor, die in ihrer Färbung den Jungfischen ähnlich sind und außerdem noch dunkle Flossen haben. Diese Farbvariante wurde 1959 durch Matthes als besondere Unterart unter dem Namen *Lamprologus leleupi melas* beschrieben. Der Status als Unterart ist jedoch in diesem Falle zumindest zweifelhaft. Richtiger ist es wahrscheinlich, die gelbe Form als eine durch Verlust gewisser Pigmentstoffe entstandene Farbform zu betrachten. Solche Farbformen sind von mehreren Tanganyika-Buntbarschen bekannt.
Lamprologus leleupi laicht in Grotten, die oft von den Fischen selber gegraben werden. Die Beobachtung von Laichabgabe und Brutpflegeverhalten wird dadurch erschwert, daß die Fische Grotten mit möglichst kleiner Eingangsöffnung bevorzugen bzw. selbst Grotten mit möglichst kleinem Eingang anlegen. Die Anzahl der Eier beträgt zwischen 80–120. Beide Elterntiere sind Brutpfleger. Im Aquarium ist ihre Vermehrung nicht ganz einfach und die Jungfische sind recht empfindlich, besonders gegenüber Wassertrübungen. Es ist zweckmäßig, sie nach dem Freischwimmen ausschließlich mit *Artemia*-Nauplien anzufüttern.

Lamprologus savoryi

Vorkommen: Endemisch im Tanganyikasee.
Länge: 8 cm.
Kennzeichen: Körperform mäßig gestreckt und seitlich abgeplattet. Kopf spitz, obere Profillinie gleichmäßig ansteigend, untere fast gerade. Grundfärbung hellgrau bis graublau, mit sechs dunklen Querbinden. Schuppen auf den Körperseiten mit deutlich markierten Rändern. Längs des Kiemendeckelrandes läuft ein dunkleres Band. Mit Ausnahme der durchsichtigen Brustflossen sind die übrigen Flossen blaugrau. Äußere Geschlechtsunterschiede sind nur schwer festzustellen, doch sind die Männchen meist etwas größer. Vermehrt sich wie *L. leleupi.*
Haltung: Bereits mehrfach im Aquarium nachgezüchtet.
Weitere Lamprologusarten wurden vereinzelt importiert und im Handel angeboten, jedoch hat keine von ihnen bisher größere Verbreitung als Aquarienfisch gefunden. Es hat sich auch gezeigt, daß sich diese Fische im Aquarium nicht so willig vermehren, wie man es im allgemeinen bei Buntbarschen gewohnt ist.

Leptotilapia

Eine aus drei Arten bestehende Gattung, die im tropischen Westafrika und im Stromgebiet des Kongo vorkommt. Es sind etwa 15 cm lange Fische, die sich weitgehend an ein Leben in schnellströmendem Wasser angepaßt haben. Ihre Gestalt ist gestreckt und ihr Körper fast sechsmal so lang wie hoch. Ihre Schwimmblase ist zurückgebildet und sie haben das Vermögen, frei im Wasser zu schwimmen, vollständig verloren. Sie bewegen sich auf dem Grunde ruckartig und rutschend fort. Der größte Körperteil ist der Kopf mit dem mächtigen Maul. Die sehr lange Rückenflosse hat ca. 20 Hartstrahlen. Es handelt sich bei diesen eigentümlichen Buntbarschen um sehr standorttreue Fische, die ihr Revier sehr energisch auch gegen wesentlich größere Fische verteidigen. Im Aquarium sind sie äußerst streitsüchtig, auch anderen Arten gegenüber. Sie eignen sich nur für eine separate Haltung. Bisher wurde lediglich *L. tinanti* importiert und im Aquarium zur Fortpflanzung gebracht.

Leptotilapia tinanti
(Synonym: Gobiochromis tinanti)
Gorillakopfbuntbarsch

Vorkommen: Stromschnellen im Unterlauf des Kongo.
Länge: Bis 10 cm.
Kennzeichen: Körperform sehr langgestreckt, Kopf groß. Besonders auffällig ist dieser große Kopf bei älteren Männchen. Die Augen befinden sich dicht unter der Stirnlinie, die über den Augen ein wenig nach außen gewölbt ist. Bauchlinie gerade, Brust und Bauchflossen werden auch als Stützorgane benutzt. Ihre Färbung paßt sich perfekt dem Untergrund an. Fünf dunkle Querbinden sind, je nach Befinden, nur zeitweise sichtbar. Bei der Fortpflanzung sind sie typische Höhlenbrüter mit speziell an schnell fließendes Wasser angepaßter Brutpflege. An der Decke der Bruthöhle setzen sie ihre sehr großen Eier ab, deren Entwicklung etwas anders abläuft als bei den Eiern anderer Buntbarsche. Die großen und nahrungsreichen Eier ermöglichen eine weitgehende Entwicklung, bevor die Jungfische gezwungen sind, selber Nahrung aufzunehmen. Erst ca. vierzehn Tage nach der Eiablage verlassen die ersten Jungfische die Höhle. Sie zeigen nur wenig Schwarmverhalten und entwikkeln sich bald zu typischen Einzelgängern. Auf Grund ihrer versteckten Lebenswieweise sind exakte Beobachtungen ihres Brutpflegeverhaltens schwierig, und genaue Angaben über Schlupfzeiten und Embryonalentwicklung liegen nicht vor. Diese Art ist jedoch schon häufiger im Aquarium zur Vermehrung gebracht worden.
Haltung: Das Aquarium für *L.tinanti* erhält ein Bodenlager, bestehend aus gröberem Grus und einer Anzahl größerer Steine. Mit Hilfe

einer kräftigen Filterpumpe kann im Aquarium ein ständiger Wasserstrom erzielt werden, der diesen Fischen sehr zusagt.

Melanochromis

Eine der Gattung *Pseudotropheus* nahestehende, endemisch im Malawisee vorkommende Gattung. Diese beiden Gattungen unterscheiden sich lediglich dadurch, daß die Vertreter der Gattung *Melanochromis* andere Schlundzähne haben als die *Pseudotropheus*-Arten. Aber selbst diese Abgrenzung ist offenbar nicht immer eindeutig und es sind schon häufiger Arten von der einen Gattung in die andere überführt worden und umgekehrt. Auch die Abgrenzung der Gattung *Melanochromis* gegenüber einiger Arten der Gattung *Haplochromis* ist unsicher.
Manche *Melanochromis*-Arten werden gelegentlich importiert und sollen daher erwähnt werden, da es leicht zu Verwechslungen mit ähnlichen *Pseudotropheus*-Arten kommen kann.

Melanochromis exasperatus
Perle von Likoma

Länge: 8 cm.
Kennzeichen: Eine erst kürzlich entdeckte Art, mit mäßig gestrecktem Körperbau. Grundfärbung beim Weibchen blaugrün, beim ausgewachsenen Männchen hellblau. Weibchen und Jungfische mit vier orangefarbigen Längsbinden. Die erwachsenen Männchen sind einfarbig, mit einem orangefarbigen Eifleck in der Afterflosse.

Melanochromis labrosus
Wulstlippenbarsch

Länge: Bis 13 cm.
Kennzeichen: Eine unscheinbar gefärbte Art, die jedoch aufgrund ihres eigentümlichen Aussehens, zu den auffälligeren Buntbarschen gehört. Körperform mäßig hoch, seitlich stark zusammengedrückt. Grundfärbung graublau bis graubraun, unterseits heller und ins Gelbliche übergehend. In der oberen Kiemendeckelhälfte ein kleiner schwarzer Fleck. Die Färbung der Flossen deckt sich mit der Färbung des Körpers, lediglich in der Afterflosse des Männchens befinden sich zwei bis fünf orangefarbige Eiflecken. Eigentümlich an diesem Fisch sind seine kräftig ausgebildeten Lippen, an denen, sowohl an Oberlippe wie Unterlippe, ein hakenförmiger wulstartiger Ansatz vorhanden ist. Es konnte bisher noch nicht eindeutig geklärt werden, welche Aufgaben diesen Lippenwülsten zukommt, doch liegt es nahe, daß es sich um Tastorgane handelt.

Melanochromis parallelus
(Wurde sowohl als Pseudotropheus spec. wie auch unter dem Phantasienamen Pseudotropheus „nigripinnis" in den Handel gebracht)

Länge: Bis 13 cm.
Kennzeichen: Es handelt sich um einen langgestreckten Fisch mit hochovalem Körperquerschnitt, der dem altbekannten *Pseudotropheus auratus* ähnelt. Färbung beim Männchen oberseits dunkelblau, mit drei undeutlichen schwarzen Längsstreifen, unterseits schwarz. Die unpaarigen Flossen wie auch die Bauchflossen, sind an der Basis grau und werden nach außen hin schwarz. Die Rückenflosse hat einen hellen Saum. An den Bauchflossen ist der erste tragende Strahl von weiß-blauer Farbe. In der Afterflosse befindet sich ein orangefarbiger Eifleck. Das Weibchen ist blaß-hellgelb und hat zwei kräftige schwarze Längsbinden; eine verläuft entlang der Körpermitte, die andere zwischen dieser Mittellinie und der Rückenkante. Die unpaarigen Flossen und die Bauchflossen sind an der Basis gelbgrau und werden nach außen hin dunkel. Rückenflosse mit hellem Saum.

Melanochromis simulans

Länge: 12 cm.
Kennzeichen: Eine weitere *Melanochromis*-Art, die leicht mit *Pseudotropheus auratus*

verwechselt werden kann. Bisher ist diese Art jedoch nur in geringer Anzahl importiert worden. Bei dieser Art sind besonders die Weibchen in der Färbung *Pseudotropheus* zum Verwechseln ähnlich.

Nanochromis

Eine aus fünf Arten bestehende Gattung kleiner Buntbarsche, mit Verbreitung in Zentral- und Westafrika. Bisher wurden drei Arten im Aquarium zur Vermehrung gebracht. Es handelt sich um langgestreckte Fische mit seitlich nur mäßig abgeflachtem Körper. Bei manchen Arten erscheint die Bauchlinie beim Männchen nach innen oft ausgebuchtet, was den Eindruck erweckt, daß der betreffende Fisch unterernährt sei. Laichreife Weibchen dagegen haben oft einen beträchtlichen Bauchumfang. Obere Kopf-Profillinie gewölbt, untere gerader.
Bei der Brutpflege besteht innerhalb dieser Gattung häufig eine klare Rollenverteilung. Die Eier werden in Höhlen und ähnlichen Verstecken abgelegt. Die Eier pflegt das Weibchen allein und meist wird das Männchen nach der Eiablage aus dem Laichversteck verjagt. Die Eier schlüpfen bei einer Temperatur von 26°C nach drei Tagen, und eine Woche nach der Eiablage schwimmt die Brut frei. Bis zum Ausschwimmen der Jungfische vertreibt das Männchen lediglich eventuelle Störenfriede aus dem Revier. Sowie aber die Jungfische ausgeschwommen sind, beteiligt sich auch das Männchen an ihrer Führung. Es sei hier allerdings darauf aufmerksam gemacht, daß von dem hier beschriebenen Brutpflegeverhalten Abweichungen vorkommen können.

Aquarien für *Nanochromis*-Arten sollen zahlreiche Versteckplätze wie Höhlen, Spalten und Unterstände unter Wurzeln usw. enthalten. Notfalls kann man auch umgestülpte Blumentöpfe verwenden, in die man seitlich eine Eingangsöffnung bricht. *Nanochromis* sollten möglichst in einem weicheren Wasser gehalten werden. Alle Arten sind wärmeliebend, so daß Temperaturen zwischen 25–28°C angebracht sind.

Nanochromis caudifasciatus

Vorkommen: Kamerun und nördliches Gabun.
Länge: Bis 12 cm.
Kennzeichen: Grundfärbung gelbbraun, am Rücken dunkler und zum Bauch heller. Ein dunkles Längsband beginnt am Mundwinkel, führt schräg nach oben zum Auge und läuft von dort entlang der Körpermitte bis zur Schwanzwurzel. Ein zweites, weniger markantes Längsband führt vom Nacken entlang der oberen Rückenhälfte bis zum Ende der Rückenflosse. Zeitweilig sind auch acht dunklere Querbinden zu sehen. Rückenflosse durchscheinend gelblich, im weichen Teil mit roten Tupfen. Afterflosse bläulich, mit roten Strichen im weichen Teil. Bauchflossen zartblau durchschimmernd. Bei erwachsenen Fischen sind die Geschlechter gut zu unterscheiden. Beim Weibchen sind alle Zeichnungen deutlicher ausgeprägt, die Bauchregion wirkt rötlich angehaucht, und der vordere Teil der Rückenflosse hat einen irisierenden Glanz.

Nannochromis dimidiatus

Vorkommen: Ubangi und Bangi (Nebenflüsse des Kongo).
Länge: Männchen 8 cm, Weibchen kleiner.

Flossen- und Schuppenformeln bei *Nanochromis:*

	D	A	mLR
N. caudifasciatus	XIII–XV/8–9	III/7–8	32–34
N. dimidiatus	XVII/8	III/6	25
N. nudiceps	XVIII–XIX/8	III/7	18–19

Kennzeichen: Färbung sehr vom Befinden abhängig. Fische, die sich wohlfühlen, zeigen eine zart violette Färbung, die zum Kopf hin in Violettrot übergeht. Besonders Lippen und Kiemendeckel sind intensiv gefärbt. Ein dunkleres Längsband, vom Maul bis zur Schwanzwurzel, ist nur gelegentlich zu erkennen. Weiche Teile von Rücken- und Afterflosse sowie die Schwanzflosse mit bläulich-roten Tupfen. Bauchregion beim Weibchen lilarot getönt. Diese Färbung wird während der Fortpflanzungsperiode besonders intensiv.

Nannochromis nudiceps
Kongozwergbuntbarsch

Vorkommen: Kongo, in der Nähe von Kinshasa und im Pool Malebo.
Länge: 7,5 cm.
Kennzeichen: Körper noch gestreckter als bei den vorherigen Arten. Kopf mit sehr steiler Stirn. Färbung beim Männchen gelbbraun mit bläulich schimmernden Körperseiten. Bauch grünlich, nach hinten in Grau übergehend. Auf dem bronzefarbigen Kiemendeckel befindet sich schräg unter dem Auge ein bläuliches Feld. Oberhalb des Auges ein bogenförmiger braunroter Streifen. Rückenflosse dunkel-orangefarbig und mit weißem Rand, Hartstrahlen mit schwarzen Spitzen. Afterflosse grünlich-violett. Schwanzflosse gelbbraun und mit heller Oberkante. Bauchflossen grünlich und an den Vorderkanten weiß. Bei den Weibchen sind die Flossen gelbgrauer gefärbt, die Körperfarben sind dagegen meist kräftiger. Zur Laichzeit haben sie eine leuchtend smaragdgrüne Bauchpartie. Jungfische haben dunkle Querbinden, die jedoch verschwinden, wenn sie etwa halbwüchsig sind.

Pelmatochromis

Die Gattung *Pelmatochromis* wurde 1968 einer Revision unterzogen und in mehrere Untergattungen *(Pelmatochromis, Pelvicachromis, Chromidotilapia* und *Thysia)* aufgeteilt. Später wurde *Pelvicachromis* wieder zu einer Gattung erhoben. Trotz dieser Revisionen bestehen in der Systematik dieser Fische einige taxonomische Unklarheiten, und der Aquarienfreund darf sich daher nicht wundern, wenn er die betreffenden Arten in der Literatur unter verschiedenen Gattungsnamen antrifft.
Besonders die Stellung von *Pelmatochromis thomasi* ist unsicher. Von manchen Autoren wurde sie auf Grund gewisser anatomischer Merkmale zur Gattung *Haplochromis* gestellt, wo sie der einzige Offenbrüter unter hunderten von Maulbrütern wäre. Andere ordneten sie der Gattung *Hemichromis* zu, mit der sie zwar fortpflanzungsmäßig aber nicht morphologisch übereinstimmt. Diese Art wird hier daher unter ihrem bisherigen wissenschaftlichen Namen beschrieben.

Pelmatochromis thomasi
Afrikanischer Schmetterlingsbuntbarsch

Vorkommen: Kenema Distrikt in Sierra Leone.
Länge: 10 cm.
Kennzeichen: Körperform hoch und gedrungen, seitlich nur mäßig abgeplattet. Grundfärbung gelbbraun bis gelbgrau. Diese Fische können jedoch innerhalb weniger Minuten ihre Farbe vollständig wechseln und eine olivfarbige bzw. graugrünliche Grundfärbung mit schillernden Schuppenflecken annehmen. Drei dunkle Flecke, je einer auf dem Kiemendeckel, der Körpermitte und auf der Schwanzwurzel, können sich zu Querbinden ausdehnen, sich in Flecke auflösen und genau so schnell wieder verschwinden. Rückenflosse hellgrau durchscheinend und mit rotem Saum, Hartstrahlen oft mit weißen Spitzen. Afterflosse rotbraun und mit helleren Flecken. Schwanzflosse gelblich durchscheinend und mit roter oberer Kante. Geschlechtsunterschiede sind nur wenig ausgeprägt, doch sind die Männchen meist etwas größer und die Weibchen während der Brutpflege kräftiger gefärbt. Offenbrüter, der je Gelege bis zu 500

Eier legen kann. Die Eier werden auf frei liegenden Steinen, mitunter sogar auf Blättern abgesetzt. Sehr zuverlässige Brutpfleger.
Haltung: Ein friedlicher und verträglicher Fisch, der leicht zu halten und zu vermehren ist. Wassertemperatur 23–26° C.

Pelvicachromis

Eine artenreiche Gattung aus dem tropischen Westafrika. Ihre Vertreter kommen vorwiegend im Unterlauf der Flüsse vor und werden häufig auch in Brackwasser angetroffen. Sie sind typische Bewohner seichteren Wassers mit dichtem Pflanzenwuchs und zahlreichen Versteckplätzen zwischen Baumwurzeln, Treibholz und ähnlichem. Es handelt sich um kleine bis mittelgroße Fische mit gewölbter Rückenlinie und eher gestreckter Bauchlinie. Seitlich sind sie nur mäßig zusammengedrückt, und ihr Körperquerschnitt ist hochoval. Die Rückenflosse und die Afterflosse sind spitz ausgezogen, die Schwanzflosse ist fächerförmig. Entsprechend den Verhältnissen ihrer Heimatgewässer ist, besonders bei Haltung in weichem Wasser, ein Zusatz von 2–3% Seewasser anzuraten. Vor allem bei ihrer Vermehrung ist dieser Salzzusatz wichtig, da ihre Eier sonst häufig verpilzen. Alle Arten sind typische Höhlenbrüter. Die Eier werden versteckt in allen erdenklichen Schlupfwinkeln abgesetzt. Sind solche Verstecke vorhanden, pflanzen sich die *Pelvicachromis*-Arten auch in Gesellschaft anderer Fische fort. Häufig gelingt es ihnen auch dort zumindest einige Jungfische aufzuziehen. Die Anzahl der Eier bewegt sich pro Gelege in der Regel zwischen 50–120, doch können auch größere Gelege vorkommen. Häufig sind die Weibchen bei der Brutpflege der aktivere Teil. Halterungstemperatur für alle *Pelvicachromis*-Arten 24–28° C.

Pelvicachromis humilis

Länge: Männchen bis 13 cm, Weibchen kleiner.
Kennzeichen: Grundfärbung graubraun mit sieben dunkleren Querbinden. Unterseite heller und zum Bauch hin in Gelb übergehend. Rücken- und Afterflosse an der Basis gelbbraun, nach außen hin bläulich und mit rotem Saum. Beim Männchen befinden sich im weichen Bereich der Afterflosse mehrere braunrote Flecken. Schwanzflosse im oberen Teil beim erwachsenen Männchen etwas verlängert. Weibchen haben einen kräftig rot gefärbten Bauchfleck. Von dieser Art kommen mehrere Farbformen vor.
P. humilis wird nur selten importiert.

Pelvicachromis pulcher

(Synonyme: Pelmatochromis pulcher, Pelmatochromis kribensis, Pelmatochromis camerunensis)
Kamerun Prachtbarsch

Kennzeichen: Auch diese Art ist äußerst variabel in der Färbung, und mehrere wildlebende Farbformen sind bekannt. Die als Aquarienfisch am häufigsten gehaltene Form ist oberseits graugrün, nach den Seiten hin in Blaugrün übergehend, unterseits rötlich. Die Rotfärbung des Bauches dehnt sich zeitweise nach oben aus und nimmt eine tief karminrote Färbung an. Zwei dunkle Längsbänder, eines entlang der Körpermitte, das zweite unterhalb des Rückenkammes, sind nicht immer zu se-

Flossen- und Schuppenformeln der wichtigsten Pelvicachromisarten:

	D	A	mLR
P. pulcher	XVI/9–11	III/7–8	27–29
P. subocellatus	XIV–XVI/8–10	III/7	25–28
P. taeniatus	XVII–XVIII/7–8	III/7	28–29

hen. Rückenflosse gelblich und mit orangefarbigem Saum. In der oberen Hälfte der Schwanzflosse befinden sich ein bis vier goldumrandete Flecken, die jedoch bei manchen Weibchen fehlen können. Afterflosse bläulich durchschimmernd, Bauchflossen rötlich und nach vorne hin mit blauer Kante. Beim Männchen sind Rücken und Afterflosse zu einer Spitze ausgezogen. Die Weibchen sind kräftiger in der Färbung und haben einen intensiv rot gefärbten Bauchfleck.

Pelvicachromis taeniatus
(Synonym: Pelmatochromis taeniatus)

Vorkommen: Südöstliches Nigeria und Kamerun.
Länge: Männchen bis 9 cm, Weibchen erheblich kleiner.
Kennzeichen: Auch von dieser Art gibt es mehrere Farbformen. Die am häufigsten als Aquarienfisch gehaltene Form hat eine braunrötliche Grundfärbung. Zwei Längsbänder, eines entlang der Körpermitte, das zweite unterhalb des Rückenkammes, sind meist nur beim Weibchen zu erkennen. Kiemendeckel grünlich und mit blauem Fleck. Die Augeniris ist am oberen Rande rot. Rückenflosse an der Basis hellblau, nach außen hin orangefarbig und mit rotem Saum. Schwanzflosse gelblich und im oberen Teil beim Männchen mit vier bis sechs ovalen schwarzen Flecken. Afterflosse und Bauchflossen bläulichdurchschimmernd. Die Weibchen haben in der Regel nur zwei oder drei Flecken in der Schwanzflosse, doch können einzelne Weibchen schwarze Flecken im weichen Teil der Rückenflosse haben. Bei laichreifen Weibchen ist der Bauchfleck leuchtend blaugrün.

Pelvicachromis subocellatus
(Synonym: Pelmatochromis subocellatus)

Vorkommen: Gabun.
Länge: Männchen bis 10 cm, Weibchen kleiner.
Kennzeichen: Eine prächtige Art, die sich besonders durch schnelle Farbveränderungen auszeichnet. Außerhalb der Laichzeit ist ihre Grundfärbung graugrün, nach den Seiten hin heller und in Gelb übergehend. Zum Bauche hin nimmt die gelbe Färbung der Körperseiten eine rötliche Tönung an. Eine deutlich sichtbare Längsbinde läuft vom Mundwinkel durch das Auge bis zur Schwanzwurzel. Das Weibchen hat einen deutlich markierten roten Bauchfleck. Zur Laichzeit vertiefen sich diese Farben, das Längsband verschwindet, und die Körperseiten nehmen eine schillernde Tönung an. Besonders die Weibchen werden äußerst farbenprächtig. Ihr roter Bauchfleck scheint von einer weiß-irisierenden Zone umgeben zu sein, die bei manchen Exemplaren bis in den mittleren Teil der Rückenflosse reicht. Beim Männchen zeigt sich in der Rückenflosse ein schwarzer, goldumsäumter Fleck.
Außer den hier genannten Arten wurde noch **Pelvicachromis roloffi** aus Sierra Leone in kleinerer Anzahl importiert.
Bei allen im Aquarienhandel geführten Exemplaren von *P. taeniatus* und *P. pulcher* ist es oft äußerst schwierig, die Artzugehörigkeit sicher zu bestimmen. Nicht nur, daß diese Fische bereits in der Natur in mehreren Farbschlägen vorkommen, sie wurden bei Aquariennachzuchten außerdem in jeder denkbaren Kombination miteinander verkreuzt. So entstanden Farbformen, die in der Natur überhaupt nicht angetroffen werden, und besonders unter den Nachzuchten südostasiatischer Züchtereien sind solche Fische häufig.

Petrotilapia

Eine nur aus einer Art bestehende Gattung, die endemisch im Malawisee vorkommt.

Petrotilapia tridentiger

Dicklippenmaulbrüter
Länge: Mit gut 20 cm ist diese Art der größte Vertreter der Mbuna-Gruppe.
Kennzeichen: Ein verhältnismäßig massiger Fisch mit ziemlich hohem und seitlich nur we-

nig zusammengedrücktem Körper. Typisch für diesen Fisch sind seine speziell ausgeformten Lippen, die sehr wulstig sind, nie ganz geschlossen werden und auf ihrer Innenseite deutlich winzige Lippenzähne erkennen lassen. Diese Ausformung der Lippen ist eine hochspezialisierte Eigenheit zum Abraspeln auch härterer Algenrasen. Dabei setzen die Fische ihre Lippen gegen die mit Algen bewachsene Unterlage, raspeln durch reibende Lippenbewegung die Algen ab und saugen sie ein. Mehrere Farbtypen von unterschiedlicher Blaufärbung kommen in verschiedenen Teilen des Malawisees vor. Die Grundfärbung kann alle blauen Farbtöne zwischen hell-graublau bis leuchtend-blau haben. Bei manchen Typen sind Kopf und Brust unterseits gelblich, und auf dem Kiemendeckel ist ein dunkler Fleck sichtbar. Bei anderen Exemplaren lassen sich zeitweilig dunklere Querbänder erkennen. Längs der oberen Hälfte der Rückenflosse läuft ein fast schwarzes Band, das von nach oben von einem hellen Saum begrenzt wird. Die Schwanzflosse hat oben und unten eine dunklere Kante und ist hinten oft etwas orange getönt. Afterflossen unten und Bauchflossen vorne mit dunkler Kante. Drei oder vier orangefarbige Eiflecken in der Afterflosse. Weibchen sind etwas blasser und mehr gelbbraun gefärbt. Einfarbig gelbe Weibchen kommen in manchen Populationen vor.
Haltung: Wurde schon häufiger im Aquarium vermehrt. Die Jungfische haben beim Verlassen des mütterlichen Maules bereits eine Länge von 10–12 mm und wachsen sehr schnell. Obwohl diese Art auf Algenkost spezialisiert ist, nimmt sie im Aquarium Ersatzfutter jeder Art an. Es empfiehlt sich jedoch, ihnen bei Mangel an Algen von Zeit zu Zeit gebrühten Spinat oder ähnliche pflanzliche Nahrung zu reichen. Sie sind ausgesprochen friedlich und können trotz ihrer Größe gut mit anderen Buntbarschen aus dem Malawisee zusammen gehalten werden.

Pseudocrenilabrus

Eine kleine Gattung, deren Vertreter früher zur Gattung *Haplochromis* gerechnet wurden. Die Gründe, nach denen diese Arten aus der Gattung *Haplochromis* herausgenommen wurden, sind jedoch umstritten und nach neuesten Untersuchungen kaum stichhaltig. Es hat sich nämlich gezeigt, daß die Unterschiede im Fortpflanzungsverhalten und einige andere Eigenheiten, wie z.B. das Fehlen von Eiflekken, mit denen die Abtrennung begründet wurde, auch bei anderen *Haplochromis*-Arten vorkommen. Da jedoch die Bezeichnung *Pseudocrenilabrus* in die moderne Aquarienliteratur übernommen wurde, werden die betreffenden Arten hier ebenfalls unter diesem Gattungsnamen geführt.

Pseudocrenilabrus multicolor

(Synonyme: Haplochromis multicolor, Hemihaplochromis multicolor)
Kleiner Maulbrüter

Vorkommen: In ganz Nordost-Afrika einschließlich dem Stromgebiet des Nils, nach Süden bis zum Victoriasee.
Kennzeichen: Körper gestreckt und seitlich nur mäßig zusammengedrückt. Rücken dunkler, Bauch heller graugrün. Männchen bei auffallendem Licht mit metallischem Glanz und perlmutterfarben-irisierenden Schuppen an den Körperseiten. Flossen beim Männchen grünlich, mit braunroten Strichen und Tupfen. Weibchen einfarbig graugrün und mit auffällig größerem Kopf. Die Eier werden in die vom Männchen gefächelten Gruben abgelegt und bei gleichzeitiger Befruchtung vom Weibchen ins Maul genommen. Eitragende Weibchen verstecken sich zwischen den Wasserpflanzen. Bei einer Temperatur von 25 °C werden die Jungfische nach 14 Tagen aus dem Maule entlassen. Sie werden jedoch noch längere Zeit vom Weibchen geführt und während der Nacht ins Maul genommen.
Haltung: Eine harte und anspruchslose Art. Gegen Temperaturabfälle bis herab zu 16 °C

unempfindlich. Als Aquarienfisch ein Veteran, der bereits 1902 erstmalig nach Europa eingeführt wurde und für die Aquarienfreunde durch Jahrzehnte hindurch „der" Maulbrüter war. Heute wird diese eher unscheinbare Art seltener gehalten.

Pseudocrenilabrus philander dispersus
(Synonym: Haplochromis philander dispersus)
Messingmaulbrüter

Vorkommen: Die Nominatform dieser Art ist im ganzen mittleren und südlichen Afrika weit verbreitet. Die Unterart *P. p. dispersus* kommt in mehreren voneinander getrennten Populationen vor. Einige dieser Populationen sind recht bunt gefärbt und haben als Aquarienfische Verbreitung gefunden.
Länge: Bis 11 cm, meist jedoch erheblich kleiner.
Kennzeichen: In ihrer Körperform ähneln sie der vorherigen Art, jedoch haben ihre Weibchen keinen so ausgeprägt großen Kopf. Bei den Männchen erscheinen die Körperseiten bläulich irisierend und gehen zum Bauche hin in Messinggelb über. Rücken- und Schwanzflosse beim Männchen mit hellblauen Tupfen, Afterflosse mit roter Spitze. Acht oder neun dunklere Querbinden sind nur zeitweilig zu erkennen. Weibchen blasser gefärbt und ohne Zeichnungen in den Flossen. Laichgeschäft und Eientwicklung stimmt mit der vorherigen Art überein.

Pseudotropheus

Eine artenreiche Gattung, deren Vorkommen auf den Malawisee begrenzt ist. Systematisch steht diese Gattung den Gattungen *Haplochromis, Labeotropheus* und *Melanochromis* nahe. Die meisten *Pseudotropheus*-Arten haben einen verhältnismäßig langgestreckten und niedrigen Körper mit einer sehr langen Rückenflosse. Seitlich ist ihr Körper nur wenig abgeplattet, der Körperquerschnitt ist oval. Lediglich *Pseudotropheus zebra* hat eine etwas höhere Körperform. Typisch an ihrer Zeichnung ist die aus dunklen Querstreifen bestehende Gesichtsmaske. Bei manchen Arten kommen unter den Weibchen verschiedene Farbmorphen vor. Bei *Pseudotropheus zebra* findet man zahlreiche Farbformen bei beiden Geschlechtern.
Die Vertreter dieser Gattung sind hochspezialisierte Maulbrüter. Beim Laichen schnappt das Weibchen nach den Eiflecken in der Afterflosse des Männchens. Die Eier werden in geringer Zahl, ja häufig sogar einzeln, ausgestoßen und vom Weibchen sofort mit dem Maule aufgenommen. Erst dort erfolgt die Befruchtung durch Spermien, die mit dem Atemwasser aufgenommen werden. Auf diese Weise wird die Zeitspanne, in welcher die Eier dem Zugriff eventueller Laichräuber ausgesetzt sind, auf ein Minimum begrenzt. Die Eianzahl ist gering, in der Regel 20–30 Eier, doch können auch größere Gelege vorkommen. Die Eier sind bis 7 mm groß.
Die meisten *Pseudotropheus*-Arten sind schnelle Schwimmer und ihre Männchen beanspruchen weite Reviere. Im Aquarium sind sie daher äußerst unverträglich nicht nur gegenüber Artgenossen, sondern auch gegen andere nahe verwandte Arten. Auch Weibchen, die nicht laichreif sind, werden rücksichtslos verfolgt. Soll es in dem begrenzten Raum eines Aquariums nicht zu tödlichen Streitereien

---

Farbtafel 15:
Tropheus duboisi, Jungfische

kommen, so müssen die Steinaufbauten der Aquarieneinrichtung zahlreiche Verstecke bieten. Hat man derartig eingerichtete Aquarien nicht zur Verfügung, sollte man von der Haltung dieser Arten absehen. Lediglich *Pseudotropheus zebra* ist in seinem Wesen etwas ruhiger. Die Artgrenzen zwischen manchen *Pseudotropheus*-Arten sind teilweise unklar und der Artstatus in vielen Fällen zweifelhaft. Möglicherweise sind mehrere, bisher als Arten angesehene Fische Unterarten derselben Art. Typisch für alle Arten ist, daß Männchen und Weibchen unterschiedlich gefärbt sind. In der Natur weiden diese Fische hauptsächlich Algen und werden zur Mbuna-Gruppe gerechnet. Auch im Aquarium wissen sie pflanzliche Nahrung zu schätzen.

Pseudotropheus auratus
Türkisgoldbarsch

Länge: Männchen 10 cm, Weibchen 8 cm.
Kennzeichen: Die Männchen haben eine schwarzbraune Grundfärbung. Zwei türkisfarbene Längsbinden laufen entlang der Körpermitte und entlang des Rückens. Auf der Stirn befinden sich zwei schwarze Binden auf braungelbem Grund. Rückenflosse gelbbraun, Schwanzflosse an der Basis schwarz, nach hinten durchscheinend blaugrau. Afterflosse an der Basis schwarz, nach außen in hellblau übergehend und mit ein oder zwei orangefarbigen Eiflecken. Bauchflossen schwarz und vorderer blauer Kante. Die Weibchen haben eine gelbliche Grundfarbe mit zwei dunklen Längsbinden, von denen eine entlang der Körpermitte und die andere längs des Rückens unterhalb der Rückenflosse verläuft. Rückenflosse gelb, mit einem dunklen Längsband. Schwanzflosse gelblich und mit dunkleren Flecken im oberen Teil. Übrige Flossen gelblich, mitunter mit leicht bläulichem Anflug. Jungfische sind wie die Weibchen gefärbt. Von stärkeren Geschlechtsgenossen bedrohte Männchen nehmen häufig die Färbung von Weibchen an.

Pseudotropheus elongatus
Schmalbarsch

Länge: 12 cm, meist kleiner bleibend.
Kennzeichen: Grundfärbung beim Männchen dunkelblau mit fünf dunkleren Querbändern. Rückenflosse dunkelblau, mit hellem Saum. Schwanzflosse hat oben und unten eine dunklere Kante. Afterflosse vorne fast schwarz, nach hinten heller werdend und mit zwei bis vier orangefarbigen Eiflecken. Färbung jedoch allgemein recht variabel und von der Stimmung abhängig. Bei dieser Art sind die Farbunterschiede zwischen Weibchen und Männchen nicht so ausgeprägt. Die Weibchen sind aber matter in der Färbung und ihre Grundfärbung ist schwarzbrauner. In ihrem Verhalten ist diese Art äußerst aggressiv, und nicht nur die Männchen, sondern auch stärkere Weibchen bilden eigene Reviere. Solche revierhaltende Weibchen nehmen eine Färbung an, die derjenigen von Männchen ähnlich ist.

Pseudotropheus fuscoides

Länge: 10 cm.
Kennzeichen: Eine bisher nur selten importierte Art, die sich durch eine höhere und seitlich zusammengedrückte Körperform auszeichnet. Von dieser Art kommen verschiedene Farbschläge vor. Es gibt Fische von dun-

Farbtafel 16:
Oben: Etroplus maculatus, Wildform
Unten: Etroplus maculatus, xanthoristische Zuchtform

Flossen- und Schuppenformeln einiger häufiger gehaltener *Pseudotropheus*-Arten:			
	D	A	mLR
P. auratus	XVIII/9	III/8	33
P. elongatus	XVII–XVIII/8–9	III/7	33
P. fuscus	XVI/8–9	III/6–7	30–34
P. novemfasciatus	XVI–XVIII/9	III/8	32
P. tropheops	XVII–XVIII/8–9	III/8–9	30–32
P. zebra	XIII/8	III/8	31

kelbrauner, gelbbrauner und reingelber Grundfärbung. Auch die Flossenfärbung ist variabel von blau bis gelblich. Die Männchen zeichnen sich durch deutlich markierte Eiflecke aus.

Pseudotropheus fuscus
Blaustreifenmaulbrüter

Länge: 12 cm, im Aquarium jedoch selten länger als 9 cm.
Kennzeichen: Ähnelt sehr *P. auratus,* hat jedoch eine etwas gedrungenere Körperform. Die Längsbänder sind beim Männchen dunkelblauer als bei *P. auratus.* Bei den Weibchen sind die Längsbänder schwarzbraun, und ihre Grundfärbung ist gelbbraun bis blaugrau.

Pseudotropheus macropthalmus
Großaugenmaulbrüter

Vorkommen: Endemisch im Malawisee.
Länge: Bis 12 cm.
Kennzeichen: Körperform mäßig hochrückig, doch seitlich deutlich abgeplattet. Kopf mit typischem Aussehen. Beide Profillinien zunächst steil ansteigend, dann zum Nacken und zur Brust hin gleichmäßig bogenförmig verlaufend. Augen auffällig groß. Die dunkle Gesichtsmaske wird durch zwei blaue Streifen, die über die Stirn verlaufen, unterbrochen. Drei dunkle Querbinden auf der vorderen Körperhälfte, die bis in die Rückenflosse reichen. Weitere Querbänder auf der hinteren Körperhälfte sind nur zeitweilig sichtbar. Der Kiemendeckel hat im oberen Teil einen blaugrünen Fleck. Lippen blau. Rückenflosse bläulich gelb und mit orangefarbigem Saum. Afterflosse mit ein oder zwei orangefarbigen Eiflekken. Männchen bläulich getönt, Weibchen unscheinbar blaugrau. Diese Art ist äußerst farbvariabel und mehrere Farbvarianten kommen vor. Die systematische Stellung dieser Art ist unsicher, von manchen Autoren wird sie lediglich als eine Morphe von *P. tropheops* angesehen.

Pseudotropheus „novemfasciatus“

Länge: 10 cm.
Als Aquarienfisch gut bekannt. Nach neueren Untersuchungen ist dieser Fisch keine eigene Art, sondern lediglich eine spitzköpfige Form von *Pseudotropheus tropheops.*

Pseudotropheus tropheops
Gelber Maulbrüter

Länge: Bis 13 cm.
Kennheichen: Eine ungewöhnlich variable Art. Diese große Variationsbreite beschränkt sich jedoch keineswegs auf die Färbung, sondern auch auf die Körperform. Es kommen sowohl langgestreck langgestrecktere wie auch hochrückigere Typen vor. Mehrere dieser abweichenden Formen sind als Arten beschrieben worden.
Grundfärbung erwachsener Männchen gelbbraun bis graugrün. Während der Fortpflanzungsperiode können sie sich recht dunkel verfärben und mitunter fast schwarzblau werden. Rücken- und Afterflosse mit blaugrauer

Längsbinde, Afterflosse mit einem oder zwei orangefarbigen Eiflecken. Die Grundfärbung der Weibchen ist heller und mehr ins Gelbliche übergehend. Mehrere Farbmorphen kommen vor. Neben braungelben Weibchen gibt es solche, die reinfarbig gelb sind. Auch eine gescheckte Farbmorphe ist schon festgestellt worden. Nach Staeck soll außerdem noch eine rein orangefarbige Farbvarietät vorkommen.

Pseudotropheus zebra
Blauer Zebramaulbrüter

Länge: Bis 15 cm, im Aquarium jedoch selten länger als 12 cm.
Kennzeichen: Übertrifft wahrscheinlich *P. tropheus* an Vielgestaltigkeit. Teils sind von dieser Art mehrere geographische Rassen bekannt, teils findet man in jeder dieser Rassen verschiedene Farbmorphen. Möglicherweise handelt es sich bei einigen dieser Typen um Stadien einer Artbildung. Es hat sich nämlich gezeigt, daß manche Formen sich teilweise nur schwer miteinander verpaaren lassen und daß sie eindeutig bei der Paarung „Artgenossen" des eigenen Typs den Vorzug geben. Körperform verhältnismäßig hoch und seitlich nur mäßig abgeflacht, erwachsene Tiere wirken ziemlich massiv. Sieben bis zehn dunkle Querbänder, die oberhalb der Bauchkante enden. Folgende Farb-Grundtypen sind bisher bekannt:

1. Hellblaue Männchen mit dunkelblauen Rändern, dunkler Brust und dunklem Bauch. Zahlreiche gelbrote Eiflecken sowohl in der Afterflosse wie auch im hinteren Teil der Rückenflosse. Rücken-, Schwanz- und Afterflosse hellblau. Bauchflossen grau. Die Weibchen dieses Typs sind entweder einfarbig braungrau oder okkerfarbig, mit schwarzen und orangefarbigen Flecken. Man kann bei diesen Weibchen außerdem eine kleinfleckige und eine großfleckige Form unterscheiden.
2. Licht-hellblaue Männchen mit nur angedeuteten Querbändern (Bright blue). Eiflecken in der Regel nur in der Afterflosse, vereinzelt jedoch auch in der Rückenflosse. Die Weibchen dieses Typs sind einfarbig hellblau.
3. Fast weiße Männchen sowie weiße oder weißgraue Weibchen. Diese drei Typen lassen sich wahrscheinlich kreuzen. Haben die Fische aber die Möglichkeit, ihren Sexualpartner frei zu wählen, so ziehen sie eindeutig Partner des eigenen Typs vor. Nach Meulengracht-Madsen sind auch Männchen unterschiedlichen Farbtypus nicht so aggressiv gegeneinander als Männchen vom gleichen Farbtypus.

Außer diesen drei Haupttypen sind weitere Farbformen importiert worden. Darunter eine Form mit hellblauen Männchen und orangefarbigen Weibchen. Eine Form mit roter Rükkenflosse sowie mindestens zwei verschiedene Zwergformen.
Haltung: Pseudotropheus zebra sind nicht ganz so leicht zu vermehren wie die übrigen Arten der Gattung. Sie sind jedoch etwas produktiver, und ausgewachsene Weibchen können je Laichabgabe bis zu 60 Eier legen. Bemerkenswert ist auch, daß der Zeitraum zwischen Eiabgabe und dem Ausschwimmen der Jungfische recht unterschiedlich sein kann. Selbst bei einer gleichbleibenden Temperatur zwischen 26–28°C kann diese Periode zwischen 22 und 30 Tagen schwanken.

Sarotherodon

In diese Gattung werden neuerdings (seit 1973) alle Maulbrüter einbezogen, die früher zur Gattung *Tilapia* gerechnet wurden. Es handelt sich bei diesen Arten um verhältnismäßig große Fische, von denen manche eine Körperlänge von 30 cm und mehr erreichen. Die ursprünglichen Verbreitungsgebiete dieser Arten erstreckten sich über Zentral- und Ostafrika, schlossen das Stromgebiet des Nils bis zu seiner Mündung ein und reichten nördlich bis nach Israel und Syrien. Die größeren Arten dieser Gattung sind äußerst geschätzte Speisefische und außerdem unempfindlich und

sehr anpassungsfähig. Heute trifft man sie daher auch außerhalb ihres ursprünglichen Verbreitungsgebietes an, da sie vom Menschen in alle erdenklichen Gewässer ausgesetzt wurden. Nicht nur in Gewässern des afrikanischen Kontinents und auf Madagaskar werden sie gefunden, sondern auch in tropischen Gebieten außerhalb Afrikas. Arten wie z. B. *S. galilaeus, S. mossambicus* und *S. niloticus* muß man heute als „tropische Kosmopoliten“ betrachten. Ihre Unempfindlichkeit und Anspruchslosigkeit, sowie ihre Eigenschaft selbst unter Laboratorienbedingungen zuverlässige Brutpfleger zu sein, hat diese Fische zu besonders geeigneten Versuchsobjekten der Verhaltensforscher gemacht. Von Aquarienfreunden werden sie wegen ihrer Größe nicht so häufig gehalten. Viele von ihnen werden jedoch noch nicht einmal halb ausgewachsen bereits geschlechtsreif.
Alle *Sarotherodon*-Arten nehmen auch pflanzliche Kost zu sich, und manche sind überwiegend Pflanzenfresser. Ihr Revier- und Aggressionsverhalten ist stark ritualisiert, ernstliche Schäden fügen sich diese Fische bei ihren Auseinandersetzungen daher selten zu. Obwohl alle *Sarotherodon*-Arten Maulbrüter sind, ist ihr Brutpflegeverhalten nicht einheitlich. Innerhalb der Gattung kommen, mit teilweise fließenden Übergängen, alle Formen der Maulbrutpflege vor. Bei *S. galilaeus* sind, soweit bisher beobachtet werden konnte, stets beide Geschlechter Maulbrüter. Bei dieser Art leben oft auch die ausgewachsenen Fische schwarmweise, eine bei Buntbarschen seltene Ausnahme. Bei den meisten übrigen Arten ist in der Regel das Weibchen alleiniger Maulbrüter, doch wurde vereinzelt beobachtet, daß manche Männchen Eier und Jungfische im Maul aufnehmen z. B. bei *S. mossambicus.* Bei *S. melanotherodon* schließlich sind in der Regel die Männchen Maulbrüter, doch beteiligen sich mitunter auch die Weibchen an der Maulbrutpflege, wahrscheinlich wenn die Eianzahl ungewöhnlich groß ist. Viele Einzelheiten des Brutpflegeverhaltens der *Sarotherodon*-Arten sind jedoch bisher nicht restlos geklärt, und möglicherweise kommen innerhalb mancher Arten milieubedingte Anpassungen vor.

Sarotherodon galilaeus
(Synonym: Tilapia galilaea)
Prachtmaulbrüter

Vorkommen: Von Israel (Genezarethsee und Jordan) über ganz Ostafrika bis nach Kenya und Uganda. Weitere wahrscheinlich durch Aussetzung zustande gekommene Vorkommen im Tschadsee und in zahlreichen westafrikanischen Fluß-Systemen.
Länge: Bis 40 cm, doch bereits mit ca. 12 cm Länge geschlechtsreif.
Kennzeichen: Die Körperform älterer Fische ist hoch und seitlich stark zusammengedrückt. Grundfärbung blaugrün, an den Körperseiten ins Gelbliche übergehend und unter dem Bauch silberweiß. Auf dem Kiemendeckel befindet sich ein leuchtend blauer Fleck. Bei auffallendem Licht irisiert der ganze Fisch bläulich. Flossen rötlich angehaucht, im weichen Teil der Rückenflosse ein dunkler Fleck. Innerhalb ihres großen Verbreitungsgebietes ist diese Art jedoch sehr variabel in der Färbung, und es kommen auch Fische mit mehr gelblich-brauner Grundfärbung vor. Äußere Geschlechtsunterschiede unbedeutend, laichreife Weibchen erkennt man jedoch gut an ihrem großen Bauchumfang. Sehr produktiv, Eianzahl bis 1800. Die Eier werden von beiden Eltern ins Maul genommen. Entwicklungsdauer bei 25°C 13–14 Tage. Ausgeschwommene Jungfische werden allem Anschein nach nicht mehr ins Maul genommen, aber noch einige Zeit von den Elternfischen bewacht. Diese Art ist ungewöhnlich friedlich und benötigt ebenfalls pflanzliche Nahrung.

Sarotherodon melanotheron
(Synonyme: Tilapia macrocephala, Tilapia heudeloti und Tilapia dolloi)

Vorkommen: Hauptsächlich in den Unterläufen westafrikanischer Flüsse, vom Senegal im Norden zum Niger im Süden, auch in Brack-

wasser. Einzige *Sarotherodon*-Art, deren Verbreitung auf Westafrika begrenzt ist.
Länge: Bis 22 cm, doch schon bei einer Länge von 10 cm geschlechtsreif.
Kennzeichen: Körper ziemlich hoch, besonders bei älteren Fischen, und seitlich abgeplattet. Profillinien des Kopfes gleichmäßig gewölbt, ältere Fische oft mit eingebuchteter Stirnlinie. Grundfärbung graublau, längs des Rückens mit messingfarbigem Glanz. Zwei dunklere Flecken, einer auf dem Kiemendekkel und einer auf der Schulter, sind nicht immer zu erkennen. Zur Laichzeit verfärben sich Brust und Kehle dunkler und werden schwarzbraun bis schwarz. Das Paarungsverhalten dieser Art zeichnet sich dadurch aus, daß die Weibchen der balzaktivere Partner sind. Laichgruben werden hauptsächlich von den Weibchen ausgebuddelt bzw. ausgefächelt. Die Eier, je nach Größe des Weibchens zwischen 50 und 150, werden erst nachdem alle Eier gelegt sind, vom Männchen ins Maul genommen. Vereinzelt aber kommt es vor, daß ein Teil der Eier auch vom Weibchen im Maul aufgenommen wird. Die Jungfische werden nach ca. 14 Tagen aus dem Maule entlassen und allem Anschein nach nicht mehr ins Maul genommen, und auch eine Bewachung des Jungfischschwarmes von seiten des Männchens bzw. der Elterntiere scheint nicht vorzukommen.

Sarotherodon mossambicus
(Synonyme: Tilapia mossambica und Tilapia natalensis)
Mosambikbuntbarsch

Vorkommen: Ursprünglich auf das südliche Ostafrika begrenzt, kommt heute in großen tropischen Gebieten auch außerhalb Afrikas vor. Diese Art wird bis 35 cm lang, ist aber schon bei einer Länge von ca. 10 cm fortpflanzungsfähig. Am häufigsten als Aquarienfisch gehaltene *Sarotherodon*-Art.
Kennzeichen: Körperform nicht sonderlich hochrückig, eher langestreckter, da die Fische mit zunehmendem Alter in die Länge wachsen, erscheinen die jungen Tiere hochrückiger. Grundfärbung außerhalb der Laichperiode hell-graublau bis blaugrün. Auf dem Kiemendeckel ein dunklerer Fleck. Flossen gelblich durchscheinend. Diese Färbung wird auch während der Laichperiode von den Weibchen und den nicht revierhaltenden Männchen beibehalten. Dagegen verfärben sich die revierhaltenden Männchen dunkelblau oder vollständig schwarz. Der Kiemendeckelfleck ist dann goldumsäumt, ist jedoch bei den einzelnen Exemplaren oft unterschiedlich markant. Rücken- und Schwanzflosse mit breiten roten Säumen, Afterflosse dunkel bis fast schwarz. Untere Kopfhälfte und Kehle je nach Herkunft weiß oder elfenbeinfarbig. Weibchen in der Regel alleiniger Maulbrüter, gelegentlich hat man jedoch auch beobachtet, daß einzelne Eier von Männchen aufgenommen wurden. In der Natur bildet diese Art häufig sogenannte Brutkolonien, innerhalb welcher mehrere Männchen ihre Laichgruben auf engstem Raum nebeneinander anlegen.
Haltung: Friedliche Art, die für das Aquarium leider etwas zu groß wird.
Von den übrigen *Sarotherodon*-Arten seien hier noch erwähnt:
Sarotherodon niloticus, die von Syrien im Norden über ganz Ostafrika bis zum Stromgebiet des Kongo anzutreffen ist. Diese Art kann über 50 cm lang werden, aber in nahrungsarmen Gewässern, genau wie unser einheimischer Flußbarsch, Kümmerformen bilden, die kaum länger als 10 cm werden. **Sarotherodon grahami** ist mit gut 10 cm Körperlänge die kleinste Art der Gattung. Sie kommt endemisch im Magadisee in Kenia vor. Hochinteressant ist schließlich noch **Sarotherodon macrochir** aus Zentralafrika. Bei dieser Art verlängert sich kurz vor der Laichabfabe die Genitalpapille des Männchens, wird 2,5–3 cm lang und ist gabelförmig geteilt. Die Spermien werden in Form eines zusammenhängenden Bandes abgegeben.
Diese *Sarotherodon*-Arten wurden vereinzelt für Forschungszwecke importiert. Als Aquarienfische trifft man sie kaum an.

Steatocranus

Eine aus zwei Arten bestehende Gattung, die im Bereich der Kongostromschnellen in Westafrika vorkommt und hochgradig an das Leben in schnellströmendem Wasser angepaßt ist. Es sind ca. 10 cm lange Fische von langgestreckter und seitlich nur mäßig abgeflachter Gestalt. Typisch für das Aussehen der Männchen dieser Gattung ist der auf der Stirn befindliche Fettbuckel, der bei alten Männchen sehr groß werden kann. Die *Steatocranus*-Arten sind typische Grundfische, mit stark rückgebildeter Schwimmblase, und typische Höhlenbewohner, auch außerhalb der Fortpflanzungsperiode. Laichwillige Paare bauen ihre Bruthöhle häufig vollständig um, wobei sie auch Steine unterminieren können. Das eigentliche Ablaichen läßt sich meist nicht beobachten. Die Jungfische verlassen während der ersten Zeit die Bruthöhle nicht; frühestens vierzehn Tage nach der Laichabgabe können sie außerhalb der Laichhöhle beobachtet werden. Eine interessante Eigenheit bei diesen Fischen ist, daß die Elternfische den Jungen die Nahrung „vorkauen“. Ihrem Vorkommen entsprechend, sollten diese Fische in sauerstoffreichem Wasser bei Temperaturen zwischen 22–24°C gehalten werden. Im Aquarium sind sie friedlich und vergreifen sich nicht am Pflanzenwuchs.

Steatocranus casuarius
Löwenkopfbuntbarsch

Länge: Männchen 9 cm, Weibchen kleiner.
Kennzeichen: Körperform niedrig, vom Kopf an nach hinten gleichmäßig schmaler werdend. Stirn steil, beim Männchen mit kräftigem Bukkel. Färbung einfarbig graubraun. Zeitweilig können auch sechs dunklere Querbinden sichtbar sein. Während der Fortpflanzungszeit erscheint die Kehlpartie der Männchen gelblich. Flossen ebenfalls grau. In der Rückenflosse befindet sich, etwa in der Mitte, ein dunklerer Fleck, der jedoch zeitweilig verschwinden kann.

Steatocranus gibbiceps soll sich angeblich durch einen kleineren Kopfbuckel von *S. casuarius* unterscheiden. Sollte es sich herausstellen, daß diese Art mit *S. casuarius* identisch ist, hat entsprechend den Nomenklaturregeln der Name *S. gibbiceps* Priorität.

Teleogramma

Eine kleine Gattung hochgradig an ein Leben in schnellfließendem Wasser angepaßter Buntbarsche. Ausgesprochene Bodenbewohner von langgestreckter Körperform und fast rundem Körperquerschnitt. Die Bauchflossen sind weit vorne am Körper angesetzt und stehen unmittelbar unter den Brustflossen. Die Augen befinden sich sehr hoch am Kopf. Die Schwimmblase ist zurückgebildet und nicht funktionstauglich. Haltung in sauerstoffreichem Wasser bei guter Wasserzirkulation (Kreiselpumpe) und nicht zu hohen Temperaturen (22–24°C). Das Aquarium für diese Fische soll zahlreiche als Versteckplätze geeignete Steinhöhlen aufweisen, damit jedem Fisch mindestens eine Höhle zur Verfügung steht. Beim Balzverhalten ist meist das Weibchen der aktivere Teil. Das lediglich aus 8–25 sehr großen Eiern bestehende Gelege wird versteckt in Höhlen abgesetzt. Das Weibchen ist alleiniger Brutpfleger. Die Jungfische zeigen sich erst drei bis vier Wochen nach der Laichabgabe außerhalb der Bruthöhle und nehmen bald das typische Revierverhalten erwachsener Fische an. In ihrem Verhalten und ihrer Fortpflanzung erinnern die *Teleogramma*-Arten stark an die Vertreter der Gattung *Leptotilapia*. Bisher ist lediglich eine Art als Aquarienfisch gehalten und vermehrt worden.

Teleogramma brichardi
Quappenbuntbarsch

Vorkommen: Im Kongo zwischen Kinshasa und Matadi
Länge: Bis 12 cm.
Kennzeichen: Grundfärbung, gelbbraun bis braungrau, weitgehend dem Untergrund an-

gepaßt. Bei Unbehagen zeigen die Fische bisweilen sieben dunklere Querbänder. Flossen ebenfalls gelbbraun bis braungrau, Rückenflosse mit weißem Saum. Schwanzflosse oben mit weißer Kante. Laichreife Weibchen mit breiter roter Gürtelbinde, die bei der Fortpflanzung eine Signalfunktion hat.

Telmatochromis

Eine mit fünf Arten endemisch im Tanganyikasee vorkommende Gattung. Diese Fische, deren Aussehen stark an *Steatocranus* erinnert, leben an Geröll- und Klippenküsten. Besonders die älteren Männchen haben sehr massive Köpfe, was diesen Fischen ein etwas „grimmiges" Aussehen verleiht. Dennoch, und trotz einer kräftigen Bezahnung, sind die *Telmatochromis*-Arten friedfertige Fische. Mit einer Körperlänge von 6–12 cm gehören sie zu den kleineren Buntbarschen und lassen sich auch in weniger großen Behältern halten. Genügend Platz und zahlreiche Versteckplätze vorausgesetzt, sind diese Fische polygam und bilden Haremsfamilien. Die Eier werden fast immer in sehr engen Verstecken abgesetzt; eine genauere Beobachtung des Fortpflanzungsverhaltens ist daher meist nicht möglich. Diese Arten sind Substratbrüter. Die Anzahl der Eier je Gelege beträgt zwischen 100–200, und die Brutpflege wird vom Weibchen allein verrichtet. Die Jungfische verlassen während der ersten beiden Lebenswochen die Bruthöhle nicht. Bisher wurden die beiden folgenden Arten eingeführt und im Aquarium vermehrt:

Telmatochromis caninus
Hundekopfbuntbarsch

Länge: Männchen bis 12 cm, Weibchen kleiner
Kennzeichen: Körperform langgestreckt und seitlich abgeplattet. Kopf groß mit schrägem und tiefgespaltenem Maul. Beim Männchen wirkt die Stirnlinie durch die Stirnwulst eingebuchtet. Grundfärbung einfarbig gelbbraun bis graubraun und weitgehend dem jeweiligen Untergrund angepaßt. Es gibt jedoch auch Fische, die eher graublau gefärbt sind. Vom Auge bis zum oberen Kiemendeckelrand läuft eine gut sichtbare Binde. Rücken-, Schwanz- und Afterflosse mit feiner Tupfenzeichnung. Rückenflosse mit rötlichem Saum.

Telmatochromis temporalis
Tanganyikabeulenkopf

Länge: Männchen bis 10 cm, Weibchen kleiner
Kennzeichen: Körperform schlanker und weniger abgeplattet als bei der vorherigen Art. Grundfärbung gelbbraun bis braungrau. Rükkenflosse graublau mit einem feinen Muster, bestehend aus helleren Tüpfelchen und oben mit rötlichem Saum. Schwanz- und Afterflosse ebenfalls mit hellen Tupfen. Bauchflossen bläulich. Genau wie die *T. caninus* kann sich auch diese Art farblich weitgehend dem Untergrund anpassen.
Außer diesen beiden Arten ist ganz vereinzelt noch **Telmatochromis bifrenatus** eingeführt worden. Doch hat diese lediglich 6 cm lang werdende Art bisher keine Verbreitung als Aquarienfisch gefunden.

Thysia

Eine kleine Gattung, die bei der Auflösung der früheren Gattung *Pelmatochromis* aufgestellt wurde. Nur eine Art wird als Aquarienfisch gehalten.

Thysia ansorgii
(Synonyme: Pelmatochromis ansorgii, Pelmatochromis arnoldi und Pelmatochromis annectens)
Fünffleckbuntbarsch

Vorkommen: Westafrika, im Küstengebiet von Ghana bis Nigeria
Länge: Männchen bis 13 cm, Weibchen kleiner

Kennzeichen: Körperform ziemlich hoch und seitlich stark zusammengedrückt. Grundfärbung gelbbraun mit grünlichem Schimmer. Kehle und Vorderbrust bläulich. Bauch beim Männchen rot, beim Weibchen zart rosa angehaucht. Eine Längsbinde, entlang der Körpermitte, und vier Querbinden sind nur zeitweilig zu sehen. Stets deutlich sichtbar sind dagegen fünf dunkle Flecken, einer auf dem Kiemendeckel und vier auf der Körperseite. Rücken- und Afterflosse sind grüngelblich durchscheinend und haben ein Muster, bestehend aus rötlichen Tüpfelchen. Schwanzflosse mit einem Muster von dunklen und hellen Flecken. Bauchflossen stark verlängert. Männchen sind größer, kräftiger in der Färbung und haben verlängerte Rücken- und Afterflosse. Die Laichabgabe erfolgt in Höhlen, und auch die Jungbrut wird bis zum Freischwimmen in Höhlen untergebracht; diese Art zählt also zu den Höhlenbrütern. Die Brutpflege besorgt hauptsächlich das Weibchen, doch wird das Männchen vom Weibchen in der Nähe von Laich und Jungfischen geduldet.
Haltung: Hälterungs- und Zuchttemperatur 25–28° C.

Tilapia

Diese Gattung umfaßt nach einer 1973 durchgeführten Revision lediglich solche Arten, die Substratbrüter sind. Die früher zu der Gattung *Tilapia* gezählten Maulbrüter sind in die Gattung *Sarotherodon* überführt worden. *Tilapia*-Arten findet man hauptsächlich in Westafrika, lediglich *Tilapia zillii* kommt im nördlichen Ostafrika vor und wird auch in Jordanien und Syrien angetroffen. Es handelt sich um mittelgroße bis große Fische mit Körperlängen zwischen 15–30 cm. Ihrem Brutpflegeverhalten nach zählt man sie zu den Offenbrütern. Manchmal unterwühlen sie jedoch auch Steine und setzen unter dem so geschaffenen Grottendach ihre Eier ab. Sie sind friedfertig, ihre Gewohnheit, Wasserpflanzen mit Stumpf und Stiel aufzufressen, verleidet jedoch manchem Aquarienfreund die Haltung. Alle Arten benötigen pflanzliche Zusatzkost, wie z. B. überbrühten Spinat, und einige von ihnen, wie *Tilapia mariae* und *Tilapia zillii*, sind überwiegend Pflanzenfresser. Als tropische Fische sind sie bei Temperaturen um 25° C herum zu halten. Lediglich T. zillii ist ausgesprochen klimahart und verträgt vorübergehend tiefere Temperaturen bis zu 12° C, ohne Schaden zu nehmen.

Tilapia guinasana

Vorkommen: Guinassee im nördlichen Namibia.
Länge: 14 cm.
Kennzeichen: Körperform nur mäßig hoch und seitlich abgeplattet. Zwei verschiedene Farbformen sind bisher eingeführt worden. Eine davon ist bläulich mit zwei dunkleren Längsbändern, von denen das obere kürzer ist, und die nur zeitweise zu sehen sind. Die Flossen dieser Farbform sind an der Basis durchscheinend und werden nach außen dunkler. Die zweite Farbform ist auffälliger gefärbt, oberseits gelb bis bronzefarben und unterseits tiefschwarz. Rücken- und Schwanzflosse leuchtend gelb und mit unregelmäßigen roten Streifen und Tupfen. Die Laichabgabe kann sowohl auf Steinen wie auch in einer Laichgrube erfolgen. Äußere Geschlechtsunterschiede geringfügig, doch sind beim Männchen Rücken- und Afterflossen länger ausgezogen. Diese Fische benötigen viel pflanzliche Kost.

Tilapia guineensis
Guineabarsch

Vorkommen: Ghana.
Länge: Bis 25 cm, bleibt im Aquarium jedoch meist erheblich kleiner.
Kennzeichen: Körperform gestreckt und seitlich stark zusammengedrückt, ältere Fische werden ziemlich hochrückig. Alte Männchen haben häufig eine deutlich nach innen eingebuchtete Stirnlinie. Grundfärbung graugrün

Flossen- und Schuppenformeln der im Aquarium gehaltenen *Tilapia*-Arten:			
	D	A	mLR
T. guinasana	XII–XIV/10–11	III/8–10	27–28
T. guineensis	XV–XVI/11–13	III/9	30–31
T. mariae	XIV–XV/12–13	III/10–11	29–31
T. sparrmani	XIII–XV/9–11	III/9–10	27–29
T. tholloni	XV–XVI/8–10	III/8–9	29–30
T. zillii	XIV–XVI/10–13	III/7–10	28–33

bis gelbgrün. Unterseits heller, Brust und untere Kopfhälfte fast weiß. Jungfische haben fünf dunklere Querbinden, die sich mit zunehmendem Alter zu undeutlichen Flecken reduzieren und zeitweilig gänzlich verschwinden können. Ein dunkler Fleck an der Basis der hinteren Rückenflossenhälfte ist fast immer gut zu sehen. Flossen durchsichtig graublau und mit dunkleren Kanten. Zur Laichzeit verfärben sich Brust und Kehle dunkel, und der Bauch erscheint rötlich angehaucht. Geschlechtsunterschiede unbedeutend und mit Sicherheit nur am Verhalten erkennbar. Typischer Offenbrüter, der seine Eier in der Regel auf flachen Steinen absetzt.

Tilapia mariae

Vorkommen: Nigeria, besonders im Unterlauf des Niger.
Länge: Bis 15 cm.
Kennzeichen: Körper verhältnismäßig kurz, hoch und seitlich stark zusammengedrückt. Rücken- und Schwanzflosse wirken hinten wie senkrecht abgeschnitten. Grundfärbung gelblich, zum Rücken hin in grün übergehend. Auf der Körperseite sechs dunkle Flecken, einer auf dem Kiemendeckel und fünf längs der Mitte der hinteren Körperhälfte. Iris rot mit einem markanten, schrägen schwarzen Strich. Körperseiten direkt hinter den Kiemendekkeln mit rötlichen Tüpfelchen. Rücken-, Schwanz- und Afterflosse gelbgrün und mit weißen Tupfen. Bauchflossen dunkler und zur Laichzeit fast schwarz. Laichabgabe erfolgt in der Regel auf offenen Steinen, kann aber auch in Höhlen erfolgen. Das Gelege wird hauptsächlich vom Weibchen versorgt, doch beteiligt sich das Männchen an der Führung der Jungfische. Männchen sind an den länger ausgezogenen Rücken- und Afterflossen gut zu erkennen und werden meist auch erheblich größer als die Weibchen. *Haltung:* Genau wie die vorherigen Arten benötigt auch *Tilapia mariae* viel Pflanzennahrung.

Tilapia sparrmani

Vorkommen: Weit verbreitet im südwestlichen Afrika, vom nördlichen Angola bis nach Natal.
Länge: Bis 19 cm.
Kennzeichen: Körperform mäßig hoch und seitlich abgeplattet. Profillinien des Kopfes gleichmäßig gewölbt. Grundfärbung gelbbraun bis olivfarben. Jüngere Exemplare haben sieben bis neun dunklere Querbinden auf der oberen Körperhälfte. Diese Querbinden sind zeitweise auch bei älteren Tieren zu sehen. In der oberen Hälfte des Kiemendeckels befindet sich hinten ein schwarzer Fleck. Bei Wohlbefinden haben die Schuppen der Körperseiten leuchtend gelbgrüne Ränder. In der Rückenflosse ist zwischen den ersten Weichstrahlen an der Basis ein dunkler Fleck sichtbar, der typisch für viele *Tilapia*-Arten ist. Flossen gelblich und mit dunkleren Flecken. Vordere Bauchflossenstrahlen schwarz. Äußere Geschlechtsunterschiede unbedeutend. Offenbrüter.

Tilapia tholloni

Vorkommen: Tropisches Westafrika, auch im unteren Stromgebiet des Kongo weit verbreitet.
Länge: Bis 30 cm, im Aquarium jedoch in der Regel wesentlich kleiner.
Kennzeichen: Körperform gestreckt und seitlich stark zusammengedrückt. Grundfärbung oberseits satt-grün, an den Seiten heller werdend und zum Bauche hin in Gelbweiß übergehend. Längs der Körperseite ziehen sich zwei, aus langgestreckten Flecken gebildete Längsbänder; eines entlang der Körpermitte, das andere etwa zwischen Körpermitte und Rückenkante. Diese Zeichnung kann bei älteren Fischen mehr oder weniger verschwinden. Ein blauschwarzer Kiemendeckelfleck und der „Tilapiafleck" in der Rückenflosse sind immer gut zu sehen. Rückenflosse im übrigen gelbgrün mit violetten Strichen. Afterflosse gelbgrün mit hinterem dunklen Rand. Bauchflossen mit dunklen vorderen Strahlen. Zur Laichzeit verfärben sich Brust und Bauch rötlich, die Kehle nimmt eine dunkle bis schwarze Färbung an. Diese Art ist ein typischer Offenbrüter und starker Wühler. Sie ist sehr produktiv und häufig unverträglich. Überwiegend Pflanzenfresser. Äußere Geschlechtsunterschiede unbedeutend. Eindeutig lassen sich die Geschlechter nur am Verhalten während der Laichzeit unterscheiden.

Tilapia zillii
Zilles Buntbarsch

Vorkommen: Weit verbreitet im Nordosten Afrikas, kommt auch in Jordanien und Syrien vor.
Länge: Bis 30 cm, im Aquarium jedoch meist kleiner.
Kennzeichen: Körperform mäßig gestreckt, mit zunehmendem Alter höher werdend. Obere Profillinie des Kopfes steiler ansteigend, untere fast gerade. Grundfärbung je nach Herkunft äußerst variabel, grünlichgelb bis silbergrau oder auch olivgrün bis braun. Körperseiten schillern im auffallenden Licht oft rötlich. Kiemendeckelfleck deutlich hervortretend. Während der Laichzeit sind Kehle und Brust dunkler gefärbt und die Bauchseiten verfärben sich rötlich, insbesondere beim Weibchen. Bei manchen Exemplaren greift diese Rotfärbung auch auf Brust und Kehle über, während bei anderen die schwarze Färbung beibehalten wird. Flossen gelblich und Rückenflosse mit helleren Tupfen. Der Tilapiafleck im weichen Teil der Rückenflosse ist meist nur beim Weibchen zu erkennen. Genau wie *T. tholloni* ist auch Zilles Buntbarsch recht unverträglich und wühlt stark. Typischer Offenbrüter. Die Eier werden häufig in Laichgruben abgesetzt, und das Weibchen ist hauptsächlicher Brutpfleger. Oft läßt das Weibchen nach einiger Zeit das Männchen nicht mehr in die Nähe des Geleges. Jungfische werden jedoch von beiden Eltern geführt. Diese Art benötigt viel Pflanzennahrung.

Trematocranus

Eine aus fünf Arten bestehende Gattung, die endemisch im Malawisee vorkommt. Diese teilweise sehr farbenprächtigen Fische haben wie die bereits früher beschriebenen Angehörigen der Gattung *Aulonocara* Sinnesgruben am Kopfe, die es ihnen ermöglichen, sich auch bei schlechter Sicht zurechtzufinden. Sie leben häufig in Unterwasserhöhlen an Uferabschnitten mit Klippen. Nur eine Art ist bisher gelegentlich importiert worden.

Trematocranus jacobfreibergi
Feenbuntbarsch

Kennzeichen: Die Körperform dieser Art ist gestreckt und seitlich stark abgeplattet. Grundfärbung ausgewachsener Männchen: Kopf und Nacken orangefarbig, nach hinten in ein leuchtendes Blau übergehend. Rücken und Afterflosse haben eine orangefarbene Basis und werden nach außen hin bläulich. Die Weibchen sind unauffällig graubraun. Bereits im Aquarium vermehrt, aber nur ganz selten im Handel angeboten. Ist wie alle im Malawisee vorkommenden Buntbarsche Maulbrüter. Nach Staeck, der diese Art genauer untersuchte, erreichen nur wenige Männchen volle Farbintensität.

Tropheus

Eine aus zwei Arten bestehende Gattung, die endemisch in Tanganyikasee vorkommt. Es handelt sich um 10–12 cm lange Fische von ovaler und seitlich abgeplatteter Körperform und überwiegend schwarzer Färbung. Auffällig ist die lang angesetzte Rückenflosse, die ca. zwanzig Hartstrahlen aber nur fünf bis sechs Weichstrahlen enthält. In der Natur sind diese Fische hauptsächlich Aufwuchsfresser. Äußerst interessant ist die Sozialstruktur dieser in Gruppen lebenden Fische. Solche Gruppen bestehen aus Fischen, die sich untereinander kennen; fremde Artgenossen werden mit großer Entschiedenheit vertrieben. Besonders bei *T. moorii* ist diese Eigenheit besonders ausgeprägt. Im Aquarium kann man Fische dieser Art nicht einfach willkürlich zusammensetzen. Will man zu einer Gruppe *T. moorii* kommen, so beginnt man am besten mit einem Paar; die eigene Nachzucht wird nämlich von den Elternfischen kaum behelligt. Aquarien für *Tropheus*-Arten sollen Steinaufbauten mit zahlreichen Verstecken enthalten. Obwohl diese Fische zu den hochspezialisierten Maulbrütern gehören, sind sie nicht sexualdimorph. Beim Laichen werden in der Regel jeweils nur 6–12 Eier abgegeben, welche einen Durchmesser von ca. 7 mm haben. Die Eier werden einzeln ausgestoßen, meist auf eine glatte Unterlage, und vom Weibchen sofort mit dem Maule aufgenommen. Nach der Eiaufnahme stößt das Weibchen mit seiner Schnauze gegen den Analbereich des Männchens und saugt dabei Spermien mit dem Atemwasser ein. Die Zeitigungsdauer der Eier kann zwischen 35–50 Tage betragen. Die Weibchen fressen auch, wenn sie Eier im Maule tragen. Gegen Ende der Entwicklungsperiode können die Jungfische notfalls bereits im Maule des Weibchens Nahrung aufnehmen. Es hat sich weiterhin gezeigt, daß die Weibchen selbst in gewissen Grenzen den Zeitpunkt des Ausschwimmens bestimmen können. Beim Ausschwimmen sind die Jungfische voll selbständig und bereits zwischen 15–20 mm lang.
Eine weitere hochinteressante Eigenheit ist, daß sich eine große Anzahl verschiedener Farbformen gebildet hat, bei denen es sich um wirkliche geographische Rassen handeln dürfte. Das Entstehen dieser Farbformen ist wahrscheinlich durch die fast totale Bindung dieser Fische an Strand, bzw. Uferzonen mit Geröllgrund bedingt. Derartige Geröllzonen, die voneinander getrennt sind, sind jeweils auch von einer bestimmten Farbform bewohnt, ganz gleichgültig, wie weit sich eine derartige Küstenzone erstreckt. Von verschiedenen Autoren (Marlier, Matthes, Staeck und Scheuermann) wurden bisher über zwanzig solcher Farbformen beschrieben, von denen jedoch nur ein Teil bisher den Weg in unsere Aquarien gefunden hat. Staeck, einer der besten Kenner dieser Fische, macht noch darauf aufmerksam, daß selbst innerhalb einer Farbform erhebliche Farbunterschiede vorkommen können.

Tropheus duboisi

(Synonym: Tropheus annectens)
Weißpunkt-Brabantbuntbarsch

Vorkommen: Bisher nur an zwei kurzen Küstenabschnitten des Tanganyikasees nachgewiesen. Nach bisherigen Untersuchungen kommt diese Art nicht in Gruppen vor, sondern lebt als Einzelgänger bzw. paarweise.
Länge: 9 cm.
Kennzeichen: Grundfärbung dunkel-schwarzblau bis schwarz. Unterhalb des Rückenflossenansatzes, zwischen dem dritten bis sechsten Hartstrahl, beginnt ein weißgelber Querstreifen, der sich bis zur Bauchkante erstreckt. Die Geschlechter sind nicht ganz einfach zu unterscheiden. Die Weibchen behalten jedoch meist

andeutungsweise einige der hellen Jugendflecke auf dem Rücken, während diese beim Männchen vollständig verschwinden. Um jedoch diese Flecken erkennen zu können, ist schräg auffallendes Licht erforderlich. Eianzahl in der Regel lediglich 5–8. Entsprechend mehrerer übereinstimmender Beobachtungen wird diese Art erst im zweiten Lebensjahre geschlechtsreif. Jungfische sind entzückend gefärbt. Auf blauschwarzem Grund eine größere Anzahl von in Reihen angeordneten leuchtend-weißblauen Punkten. Im Handel ist diese Art nur sporadisch erhältlich, da sie nur selten importiert wird und bei Nachzucht im Aquarium wenig produktiv ist.

Tropheus moorii

Vorkommen: An allen Geröllküstenabschnitten des Tanganyikasees häufig anzutreffen.
Länge: Bis 12 cm.
Kennzeichen: Körperform hochrückig und seitlich nur wenig abgeplattet. Stirn steil und gleichmäßig gewölbt. Maul sehr breit und stark unterständig. Der Körper hat seine größte Höhe etwa zwischen Bauchflossenansatz und Rückenflossenansatz und verjüngt sich nach hinten gleichmäßig. Grundfärbung dunkel olivfarben bis schwarz. Es kommen jedoch auch Farbformen mit anderen Grundfarben vor. Über die Körpermitte führt ein breiteres Gürtelband. Färbung und Ausdehnung dieses Gürtelbandes kann je nach Farbform sehr unterschiedlich sein. Die Eianzahl ist bei dieser Art meist etwas größer als bei *T. duboisi*, und es werden je Laichabgabe 8–20 Eier gelegt. Die Eier werden auf einem flachen Stein abgelegt, der vom Weibchen vorher gründlich gesäubert wird. Die abgegebenen Eier kommen meist jedoch gar nicht mit dieser Unterlage in Berührung, da die Eier oft schon im Wasser vom Weibchen mit dem Maule aufgefangen werden. Die Jungfische sind beim Verlassen des Maules etwa 15 mm lang und fast schwarz. Bevor sie die Färbung der erwachsenen Fische annehmen, zeigen sie während einer Zwischenperiode oft dunkle Querbänder.

Bisher sind von dieser Art über zwanzig verschiedene Farbformen beschrieben worden, von denen sieben oder acht den Aquarienfreunden zugänglich sind.

Die erstmalig 1958 eingeführten Fische dieser Art hatten eine Querbinde, die in ihrem unteren Teil rot und in ihrem oberen Teil orangefarbig war. Bei Fischen, die sich nicht in einem Erregungszustand (Revierverteidigung, Balz usw.) befinden, verblassen diese Farben und werden bräunlich. Die ältesten Beschreibungen über *T. moorii* in der Aquarienliteratur beziehen sich auf diese Farbform (Orangeform).

Spätere Beschreibungen gelten fast immer für die als Brabantbuntbarsch bekannte Farbform. Diese Form hat auf dem Vorderrücken, etwa zwischen dem vierten und achten Rükkenflossenstrahl, ein weißes dreieckiges Feld, dessen Spitze nach unten zeigt. Entgegengesetzt befindet sich, hinter dem Bauchflossenansatz beginnend, ein dreieckiges rotes Feld, dessen Spitze nach oben zeigt. Von den heute im Aquarium gehaltenen *T. moorii* die weitaus häufigste Form (Gelbrote Form).

Heller ist der sogenannte „Goldmoorii", dessen Grundfärbung olivfarbig mit grünlich schillernden Seiten ist. Bei dieser Farbform ist das Querband goldgelb (Grüne Form).

Der sogenannte „Schokoladenmoorii" ist braun bis braungrau und hat einen leuchtend gelben Rückenflecken. Diese Farbform ist auch unter dem wahrscheinlich nicht korrekten Namen *„Tropheus brichardi"* bekannt (Braune Form).

Eine Farbform mit sieben bis acht hellen gelblichen Querbinden auf dunkelbraunem Grund ist als „Gestreifter Moorii" im Handel angeboten worden (Gestreifte Form).

Der „Doppelfleck-Moorii" hat an den Körperseiten zwei große orangefarbige bis gelbe Flecken und ist im übrigen graubraun (Doppelfleckform).

Eine Farbform, die oberseits einfarbig grünlich und unterseits rötlich erscheint, ist als „Grünroter Moorii" angeboten worden (Grünrote Form).

Dies sind jedoch lediglich die häufiger angebotenen Farbformen. Eine Anzahl weiterer Farbformen ist in geringerer Anzahl eingeführt worden; so z.B. eine äußerst farbenprächtige Form mit bläulichem Kopf und roter Kehle, sowie eine Form mit gegabelter Schwanzflosse. Soweit bisher festgestellt werden konnte, lassen sich all diese Farbformen miteinander verpaaren, wenn man andere Paarungsmöglichkeiten ausschließt. Die Nachzucht aus derartigen Kreuzungen hat sich als absolut fruchtbar erwiesen. Damit dürfte feststehen, daß es sich lediglich um Varianten derselben Art handelt. Aquarienfreunde sollten sich jedoch im eigenen Interesse nicht mit Kreuzungsversuchen von Farbformen beschäftigen, da dabei unerwünschte Zwischenformen entstehen. Lediglich als Hilfsmittel der Systematik und der Genetik haben solche Versuche ihre Berechtigung.

Xenotilapia

Eine artenreiche Gattung eigentümlicher Buntbarsche, die im Tanganyikasee heimisch sind. Es handelt sich bei den Vertretern dieser Gattung um typische Grundfische, die vorwiegend sandigen Untergrund bewohnen und häufig auch schwarmweise angetroffen werden. Ihre Körperform ist für Buntbarsche etwas ungewöhnlich, langgestreckt und bei manchen Arten sogar fast spulförmig. Die Bauchflossen werden als Stützorgan benutzt und sind eigenartig geformt, mit verlängerten hinteren Flossenstrahlen. Soweit bisher bekannt, sind aus dieser Gattung lediglich die folgenden beiden Arten in kleinerer Anzahl eingeführt worden. Auch über Nachzuchterfolge im Aquarium hat man noch nichts gehört. Man weiß lediglich, daß diese Fische Maulbrüter sind.

Xenotilapia ochrogenys

Vorkommen: Endemisch im Tanganyikasee.
Länge: Bis 12 cm.
Kennzeichen: Mehrere Unterarten sind beschrieben. Die folgende Beschreibung bezieht sich auf die Nominatform. *Xenotilapia ochrigenys* lebt über sandigem Boden und besitzt eine langgestreckte Körperform. Die Körperseiten sind nur unbedeutend abgeplattet, und der Körperquerschnitt ist annähernd rund. Die Stirn ist steil und gleichmäßig gerundet. Das Auge ist verhältnismäßig groß und befindet sich hoch im Kopfe. Grundfärbung grau, auf dem Rücken mit dunkleren Flecken, seitlich heller. Längs der Körperseiten laufen sechs Punktreihen, bestehend aus regelmäßigen leuchtend-hellblauen Tupfen. Flossen zartgelblich und durchscheinend. Lediglich die Bauchflossen sind kräftiger gelb gefärbt. Neuimportierte Fische sind anfänglich sehr schreckhaft.

Xenotilapia sima

Vorkommen: Endemisch im Tanganyikasee.
Länge: Bis 15 cm.
Kennzeichen: Diese Art ist etwas hochrückiger als die vorherige und ihr Körperquerschnitt eher ein hohes Oval. Stirn sehr steil, fast senkrecht ansteigend, die untere Profillinie fast gerade. Auge sehr groß und hoch im Kopfe.
Grundfärbung: Rücken gelblich-grau, nach den Seiten hin heller und unter dem Bauche fast weiß. Die Körperseiten bei auffallendem Licht mit stark irisierendem Glanz. Die Flossen zeigen ein zart-gelbliches Fleckenmuster. Rückenflosse mit rötlichem Saum. Über Geschlechtsunterschiede und Fortpflanzungsverhalten ist bisher nichts näheres bekannt geworden.

Asiatische Buntbarsche

In Asien findet man Buntbarsche lediglich im äußersten Süden Indiens und auf Sri Lanka. Anatomisch unterscheiden sich die asiatischen Buntbarsche eindeutig von den Buntbarschen Afrikas und Amerikas. Wahrscheinlich handelt es sich bei ihnen um Relikte äußerst urtümlicher Buntbarschformen, die in früheren Epochen der Erdgeschichte ein zusammenhängendes Gebiet, zwischen dem heutigen Indien und der Insel Madagaskar, bewohnten. Tatsächlich bestehen zwischen den indischen *Etroplus*-Arten und den Angehörigen der Gattung *Paretroplus* auf Madagaskar so eindeutige Ähnlichkeiten, daß kaum Zweifel an der äußerst nahen Verwandtschaft dieser Gattungen bestehen.

Etroplus

Die *Etroplus*-Arten leben vorwiegend in brakkigen Gewässern. Doch wird *E. maculatus* mitunter sogar weit im Binnenland in reinem Süßwasser gefunden. Umgekehrt trifft man die Art *E. suratensis* häufig auch in reinem Seewasser an. Bei der Aquarienhaltung dieser Fische ist besonders auf die entsprechenden Wasserverhältnisse zu achten, da sie sonst oft überaus anfällig gegen Infektionen aller Art werden; am besten hält man sie in Brackwasser. *E. suratensis* kann jedoch auch im Seewasseraquarium gehalten werden. Die Haltung von *E. maculatus* in Süßwasser gelingt am ehesten, wenn es sich um härteres Wasser handelt. Wichtig für das Wohlbefinden dieser Fische ist auch eine gute Versorgung mit pflanzlicher Kost. Sie fressen durchaus nicht nur Algen, sondern auch zartere Arten höherer Wasserpflanzen. Pflanzen mit robusten Blättern dagegen lassen sie in Frieden; man kann daher ihre Aquarien ohne weiteres mit härteren Wasserpflanzen besetzen.
Ihrer Brutpflege nach sind sie typische Offenbrüter. Beide Geschlechter sind aufopfernde und äußerst zuverlässige Brutpfleger. Selbst einzeln gehaltene Paare ziehen ihre Jungfische meist mustergültig auf. Die eigentliche Brutpflegeperiode ist bei diesen Fischen ungewöhnlich lang und wird erst beendet, wenn die Jungfische bereits mehrere cm groß sind. Die Unterscheidung der Geschlechter kann schwierig sein. Kurz vor dem Ablaichen lassen sich jedoch einige farbliche Abweichungen erkennen. Die Eier werden meist offen, seltener in Vertiefungen oder unter überhängenden Steinen abgesetzt. Die Färbung der Eier ist stark von der Fütterung abhängig, zwischen ruß-grau bis schwarz. Mit der Unterlage sind die Eier durch einen schaftförmigen Schleimfaden verbunden, und sie wogen hin und her, wenn sie von den Eltern befächelt werden. Es wurde beobachtet, daß sich die Jungfische vor dem Freischwimmen zeitweilig an den Körperseiten der Elternfische festsetzen.

Etroplus maculatus
Indischer Buntbarsch

Vorkommen: Südliches Indien und Sri Lanka, sowohl in Süß- wie Brackwasser.
Länge: Bis 8 cm.

Kennzeichen: Körper hoch und seitlich stark zusammengedrückt. Rücken- und Bauchlinie von der Schnauzenspitze bis zur Schwanzwurzel gleichmäßig gewölbt, was der Körperform ein fast symmetrisches Aussehen verleiht. Grundfärbung goldgelb, mitunter auch in Gelbbraun übergehend. Etwa auf der Körpermitte, direkt oberhalb der Mittellinie, befindet sich ein, von einem goldfarbigen Rand umgebener, schwarzer Fleck. Sowohl hinter wie auch vor diesem Fleck befinden sich zwei weitere Flecken, die jedoch nicht immer deutlich zu erkennen sind. Untere Kopfhälfte und Kiemendeckel mit übereinanderliegenden blaugrünen Streifen. Schuppen an den Körperseiten teilweise mit roten Tüpfelchen. Unpaare Flossen gelb. Weicher Teil der Rückenflosse mit rötlichen Tupfen, Schwanz- und Afterflosse mit dunklem Saum. Während der Laichzeit färben sich die ganze Afterflosse, die Bauchflossen und beim Männchen oft die untere Körperhälfte schwarz.
Der indische Buntbarsch ist ein sehr friedfertiger Fisch. Er sollte jedoch nie in allzu weichem Wasser gehalten werden, da er in solchem sehr empfindlich ist. Bei weicherem Wasser ist deshalb ein 5–10 %iger Zusatz von Seewasser anzuraten. Pflege- und Zuchttemperatur 25–28°C.

Etroplus suratensis

Vorkommen: Die Küstenzone der Malabarküste, der Koromandelküste und Sri Lankas, sowohl in Brackwasser wie auch in Seewasser.
Länge: Bis zu 30 cm, in Seewasser hat man jedoch Exemplare von fast 40 cm Körperlänge gefunden. Im Aquarium bleibt diese Art wesentlich kleiner und wird bereits mit 12 cm Länge geschlechtsreif.
Kennzeichen: Körperform junger Exemplare, bis etwa 15 cm Länge, ähnelt *E. maculatus*. Mit zunehmendem Alter werden die Fische hochrückiger, die Stirn wird steiler und der Körper erscheint hinten fast rechteckig. Grundfärbung je nach Herkunft sehr variabel, gelbgrün bis graugrün. Junge Exemplare haben sieben oder acht dunklere Querbänder, die jedoch mit zunehmendem Alter mehr und mehr verblassen. Die Körperseiten erscheinen bei auffallendem Licht stark irisierend und sind mit zahlreichen leuchtenden, grünen und blauen Flecken geschmückt. Rücken und Afterflosse weinrot getönt, übrige Flossen gelbgrünlich-durchscheinend. Während der Laichzeit werden die Farben intensiver; die ganze Unterseite verfärbt sich rötlich und die Afterflosse zeigt dann einen schwarzen Saum.
Haltung: Die Haltung dieser prächtigen und friedlichen Art in Süßwasser ist problematisch und nur in härterem Wasser möglich. Einfacher ist es, diese Fische in Brackwasser zu halten. Unterschiede in der Wasserzusammensetzung sind nach und nach auszugleichen. Weiterhin ist zu beachten, daß diese Art viel pflanzliche Nahrung benötigt und sehr wärmeliebend ist. Wassertemperatur nicht unter 25°C.

Zuchtformen

Bei Vermehrung im Aquarium kann es auch bei Buntbarschen zu Abweichungen von der Normalfärbung kommen. In der Natur werden Individuen mit abweichender Färbung bald ausgemerzt und können sich kaum vermehren. Im Aquarium dagegen überleben sie und wachsen zu geschlechtsreifen Fischen heran.

Farbabweichungen können verschiedene Ursachen haben. Manche beruhen auf einem Überwiegen bestimmter Pigmentstoffe, andere können durch das Fehlen gewisser Pigmentzellen bedingt sein. Auch ein Unvermögen, Glanzkristalle zu bilden, kann Farbabweichungen verursachen. Die meisten abweichenden Farbeigenschaften sind rezessiv erblich, und durch eine entsprechende Zuchtauswahl können oft reinerbige Stämme von Fischen mit abweichender Färbung herausgezüchtet werden. Solche rein durchgezüchteten Farbformen darf man jedoch nicht mit den der Natur vorkommenden Farbmorphen verwechseln. Unter den im Aquarium gehaltenen Buntbarschen sind solche rein durchgezüchteten Formen nicht sonderlich häufig, und in größerer Anzahl kommen sie nur bei *Pterophyllum scalare* vor. Auch eine Abweichung in der Körperform, die sich in schleierartig verlängerten Flossen zeigt, ist bisher lediglich bei dieser Art bekannt geworden (Schleierskalare).

Allgemein sind Zuchtformen empfindlicher als die Naturformen; besonders gilt dies für alle Albinoformen und alle Schwarzformen. Die bekanntesten Formen, die bisher bei Buntbarschen herausgezüchtet wurden, sind folgende:

Goldfärbung (Xanthorismus) kommt dadurch vor, daß entweder nur gelbe Pigmentzellen (Xanthophoren) vorhanden sind oder, daß diese die übrigen Farbzellen überlagern. Bei solchen goldgefärbten Fischen ist die ursprüngliche Färbung durch eine goldgelbe Grundfärbung ersetzt. Die übrige Zeichnung kann weiterhin vorhanden, jedoch durch die Farbüberlagerung anders gefärbt sein. Xanthorismus ist eine der häufigsten Farbabweichungen, und ihre Träger sind weder sonderlich empfindlich, noch ist ihre Fertilität herabgesetzt. Außer bei *Pterophyllum scalare* sind goldfarbige Zuchtformen von *Apistrogramma ramirezi* und *Etroplus maculatus* bekannt geworden.

Rotfärbung beruht auf einem Überwiegen der roten Pigmentzellen (Erythrophoren) und kann sowohl teilweise wie auch total auftreten. Bei Buntbarschen sind bisher eine teilweise rote Form von *Astronotus ocellatus* (red Oscar), sowie eine rosafarbige Form von *Cichlasoma nigrofasciatum* bekannt geworden.

Weißfärbung (Albinismus) hat teilweises oder vollständiges Fehlen der Farbzellen (Chromatophoren) als Ursache. Bei Fischen ohne jegliches Pigment (Totalalbinos) sind auch die Augen ohne Pigment und daher rot. Von *Pterophyllum scalare* sind sowohl teilweise Albinos (Geisterskalare) wie auch Totalalbinos bekannt. Von *Cichlasoma nigrofasciatum* gibt es eine weiße Form, die jedoch keine roten Augen hat. Albinos sind immer empfindlicher als

Fische von normaler Färbung. Fische mit roten Augen haben außerdem ein erheblich herabgesetztes Sehvermögen.

Schwarzfärbung (Melanismus) beruht darauf, daß die schwarzen Farbzellen (Melanophoren) die übrigen Farbzellen überdecken. Die Fertilität vollständig schwarzer Fische ist stark herabgesetzt. Bei schwarzen Skalaren erfolgt die Vermehrung durch ständiges Rückkreuzen mit normal gefärbten Fischen. Dabei fallen unter den Jungfischen, neben normal gefärbten und schwarzen, auch solche von rußgrauer Färbung (Rauchskalare) an. Bei Buntbarschen sind vollständig schwarz gefärbte Tiere lediglich bei *Pterophyllum scalare* bekannt geworden.

Eine weitere beliebte Farbform von *Pterophyllum scalare* ist der sogenannte **Marmorskalare**, der auf hellem Grund eine marmorierte dunklere Zeichnung hat. Durch Kreuzung von Goldskalaren mit marmorierten Skalaren entstanden **marmorierte Goldskalare**. Weiterhin wurden die verschiedenen Farbformen auch mit Schleierskalaren gekreuzt und abweichend gefärbte Fische mit schleierartig verlängerten Flossen erzielt.

Bei der Nachzucht von Skalaren mit verlängerten Flossen, wie auch bei der Vermehrung schwarzer Skalare, ist es angebracht, Jungfische mit verlängerten Flossen oder solche, die vollständig schwarz gefärbt sind, auszusortieren und für sich aufzuziehen. Tut man dieses nicht, so fressen die meist in diesen Nachzuchten ebenfalls vorhandenen normalen Geschwister ihren schwächlicheren und langsameren Brüdern und Schwestern buchstäblich das Futter vor den Mäulern fort.

Vereinigungen und Zeitschriften

Besondere Mitteilungsblätter über Buntbarsche:

Buntbarsche Bulletin: Zeitschrift der „American Cichlid Association". Rosemary Lewis, 3034 Southwind Drive, Walled Lake, Mich. 48088, USA.

Cichlidae: Zeitschrift der „Belgischen Cichlidenvereinigung". Mark Nelissen, Lariksdreef 57, 2120 Schoten, Belgien.

Ciklidbladet: Zeitschrift der „Nordiska Ciklidsällskapet". Yngve Skoglund, 56 100 Huskvarna, Schweden.

DCG-Information: Zeitschrift der „Deutschen Cichlidengesellschaft". Horst-Dieter Brockmann, Am Redder 55, 2105 Seevental 1.

Allgemeine aquaristische Zeitschriften:

Deutschsprachig: Aquarienmagazin. Kosmos Verlag, Stuttgart.
Aquarien und Terrarien. Urania Verlag, Leipzig–Berlin.
Das Aquarium. Engelbert Pfriem Verlag, Wuppertal.
Die Aquarien und Terrarienzeitschrift (DATZ). Alfred Kernen Verlag, Stuttgart.

Englisch: The Aquarist and Pondkeeper. Buckley Press, Brentford, Middlesex, England.
Tropical Fish Hobbyist. T. F. H. Publications, Neptune City (N. J.), USA.

Französisch: Aquarama. Publicite Sopic, Strasbourg, Frankreich.

Holländisch: Het Aquarium. Officieel orgaan van de Nederlandse Bond „Aqua-Terra", Havenstraat 83, Hilversum, Holland.

Schwedisch, Norwegisch und Dänisch: Akvariet. Sveriges Akvarieföreningars Riksförbund, Norsk Akvarieforbund och Dansk Akvarie Union. Postbox 22020 400 72 Göteborg/Schweden.

Literaturverzeichnis

Bücher:

Arnold, J. P., und Ahl, E.: Fremdländische Süßwasserfische. G. Wenzel & Sohn, Braunschweig 1936.

Axelrod, H. R.: African Cichlids of Lakes Malawi and Tanganyika. T. F. H., Neptune City (N. J., USA) 1973.

Axelrod, H. R., und Vorderwinkler, W.: Encyclopedia of Tropical Fishes. Sterling & T. F. H. Books, Jersey City (N. J., USA) 1961.

Brünner, G., Frank, S., u.a.: Kosmos Handbuch der Aquarienkunde. Kosmos Verlag, Stuttgart 1977.

Gilbert, J., und Legge, R.: Das große Aquarienbuch. Eugen Ulmer Verlag, Stuttgart 1977.

Frey, H.: Das Aquarium von A bis Z. Neumann Verlag, Radebeul 1961.

Fryer, G., und Iles, T. D.: The Cichlid Fishes of the Great Lakes of Africa. Oliver & Boyd, Edinburgh, 1972.

Geisler, R.: Wasserkunde für die Aquaristische Praxis. Alfred Kernen Verlag, Stuttgart 1964.

Goldstein, J. G.: Buntbarsche fürs Aquarium. Kosmos Verlag, Stuttgart 1974.

Hückstedt, G.: Aquarienchemie. Kosmos Verlag, Stuttgart 1963.

Holly, M., Meinken, H. und Rachow, A.: Die Aquarienfische in Wort und Bild. Alfred Kernen Verlag, Stuttgart 1932–1972.

Keller, G.: Der Diskus. Kosmos Verlag, Stuttgart 1974.

Ladiges, W.: Der Fisch in der Landschaft. G. Wenzel & Sohn, Braunschweig 1951.

Mayland, H.: Cichliden und Fischzucht. (Große Aquarienpraxis Band 3) Lanbuch-Verlag, Hannover 1978.

Niuwenhuizen, A. v. d.: Zwergbuntbarsche. Alfred Kernen Verlag, Stuttgart 1964.

Paysan, K.: Welcher Zierfisch ist das? Kosmos Verlag, Stuttgart 1976.

Pinter, H.: Handbuch der Aquarienfischzucht. Alfred Kernen Verlag, Stuttgart 1966.

Reichenbach-Klinke, H.: Krankheiten der Aquarienfische. Alfred Kernen Verlag, Stuttgart 1964.

Schäperclaus, W.: Fischkrankheiten. Akademie Verlag Berlin, DDR 1954.

Schubert, G.: Krankheiten der Fische. Kosmos Verlag, Stuttgart 1964.

Staeck, W.: Cichliden (2 Bände). Engelbert Pfriem Verlag, Wuppertal 1975 und 1977.

Sterba, G.: Süßwasserfische aus aller Welt (2 Bände). Urania Verlag, Leipzig 1968 und 1969.

– Aquarienkunde. Urania Verlag, Leipzig, 1969.

Sterba, G., Brückner, G., Franke, J. H. und andere: Lexikon der Aquaristik und Ichthyologie. Editon Leipzig 1978.

Wendt, A.: Die Aquarienpflanzen in Wort und Bild. Alfred Kernen Verlag, Stuttgart 1951–1973.

Wit, H. C. D. de: Aquarienpflanzen. Eugen Ulmer Verlag, Stuttgart 1970.

Beiträge aus Fachzeitschriften:

Apfelbach, R.: Entwicklung der Brutpflege beim Buntbarsch Tilapia. Aquarien Magazin **2,** 212–213, 1968.

Geisler, R.: Der derzeitige Stand unserer Kenntnisse über den Discusfisch *Symphysodon aequifasciata axelrodi.* DATZ **23,** 9–13, 40–44, 75–78, 131–133, 171–174, 196–198, 1970.

Jacobi, B.: Maulbrütende Buntbarsche, einmal nicht aus Afrika. Das Aquarium **7,** 344–347, 1973.

Kosswig, C.: Genetische Grundlagen des Polymorphismus. Zoologischer Anzeiger **175,** 21–50, 1965.

Ladiges, W.: *Julidochromis*-Arten. DATZ **15,** 135–137, 1962.

Lüling, K. H.: Am Fundort von *Apistogramma ramirezi* in Bolivien. Das Aquarium **3,** 114–117, 1969.

Meinken, H.: Über eine neue Gattung und Art der Familie Cichlidae aus Peru. Senckenbergiana Biologica **46,** 48–53, 1965.

– *Apistogramma geisleri n.* sp. und *Apistogramma borelli* aus dem Amazonas-Becken. Senckenbergiana Biologica **52,** 35–40, 1971.

Ohm, D.: Das Sozialverhalten von Fischen. Aquarien Terrarien **6,** 229–233, 1959.

Peters, H. M.: Angeborenes Verhalten bei Buntbarschen. Umschau **65,** 665–669, 711–717, 1965.

Pinter, H.: Beobachtungen über das Brutpflegeverhalten einiger *Apistogramma*-Arten. DATZ **15,** 11–13, 1962.

Reinhold, D.: Zucht von *Eretmodus cyanostictus* (Boulenger 1898). DCG-Information **7,** 101, 1976.

Schraml, E.: *Geophagus steindachneri* Eigemann und Hildebrandt 1910. DCG-Information **6,** 230–232, 1975.

Seitz, A.: *Astatotilapia strigigena (Haplochromis) strigigena:* eine verschwundene Maulbrüter-Art? DATZ **33,** 299–302, 1980.

Staeck, W.: Variabler *Pseudotropheus zebra.* Das Aquarium **6,** 275–279, 1972.

– Balz, Paarung und Brutpflege des Maulbrüters *Pseudotropheus elongatus.* Das Aquarium **8,** 2–6, 1974.

– Verschiedener als Schwarz und Weiß: Sexualdimorphismus, Polymorphismus und die Bildung geographischer Rassen bei ostafrikanischen Buntbarschen. Aquarien Magazin **9,** 124–131, 1975.

– Die Grundelbuntbarsche des Tanganyikasees. Aquarien Magazin **9,** 140–147, 1975.

– Schlankcichliden, Bewohner der Geröll- und Felsenregionen: Neue Erkenntnisse über die Gattung *Julidochromis. Aquarien Magazin* **10,** 74–79, 1976.

– Die Lebensräume im Tanganyikasee. Aquarien Magazin **10,** 164–168, 1976.

Vierke, J.: Ein südamerikanischer Maulbrüter: *Geophagus steindachneri.* Aquarien Maganzin **10,** 14–21, 1976.

Wickler, W.: *Teleogramma brichardi* Poll 1959. DATZ **12,** 228–230, 1959.

– Zur Klassifikation der Cichlidae, am Beispiel der Gattungen *Tropheus, Petrochromis, Haplochromis* und *Hemihaplochromis* n. gen. Senckenbergiana Biologica **47,** 83–96, 1966.

Wollenweber, G.: *Geophagus surinamensis.* DATZ **24,** 152–155, 1971.

Register

Die mit * versehenen Seitenzahlen verweisen auf Farbfotos